固体—構造と物性

現代物理学叢書

固体—構造と物性

金森順次郎・米沢富美子
川村　清・寺倉清之　著

岩波書店

現代物理学叢書について

小社は先年，物理学の全体像を把握し次世代への展望を拓くことを意図し，第一級の物理学者の絶大な協力のもとに，岩波講座「現代の物理学」(全21巻)を2度にわたって刊行いたしました．幸い，多くの読者の厚いご支持をいただき，その後も数多くの巻についてさらに再刊を望む声が寄せられています．そこで，このご要望にお応えするための新しいシリーズとして，「現代物理学叢書」を刊行いたします．このシリーズには，読者のご要望に応じながら，岩波講座「現代の物理学」の各巻を順次できるかぎり収めてまいります．装丁は新たにしましたが，内容は基本的に岩波講座の第2次刊行のものと同一です．本シリーズによって貴重な書物群が末永く読みつがれることを願ってやみません．

●執筆分担

第Ⅰ部　金森順次郎・寺倉清之(第1章～第5章，補章Ⅰ)

第Ⅱ部　川村　清(第6章，第7章，補章Ⅱ)

　　　　米沢富美子(第8章～第11章)

まえがき

この巻は，固体で代表される原子の凝集体について，現実の物質に則して，基本的な概念と研究の現状を紹介する意図で執筆された．凝集体の多様性と秘められた可能性のもつ魅力を感じとって頂ければ幸いである．このまえがきでは，まず，凝集体の研究の意義と科学としての位置づけを論じて，読者の参考に供したい．その上で，本巻の内容を概観する．

20世紀前半，物理学は，物質の究極の構成要素である各種の素粒子とその間の相互作用を探究する方向で，大きく進歩した．その結果，素粒子とその相互作用を支配する法則が自然の基本法則であって，多数の素粒子の凝集体である固体の研究は，基本法則の応用であるという考えが物理研究者の間で広がった．よりむきつけにいえば，固体の研究に限らず，我々の目に触れるような巨視的物質の研究はすべて応用であって，物性物理や化学はこのような意味で素粒子物理を基本としているということである．1972年，P. W. AndersonがScience誌(177巻393頁)に掲載した「More is different」(意訳すれば「多数の集団は個とは異質である」ということであろう)と題する論文で，この考えが誤りであることを明快に論じた．その議論を簡単にまとめると，互いに相互作用をもつ多数の要素が集まった凝集体は，素粒子について想定している世界と対称性の異なる世界を作っているために，素粒子を支配する法則と異質の新しい法則(物理)が生まれる．一般的にいえば，科学は，素粒子，原子核，固体等の凝集体，生体物質，生物等等その対象によって多くの階層に分かれ，それぞれの階層では，境界の付近を除いては，独自の法則が広い範囲の物質なり現象なりをカバーしている．このような考えは，近頃になってようやく物理の研究者に浸透してきたといってよい．

一方，固体その他の凝集体は，様々な面で我々の生活に利用されている．電流を通しやすいもの，遮断するもの，熱を伝えやすいもの，伝えにくいもの，光を透過させるもの，吸収するもの，磁石，硬いもの，軟らかいもの，さらには，記憶素子，画像素子等，種々の用途に応じた性質をもつ物質の開発が，現代のハイテクノロジーの基礎となり，同時に未来への夢を育てている．凝集体のヴァラエティは非常に高度で，我々が可能性を開拓しつくしたといえるようなものではない．後述のように，1980 年代にも，高い温度で超伝導となる銅酸化物や C 原子がサッカーボール状に配列した構造をもつ C_{60}（フラーレン）分子が新しく登場し，新鮮な驚きをもたらした．

凝集体の研究は，広範囲に成り立つ(しばしば普遍的という言葉が使われる)法則なり概念なりを追究する努力と個別的な物質の研究が入り交じったものである．個々の物質についての研究では，新物質の発見を目指すとともに，未知の法則の追究のために，既知の物質についての実験理論両面での緻密な考証が不可欠である．かつて，銅を鉄で置き換えるだけで同じ研究を行なうことを，物理として無価値であるとして「銅鉄主義」と批判する風潮があったが，銅と鉄との違いを追究すること，すなわち，物質の個別性がどのようにして生まれるかという機構の研究も重要な地位を占めている．凝集体については，いくつかの一般的な法則を導くことだけが物理ではないし，第 1 に，そのような法則ですべての凝集体がカバーできると考えるのは，上述の素粒子の法則からすべてが導かれるとする議論と同様に根本的に間違っている．その上に，化学がもつ未知の物質の探究という妖しい魅力は，物理も共有するべきものである．凝集体の物理は，森羅万象を構成要素に還元することだけにこだわる還元主義にとらわれてはならない.

本巻は2部に分かれ，第I部は，固体の電子状態についての基本概念を解説した上で，1電子近似の枠内で，現実の物質の電子状態と性質がどこまで理解されるかを主題としている．1電子近似では，1つの電子と他の電子との相互作用を表わす平均的なポテンシャルを原子核の空間的配置を指定するだけで，他には実験データを用いないで求める理論が，金属を中心とした広い範囲の物質で定量的に成功している．このようなアプローチは，目標の性質をもつ物質の理論的設計をある程度可能にするので，実用的見地からも注目されている．第I部は，このアプローチをくわしく記述するとともに，その適用限界を広げるために払われている努力を解説している．

第II部は，まず，無限に広がる完全結晶という概念を導入し，その表現方法を解説した上で，高温超伝導を示す銅酸化物を含む現実の物質のいくつかの結晶構造を紹介する．実際の結晶は，完全結晶からの様々なズレを含んでいる．とくに，必ず存在し，多くの現象の舞台となる表面は，その構造が注目を集めている．また，結晶の大きさを問題にすれば，微小サイズの極限として，超微粒子というミクロの世界との接点に到達する．さらに，凝集体では結晶構造以外の原子配列が可能であって，アモルファス構造と準結晶がその例である．第II部はこのような話題についての最近の研究も紹介して固体の構造全体を概観するが，ここでは，凝集体の多様性がより多彩に繰り広げられ，「美は乱調にある」ことを示しているとするのは言い過ぎだろうか.

電子状態と原子配列の理論はコンピュータの利用によって飛躍的に発展したことは，いまさら強調するまでもない．かつては，無限に続く結晶構造をFourier変換した逆格子空間が計算の基礎であったが，最近は，凝集体を実空間で把握する方向に発展している．原子間の力を適当に原子間距離の関数と仮定する場合には，かなり多数の原子集団について，すべての原子の運動を刻々追跡して，一定の圧力，温度等の外部条件の下での原子配列の変化を追跡することが可能になった．一方，電子状態のエネルギーの配列依存性が，複雑な原子の間の力(2体力に限らない)を作り出している場合が多い．最近，原子間の力を1電子近似の枠内で計算し，安定な原子配列と電子状態を同時決定したり，不安定配列から安定配列へ向かう途中の過程を計算する方法の開発が緒についた．第I部および第II部でこの発展の一端が紹介されている．

凝集体については，1電子近似の他に，適当な有効ハミルトニアンを設定し，電子間相互作用，原子核の影響，電子密度，温度，場合によっては原子配列を記述する諸パラメタの空間で，各種の状態の出現の可能性を調べる理論的アプローチがある．この方向の多くの議論は，他の巻で取り上げられる話題であるので割愛する．物質のヴァラエティを追う立場からの認識を述べれば，現状では，このアプローチは，1次元有効ハミルトニアンの特別な場合を除いて，未だ確たる結論を与えていない．また，物質の多くのヴァラエティを的確に表現できる有効ハミルトニアンが導かれているわけでもない．

なお，紙数の制約のために多くの話題を割愛せざるを得なかったので，凝集体の多様性を説明するには，やや意を尽くさぬ内容になったことをお断りしておきたい．かつて，後は応用のみという意味で「The rest is chemistry.」という言葉を遺した物理研究者がいたが，「The rest is infinite.」が正しい．

本巻の執筆に当たり，多くの有益なご教示，ご助言をたまわった方々に深く謝意を表したい．また，お世話になった岩波書店編集部の皆さんに心からお礼を申し上げたい．

1994年4月

著者を代表して

金森順次郎

目次

I

固体の電子状態

原子の電子状態の場合，主量子数 n，軌道角運動量量子数 l で指定される1電子状態への電子配置の相違が通常最も大きいエネルギー差を作り，次に電子間の Coulomb 相互作用やスピン-軌道相互作用が同じ電子配置に属する状態のヴァラエティを作り出す．固体では構成原子の価電子の状態について，原子間移動のエネルギーが電子間の Coulomb 相互作用よりも重要であるときに1電子近似が有効であって，エネルギーバンドという基本的な描像を与える．固体の電気伝導度 σ は価電子の原子間移動の可能性を端的に反映するが，通常，$\sigma > 10^4\ (\Omega \cdot \mathrm{cm})^{-1}$ の物質を金属，$\sigma < 10^{-10}\ (\Omega \cdot \mathrm{cm})^{-1}$ の物質を絶縁体とよぶ．半金属や半導体とよばれる物質の σ は，これらの値の中間である．同じ炭素原子で構成されるダイヤモンドとグラファイトでは，前者は全くの絶縁体，後者は金属の下限値の σ をもち，原子配列の違いの重要性を示している．1電子近似では，電気伝導度の相違は価電子のバンド構造の違いに帰せられる．エネルギーの低い準位から電子を塡めていくとき，電子で充たされる最もエネルギーの高い準位と空いている最低のエネルギー準位のエネルギー差をバンドギャップという．金属と半金属では，ギャップはゼロであり，半導体と絶縁体では有限の大きさをもつ．半金属では，絶対零度での電流のキャリアとなる電子や正孔の数が少ないため，温度を上げたときの熱的励起によるキャリア数の増加によって電気伝導度が増加する．金属では，元来のキャリア数が大きいので，温度を上げたときの易動度の減少が電気伝導度を減少させる．半導体と絶縁体は，ギャップの大きさの違いによって区別される．なお，1電子近似が破綻するときでも，σ の大きさから金属と絶縁体を区別するのが普通である．第I部では，1電子近似の基礎と固体のヴァラエティへの応用を解説し，さらにその結果から近似の適用限界を論じる．

1 電子状態の基礎知識

アルカリ金属などの単純金属の基本的性質は自由電子モデルでよく理解できる．なぜ，そのような単純なモデルが成り立つのだろうか．逆に，絶縁体化合物などにおける価電子帯の電子状態は，電子が個々の原子のまわりにかなりよく局在しているとして記述できる．さらに，遷移金属では自由電子的な状態と局在的状態が混在している．固体の電子状態の基礎的な理論を足場として，これらの典型的な物質の特徴がどのように理解されるかを学ぶことにしよう．

1-1 概説

われわれになじみのある金属の1つであるアルミニウムを例にとると，1 cm^3 当たりの Al 原子の数は 0.61×10^{23} 個である．物質によって多少の差異はあるが，1 cm^3 当たりの原子の数は約 10^{23} 個と考えてよい．原子は原子核と電子からなっているので，われわれが扱おうとする系は，途方もない数の原子核と電子の集合体である．電子同士，原子核同士および電子と原子核の間には Coulomb 相互作用が働いている．電子のように軽い粒子は当然のことながら量子力学的に扱わなくてはならない．

このような複雑な系を理論的に扱うにはかなり思いきった近似を導入する必要がある．通常は次の2つの基本的近似が用いられる．

（1） 断熱近似：原子核の質量に比べて電子の質量は十分に小さいので，電子は原子核の運動に瞬時に追随できるとする．したがって，電子の状態を調べる際には原子核を固定して考える．

（2） 平均場近似：電子はFermi統計に従うために，電子間の相互の運動にはPauli禁制による制約がある．また，Coulomb相互作用によって互いに避け合いながら運動する．電子全体のこうした複雑な状態を厳密に解き明かすことは，少数の電子からなる原子や分子については量子化学での研究対象となっている．しかし，10^{23}個もの電子を含む物質においては厳密な扱いは不可能である．そこで，ある電子の振舞いに注目するとして，その電子に及ぼされる他の電子からの相互作用の効果をある種のポテンシャル場で置きかえる近似がしばしば用いられる．この場を平均場，この近似を平均場近似とよぶ．原子や分子の多電子問題を扱う際のHartree-Fock近似は平均場近似の1例である．固体における平均場近似については2-2節で詳しく述べる．

まず，(1)の近似により，原子核は電子系から見ると単なる外部からのポテンシャル源とみなされる．そのポテンシャルを$v_{\mathrm{ext}}(\boldsymbol{r})$と書く．添字extはexternalの略である．また，(2)により注目した電子に及ぼされる他の電子の効果も平均的な場$v_{\mathrm{int}}(\boldsymbol{r})$で表わす．添字intはinternalの略である．結局，電子の振舞いは$v(\boldsymbol{r})=v_{\mathrm{ext}}(\boldsymbol{r})+v_{\mathrm{int}}(\boldsymbol{r})$のもとでの1電子のSchrödinger方程式を解くことに帰着される．したがって，これらの近似は1電子近似ともよばれる．もちろん，上記の断熱近似や平均場近似が不都合な場合もある．例えば，金属中での荷電粒子の運動では断熱近似は成立しない．また，遷移金属化合物や希土類金属化合物は，電子間の強い相互作用のために強相関電子系として知られており，平均場近似が破綻する場合が多い．こうした近似を越えることは物性物理の基本的な課題として研究の最先端で盛んに議論されている．われわれも第5章において，強相関電子系に関わる問題に触れることになる．

なお，多くの文献において，表式を簡単にするために原子単位がよく用いられる．ここではできる限り，電子質量 m，電子の電荷 $-e$ $(e>0)$，Planck 定数 h を 2π で割った $\hbar=h/2\pi$，を陽に書くことにする．しかし，必要に応じて原子単位を用いることもあるので，原子単位のことを説明しておく．通常用いられる原子単位には，Rydberg 原子単位と Hartree 原子単位の 2 種類がある．

（i） Rydberg 原子単位

定義：$m=1/2$，$e^2=2$，$\hbar=1$

長さの単位：Bohr 半径 $a_{\rm H}\left(=\dfrac{\hbar^2}{me^2}=0.529177\ \text{Å}\right)$

エネルギーの単位：Rydberg $\left(\text{Ry と略記，} 1\ \text{Ry}=\varepsilon_{1s}=\dfrac{me^4}{2\hbar^2}=13.6058\ \text{eV}\right)$

時間の単位：$t_{\rm R}\left(=\dfrac{2\hbar^3}{me^4}=4.837\times10^{-17}\ \text{秒}\right)$

（ii） Hartree 原子単位

定義：$m=e^2=\hbar=1$

長さの単位：Bohr 半径 $a_{\rm H}\left(=\dfrac{\hbar^2}{me^2}=0.529177\ \text{Å}\right)$

エネルギーの単位：Hartree $\left(\text{H と略記，} 1\ \text{H}=2\varepsilon_{1s}=\dfrac{me^4}{\hbar^2}=27.2116\ \text{eV}\right)$

時間の単位：$t_{\rm H}\left(=\dfrac{\hbar^3}{me^4}=2.418\times10^{-17}\ \text{秒}\right)$

なお，上の各単位のカッコ内の数値は各単位系での 1 単位の実際の値を示す．

1-2 バンド理論の初歩

1 電子問題にまで問題を簡単化しても，10^{23} 個もの散乱体の中の電子の状態を解くことは一般には不可能である．幸いなことに結晶は原子の規則的な配列からなっており，基本となる原子配列を単位のブロック（単位胞）として，それを周期的に並べたものになっている．この周期性（並進対称性）のおかげで 1 つの単位胞の中で電子の状態を解けばよいことになり，10^{23} 個の散乱体の問題は

10～100 個のオーダーの散乱体の問題に帰着する．原子の周期的な並列は境界条件として考慮される．このようにして固体の電子状態を明らかにするという作業がわれわれの手の届く問題となる．

a）逆格子

完全結晶における原子の周期配列に関しては第 6 章で詳しく議論される．結晶の並進対称性を記述するものとして，3 次元では 14 種類の Bravais 格子がある．

Bravais 格子の並進対称性に対する基本並進ベクトルを $\boldsymbol{t}_i$ ($i=1\sim3$) とする．一般の並進ベクトルは $\boldsymbol{T}_n=n_1\boldsymbol{t}_1+n_2\boldsymbol{t}_2+n_3\boldsymbol{t}_3$ と書ける．ただし，n_i ($i=1\sim3$) は整数である．原子の周期配列に対応して，電子に及ぼされるポテンシャル $v(\boldsymbol{r})$ はどの $\boldsymbol{t}_i$ に対しても

$$v(\boldsymbol{r}+\boldsymbol{t}_i) = v(\boldsymbol{r}) \tag{1.1}$$

を満足する．$v(\boldsymbol{r})$ を Fourier 展開すると

$$v(\boldsymbol{r}) = \sum_{\boldsymbol{G}} v(\boldsymbol{G})e^{-i\boldsymbol{G}\cdot\boldsymbol{r}} \tag{1.2}$$

(1.2)式が(1.1)式を満足するためにはどの $\boldsymbol{t}_i$ に対しても

$$\boldsymbol{G}\cdot\boldsymbol{t}_i = 2\pi\times\text{整数} \tag{1.3}$$

が成り立たねばならない．(1.3)式を満足する $\boldsymbol{G}$ を $\boldsymbol{G}_m$ とすると，m_i ($i=1\sim3$) を整数として，

$$\boldsymbol{G}_m = m_1\boldsymbol{g}_1+m_2\boldsymbol{g}_2+m_3\boldsymbol{g}_3 \tag{1.4}$$

$$\boldsymbol{g}_j\cdot\boldsymbol{t}_i = 2\pi\delta_{ij} \tag{1.5}$$

であればよい．(1.5)式は

$$\boldsymbol{g}_j = \frac{2\pi}{\Omega}(\boldsymbol{t}_k\times\boldsymbol{t}_l) \tag{1.6}$$

によって満足される．ただし (j, k, l) は $(1, 2, 3)$ の循環置換である．また Ω $(=\boldsymbol{t}_1\cdot(\boldsymbol{t}_2\times\boldsymbol{t}_3))$ は単位胞の体積である．

$\{\boldsymbol{t}_i\}$ が実空間（$\boldsymbol{r}$ 空間ともいう）での格子をつくるのに対して，$\{\boldsymbol{g}_i\}$ は逆空間（$\boldsymbol{k}$ 空間ともいう）での格子をつくり，それを逆格子と呼ぶ．$\{\boldsymbol{g}_i\}$ は逆空間で

の基本並進ベクトルであり，一般の並進ベクトル(1.4)は逆格子ベクトルとよばれる．回折現象と関連させた逆格子ベクトルの議論は6-6節で行なわれる．

b) Blochの定理

ポテンシャル $v(\boldsymbol{r})$ のもとでの電子の固有状態を求めよう．波数 $\boldsymbol{k}$ の平面波を

$$\phi_{\boldsymbol{k}}(\boldsymbol{r}) = \frac{1}{\sqrt{N\Omega}} e^{i\boldsymbol{k}\cdot\boldsymbol{r}} \tag{1.7}$$

と定義する．N は考えている系の単位胞の数であり，10^{23} のオーダーの数と考えてよい．各 $\boldsymbol{t}_i$ の方向に沿っての単位胞の数を N_i とし($N = N_1 N_2 N_3$)，Born-Kármánの周期境界条件を採用する．$\boldsymbol{k}$ を

$$\boldsymbol{k} = \sum_i \alpha_i \boldsymbol{g}_i$$

と表わすと，

$$\alpha_i N_i = n_i \tag{1.8}$$

ただし n_i は整数でなければならない．このようにしておけば(1.7)式で与えられる $\phi_{\boldsymbol{k}}(\boldsymbol{r})$ は規格直交性

$$\int_{\boldsymbol{r}\in N\Omega} \phi_{\boldsymbol{k}}^*(\boldsymbol{r})\phi_{\boldsymbol{k}'}(\boldsymbol{r}) d^3r = \delta_{\boldsymbol{k}\boldsymbol{k}'} \tag{1.9}$$

を満足する．$\delta_{\boldsymbol{k}\boldsymbol{k}'}$ はKroneckerのデルタである．

さて，$\phi_{\boldsymbol{k}}(\boldsymbol{r})$ は運動エネルギーの演算子 $-\dfrac{\hbar^2}{2m}\Delta$ に対しては

$$-\frac{\hbar^2}{2m}\Delta\phi_{\boldsymbol{k}}(\boldsymbol{r}) = \frac{\hbar^2 k^2}{2m}\phi_{\boldsymbol{k}}(\boldsymbol{r}) \tag{1.10}$$

となって固有状態となっているが，$v(\boldsymbol{r})$ に対しては

$$v(\boldsymbol{r})\phi_{\boldsymbol{k}}(\boldsymbol{r}) = \sum_m v(\boldsymbol{G}_m)\phi_{\boldsymbol{k}-\boldsymbol{G}_m}(\boldsymbol{r}) \tag{1.11}$$

となり，$\boldsymbol{k}$ の状態には逆格子ベクトルだけずれた $\boldsymbol{k}-\boldsymbol{G}_m$ の状態が混ざってくる．したがって，波数ベクトル $\boldsymbol{k}$ に対して

$$\psi_{\boldsymbol{k}}(\boldsymbol{r}) = \sum_m a_m(\boldsymbol{k})\phi_{\boldsymbol{k}-\boldsymbol{G}_m}(\boldsymbol{r}) \tag{1.12}$$

で表わされる1次結合によって

$$\left\{-\frac{\hbar^2}{2m}\Delta+v(\boldsymbol{r})\right\}\psi_{\boldsymbol{k}}(\boldsymbol{r})=\varepsilon(\boldsymbol{k})\psi_{\boldsymbol{k}}(\boldsymbol{r}) \tag{1.13}$$

を満足させることができる．$\varepsilon(\boldsymbol{k})$ が固有エネルギーである．(1.3)，(1.7)，(1.12)式より，任意の並進ベクトル $\boldsymbol{T}_n$ に対して

$$\psi_{\boldsymbol{k}}(\boldsymbol{r}+\boldsymbol{T}_n)=e^{i\boldsymbol{k}\cdot\boldsymbol{T}_n}\psi_{\boldsymbol{k}}(\boldsymbol{r}) \tag{1.14}$$

が成り立ち，これがBlochの定理である．もちろん，電子の存在確率は $|\psi_{\boldsymbol{k}}(\boldsymbol{r}+\boldsymbol{T}_n)|^2=|\psi_{\boldsymbol{k}}(\boldsymbol{r})|^2$ となって周期的である．

c) Brillouin 域

(1.12)式を(1.13)式に代入し，左から $\phi^*_{\boldsymbol{k}-\boldsymbol{G}_m}(\boldsymbol{r})$ をかけて積分することにより

$$\sum_{m'}\left[\left\{\varepsilon(\boldsymbol{k})-\frac{\hbar^2}{2m}(\boldsymbol{k}-\boldsymbol{G}_m)^2\right\}\delta_{mm'}-v_{mm'}\right]a_{m'}(\boldsymbol{k})=0 \tag{1.15}$$

ただし

$$v_{mm'}=\int\phi^*_{\boldsymbol{k}-\boldsymbol{G}_m}(\boldsymbol{r})v(\boldsymbol{r})\phi_{\boldsymbol{k}-\boldsymbol{G}_{m'}}(\boldsymbol{r})d^3r \tag{1.16}$$

であり，(1.2)式より

$$v_{mm'}=v(\boldsymbol{G}_{m-m'}) \tag{1.17}$$

となる．(1.15)式より $\varepsilon(\boldsymbol{k})$ は

$$H_{mm'}=\frac{\hbar^2}{2m}(\boldsymbol{k}-\boldsymbol{G}_m)^2\delta_{mm'}+v_{mm'} \tag{1.18}$$

を行列要素とする Hermite 行列 H の固有値であり，$a_m(\boldsymbol{k})$ は固有ベクトルになっている．

ところで，$\varepsilon(\boldsymbol{k})$ は逆空間において以下に示すような周期性をもつ．$\boldsymbol{k}'=\boldsymbol{k}-\boldsymbol{G}_n$ で与えられる波数ベクトルを考える．

$$\boldsymbol{k}-\boldsymbol{G}_m=\boldsymbol{k}'-(\boldsymbol{G}_m-\boldsymbol{G}_n)=\boldsymbol{k}'-\boldsymbol{G}_p$$

で $\boldsymbol{G}_p(=\boldsymbol{G}_m-\boldsymbol{G}_n)$ も逆格子ベクトルである．同様に $\boldsymbol{G}_{p'}=\boldsymbol{G}_{m'}-\boldsymbol{G}_n$ を用いると，(1.18)式の右辺は

$$\frac{\hbar^2}{2m}(\boldsymbol{k}'-\boldsymbol{G}_p)^2\delta_{pp'}+v_{pp'} \tag{1.19}$$

である．原理的には m, m', p, p' は全整数値をカバーするので，$\boldsymbol{k}$ での行列(1.18)式と $\boldsymbol{k}-\boldsymbol{G}_n$ での行列(1.19)式は，行列要素の番号のつけかえを行なえば全く同じものである．したがって，$\boldsymbol{k}$ での固有値の組 $\{\varepsilon_\alpha(\boldsymbol{k})\}$ は(α は固有値の番号)と $\boldsymbol{k}-\boldsymbol{G}_n$ での固有値の組 $\{\varepsilon_\beta(\boldsymbol{k}-\boldsymbol{G}_n)\}$ は全く同じになる．したがって，固有値の番号を適当につけさえすれば(例えば低いエネルギーの順に並べる)

$$\varepsilon_\alpha(\boldsymbol{k}) = \varepsilon_\alpha(\boldsymbol{k}-\boldsymbol{G}_n) \tag{1.20}$$

となる．固有ベクトルについても同じことが成り立つ．

このことから，逆空間における $\boldsymbol{k}$ の範囲として，$\{\boldsymbol{G}_m\}$ でつくる格子の単位胞内に限ることができる．与えられた格子における単位胞のとり方は一義的には決まらないが，ここでは逆格子に対して Wigner-Seitz 胞を単位胞として採用することにしよう．すなわち，1つの格子点を中心とし，その格子点と周囲の格子点を結ぶ線分の垂直2等分面を考える．それらの垂直2等分面が中心の格子点を囲む最小の領域が **Wigner-Seitz 胞**である．$\boldsymbol{G}=0$ を中心とした Wigner-Seitz 胞を**第1 Brillouin 域**あるいは単に **Brillouin 域**とよぶ．図1-1に面心立方格子(fcc)と体心立方格子(bcc)に対する Brillouin 域を示した．

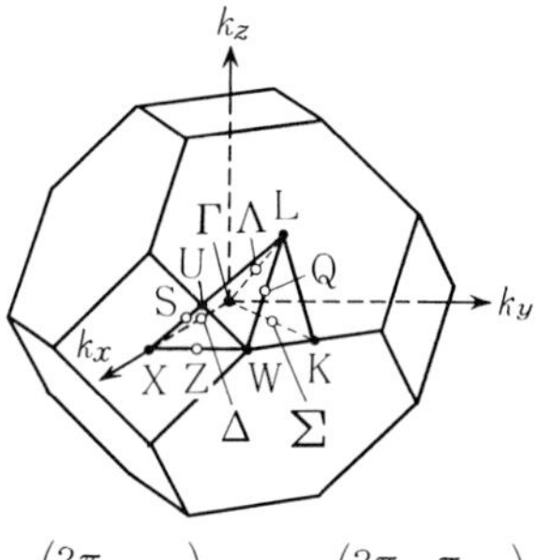

X：$\left(\frac{2\pi}{a}, 0, 0\right)$，W：$\left(\frac{2\pi}{a}, \frac{\pi}{a}, 0\right)$

L：$\left(\frac{\pi}{a}, \frac{\pi}{a}, \frac{\pi}{a}\right)$，U：$\left(\frac{2\pi}{a}, \frac{\pi}{2a}, \frac{\pi}{2a}\right)$

K：$\left(\frac{3\pi}{2a}, \frac{3\pi}{2a}, 0\right)$

(a)

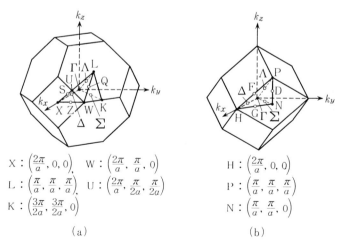

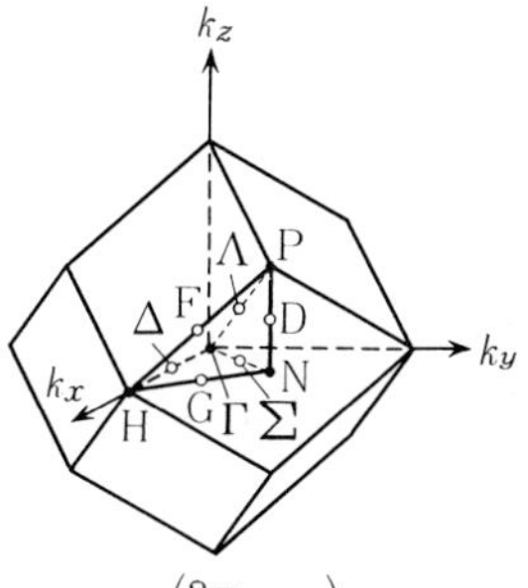

H：$\left(\frac{2\pi}{a}, 0, 0\right)$

P：$\left(\frac{\pi}{a}, \frac{\pi}{a}, \frac{\pi}{a}\right)$

N：$\left(\frac{\pi}{a}, \frac{\pi}{a}, 0\right)$

(b)

図1-1 Brillouin 域の例．(a) 面心立方格子(fcc)と (b) 体心立方格子(bcc)．

1-3 ほとんど自由な電子の近似

固体中の電子の感じる有効1電子ポテンシャル $v(\boldsymbol{r})$ が与えられたとして，その固有状態を求めるにはいくつかの有力な方法が与えられている．しかしながら，そのような方法を用いて，大掛かりな数値計算によって得られた結果を理解することは必ずしも容易ではない．多くの物理の問題において，本質の理解はしばしば極限的な場合を想定することによって可能となるが，ここでも同じことがいえる．われわれが扱う極限的な場合とは，原子ポテンシャルが十分に弱く，電子の振舞いは第0近似として自由電子的である場合と，原子ポテンシャルが十分に強く，電子の振舞いは自由原子におけるものからあまり変わっていない場合である．この節では自由電子に近い場合の電子状態を議論する．

a） 空格子

第1ステップとして，結晶ポテンシャルの強さが無限小であるが，結晶の周期性は考慮することにしよう．このような場合の格子を**空格子**とよぶ．この場合は，電子のエネルギーは $\dfrac{1}{2m}(\hbar\boldsymbol{k})^2$ で与えられ基本的には自由電子であるが，結晶の周期性からくる(1.20)式の関係によって $\boldsymbol{k}$ が第1 Brillouin 域の外に出たら，それに適当な逆格子ベクトル $\boldsymbol{G}$ を加えることによって，$\boldsymbol{k}-\boldsymbol{G}$ が第1 Brillouin 域に属するように平行移動することができる．この操作を図1-2(a)に1次元結晶の場合について示した．このように $\boldsymbol{k}$ を第1 Brillouin 域に限ることとして $\varepsilon(\boldsymbol{k})$ の関係を示したものを**還元域方式**という．(1.20)式により，$\boldsymbol{k}$ の全領域に広げると図1-2(b)のようになり，これは**反復域方式**とよばれる．結晶の周期性を考慮すると，自由電子的な $\varepsilon(\boldsymbol{k})$ の関係が図1-2の(a)や(b)のようになることに注意されたい．

b） 弱い結晶ポテンシャルの効果

第2ステップとして，結晶ポテンシャルの強さが有限になったときの効果を調べよう．ここでも簡単のために1次元結晶の場合について考える．結晶ポテンシャルの強さが無限小の場合のバンドの分枝を図1-2(a)のように下から順に

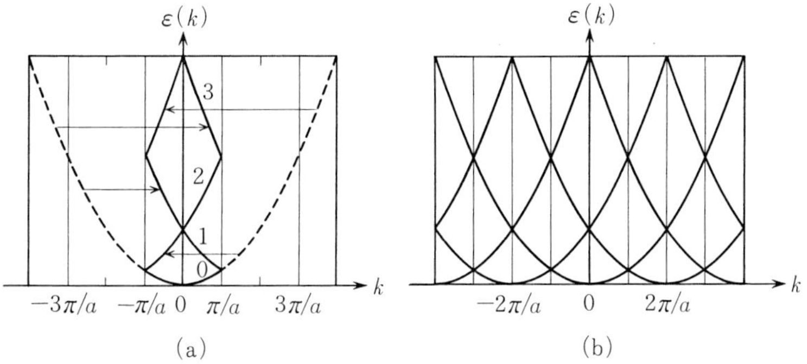

図 1-2 1次元空格子のバンド構造．(a) 還元域方式，(b) 反復域方式．

0, 1, 2, ⋯ と番号をつける．下から2つの分枝が結晶ポテンシャルによってどのような影響を受けるか，特に k が第1 Brillouin 域の境界 π/a に近い場合に注目する．この場合分枝2より上のものは分枝0と1からはエネルギー的に離れている．結晶ポテンシャルの行列要素 $|v_{0n}|, |v_{1n}|$ $(n\geqq 2)$ がこれらのエネルギー差と比べて十分に小さい場合を考えることにしよう．(1.18)式の固有値は次の式から得られる．

$$\begin{vmatrix} \varepsilon-\varepsilon_0^0(k)-v_{00} & -v_{01} & -v_{02} & \cdots \\ -v_{10} & \varepsilon-\varepsilon_1^0(k)-v_{00} & -v_{12} & \cdots \\ -v_{20} & -v_{21} & \varepsilon-\varepsilon_2^0(k)-v_{00} & \cdots \\ \vdots & \vdots & \vdots & \end{vmatrix} = 0 \qquad (1.21)$$

左辺は $\varepsilon\delta_{nn'}-H_{nn'}$ を行列要素とする行列式である．また，$\varepsilon_n^0(k)$ は図 1-2(a) での空格子に対する分枝 n のエネルギーである．$n, n'\geqq 2$ に対して，非対角項の $v_{nn'}$ を無視する．これは，下の2つの分枝を扱う際には結晶ポテンシャルの2次まで考慮する近似として許される．行列式に対する簡単な操作を施すと，(1.21)式は

$$\begin{vmatrix} \varepsilon-\varepsilon_0^0(k)-\tilde{v}_{00} & -\tilde{v}_{01} \\ -\tilde{v}_{10} & \varepsilon-\varepsilon_1^0(k)-\tilde{v}_{11} \end{vmatrix} = 0 \qquad (1.22)$$

ただし

$$\tilde{v}_{pp'} = v_{pp'} + \sum_{n\geqq 2} v_{pn} \frac{1}{\varepsilon - \varepsilon_n^0(k) - v_{00}} v_{np'} \tag{1.23}$$

と書き直すことができる．(1.23)式の第2項には求めるべき固有値 ε が含まれているが，(0,0)成分においては $\varepsilon=\varepsilon_0^0(k)+v_{00}$，(1,1)成分では $\varepsilon=\varepsilon_1^0(k)+v_{00}$ と近似すればよい．これらの操作は $n\geqq 2$ の分枝からの寄与をポテンシャルの2次摂動として取り入れたことになっている．(0,1),(1,0)成分では $\varepsilon=\{\varepsilon_0^0(k)+\varepsilon_1^0(k)\}/2+v_{00}$ とする．このように，エネルギーの高い状態からの補正があるが，本質的な様子は

$$\begin{vmatrix} \varepsilon - \varepsilon_0^0(k) & -v_{01} \\ -v_{10} & \varepsilon - \varepsilon_1^0(k) \end{vmatrix} = 0 \tag{1.24}$$

によって十分に知ることができる．($\tilde{v}_{00}$, $\tilde{v}_{11}$ は $\varepsilon_0^0(k)$, $\varepsilon_1^0(k)$ に取り込んだ．Brillouin 域境界では $\tilde{v}_{00}=\tilde{v}_{11}$.) (1.24)式を満足するエネルギー固有値は

$$\varepsilon_\pm = [\varepsilon_0^0(k)+\varepsilon_1^0(k) \pm \sqrt{\{\varepsilon_0^0(k)-\varepsilon_1^0(k)\}^2+4|v_{01}|^2}]/2 \tag{1.25}$$

で与えられる．$|v_{01}|\Big/\dfrac{\hbar^2}{2m}\left(\dfrac{\pi}{a}\right)^2=1/4$ の場合について $\varepsilon_\pm$ の様子を図1-3に示した．$k=\pi/a$ での ε_+ と ε_- の差はバンドギャップといい，$2|v_{01}|$ で与えられる．

$k=\pi/a$ でのエネルギー固有値 $\varepsilon_\pm$ に対して，$n=0$ と $n=1$ の分枝だけを考える近似での固有関数は

$v_{01}<0$ のときは

$$\psi_- = \sqrt{\frac{2}{Na}} \cos\frac{\pi}{a}x, \qquad \psi_+ = \sqrt{\frac{2}{Na}} \sin\frac{\pi}{a}x \tag{1.26}$$

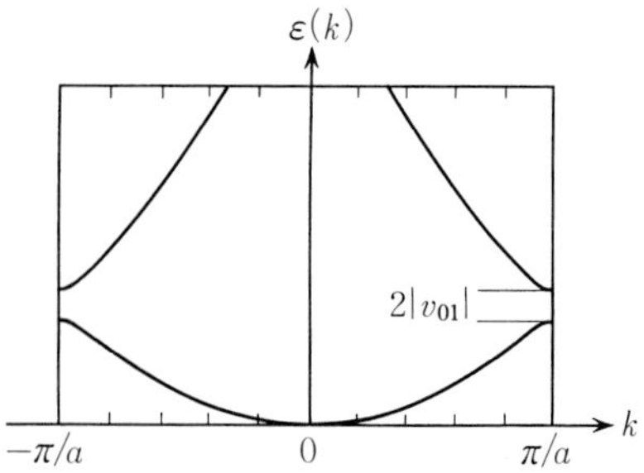

図1-3 1次元の「ほとんど自由な電子」のバンド構造における，結晶ポテンシャルの効果．

$v_{01}>0$ のときは

$$\psi_- = \sqrt{\frac{2}{Na}}\sin\frac{\pi}{a}x, \qquad \psi_+ = \sqrt{\frac{2}{Na}}\cos\frac{\pi}{a}x \tag{1.27}$$

で与えられる．ポテンシャルが引力のときは原子の中心で大きな振幅をもった状態が低いエネルギー ε_- に対応し，原子の中心で波動関数が節をもつ状態が高いエネルギー ε_+ に対応する．一方，ポテンシャルが斥力的なら逆の対応になる．なお，原子核のまわりの局所的な波動関数の対称性から，原子の中心で振幅をもつ状態をs的，節をもつ状態をp的とよぶことがある．

第1章の始めに述べたように，現実の物質における電子は，原子核からのCoulomb引力や電子同士の相互作用などを受けているので，「ほとんど自由な電子の近似」は現実性のないものと思われるかも知れない．ところが，単純金属とよばれる金属の中には，驚くほどに自由電子的なものが現実に存在するのである．1価金属であるアルカリ金属の中からNa，また3価金属であるAlについて，そのバンド構造を図1-4，図1-5に示した．Naは体心立方格子(bcc)であり，Alは面心立方格子(fcc)であるが，bccとfccに対する空格子のバンド構造も示してある．NaやAlのバンド構造は，空格子でのバンド分枝の交差が弱い結晶ポテンシャルによって分裂したものに近いことがわかる．このことは実験的にも支持されている．原子核からの強いポテンシャルや電子間の強い相互作用はどこに隠れてしまったのであろうか？

c） 擬ポテンシャル

まず，原子核からのポテンシャルの効果について考える．図1-5でのX点でのバンドの様子を調べてみよう．波動関数の対称性によってバンドの分枝に名前がつけられているが，X_1 はs的，$X_{4'}$ はp的であることを示している．すなわち，s状態の方がp状態よりエネルギーが高いので，ポテンシャルの行列要素 $v\left(\boldsymbol{G}=\frac{2\pi}{a}(2,0,0)\right)$ が正であり，(1.27)式の場合に対応する．また，X_1 と $X_{4'}$ のエネルギー差は約0.1 Ryであるから，$v(\boldsymbol{G})\cong 0.05$ Ryである．もしもAlの原子ポテンシャルを用いて，直接に $\boldsymbol{G}=\frac{2\pi}{a}(2,0,0)$ の行列要素を計算すると約 -0.4 Ryになってしまう．ポテンシャルの行列要素の符号が正である

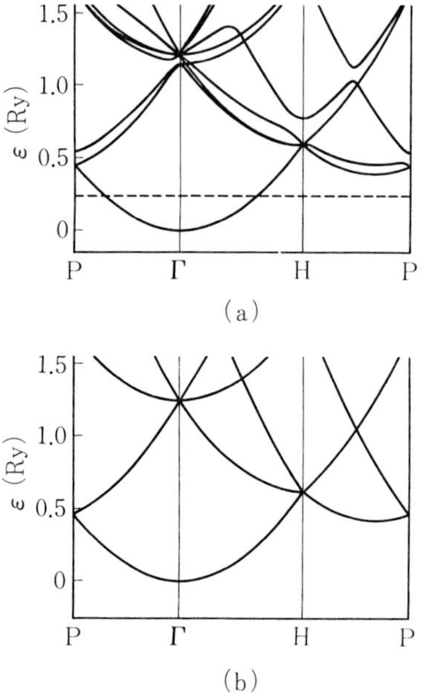

図 1-4 (a) Na(bcc 構造)のバンド構造と(b) bcc 構造の空格子バンド．(a)での破線は Fermi 準位．

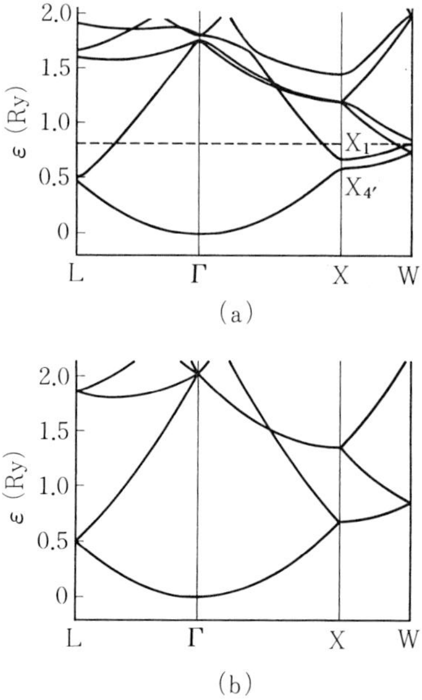

図 1-5 (a) Al(fcc 構造)のバンド構造と(b) fcc 構造の空格子バンド．(a)での破線は Fermi 準位．

こと，またその大きさが原子ポテンシャルの Fourier 成分の 1/10 程度しかないことはなぜだろうか？

与えられた結晶ポテンシャル v に対する固有関数を平面波展開で求めようとすると，その固有エネルギー ε は(1.18)式の行列の固有値として与えられる．結晶ポテンシャルは近似的には原子のポテンシャルの重ね合せで与えられるので，このようにして得られる最低エネルギー状態としては内殻の 1s 状態が得られるだろう．しかしながら，内殻電子は孤立原子においても固体においてもほとんどその性質を変えず，物質の性質を左右するのは外殻の価電子である．したがって，特に問題とならない限りは内殻は孤立原子の状態にあるとして，価電子だけに対して固体の効果を取り入れる方が計算の効率もよく，かつ物理的な議論も明快になる．価電子のみに注目した計算を行なうには，価電子の波動関数が内殻電子の波動関数に直交することを，計算のスタートから考慮すればよい．

n 番目の原子の内殻状態を $\phi_c(\boldsymbol{r}-\boldsymbol{R}_n)$ と表わす．この状態からつくられる Bloch 関数を $\boldsymbol{\Phi}_{c\boldsymbol{k}}(\boldsymbol{r})$ とすると

$$\boldsymbol{\Phi}_{c\boldsymbol{k}}(\boldsymbol{r}) = \frac{1}{\sqrt{N}}\sum_n e^{i\boldsymbol{k}\cdot\boldsymbol{R}_n}\phi_c(\boldsymbol{r}-\boldsymbol{R}_n) \tag{1.28}$$

となる．これが(1.14)式の Bloch の定理を満たすことを示すのは容易である．内殻状態はよく局在しているので

$$\int \phi_c^*(\boldsymbol{r}-\boldsymbol{R}_n)\phi_{c'}(\boldsymbol{r}-\boldsymbol{R}_{n'})d^3r = \delta_{cc'}\delta_{nn'} \tag{1.29}$$

が成り立つとしてよいであろう．また，内殻状態は結晶ハミルトニアン H の固有状態であると考えてもよいであろう．すなわち

$$H\boldsymbol{\Phi}_{c\boldsymbol{k}}(\boldsymbol{r}) = \varepsilon_c\boldsymbol{\Phi}_{c\boldsymbol{k}}(\boldsymbol{r}) \tag{1.30}$$

価電子に対する結晶での固有状態を得るのに，(1.12)式のように平面波を基底関数にするのではなく，あらかじめ平面波を内殻状態に直交させた，次式の直交化された平面波(OPW)

$$\chi_{\boldsymbol{k},\boldsymbol{G}}(\boldsymbol{r}) = \phi_{\boldsymbol{k}-\boldsymbol{G}}(\boldsymbol{r}) - \sum_c\left\{\int \boldsymbol{\Phi}_{c\boldsymbol{k}}^*(\boldsymbol{r}')\phi_{\boldsymbol{k}-\boldsymbol{G}}(\boldsymbol{r}')d^3r'\right\}\boldsymbol{\Phi}_{c\boldsymbol{k}}(\boldsymbol{r}) \tag{1.31}$$

を用いる．固有状態は(1.12)式と同様に

$$\Psi_{\boldsymbol{k}}(\boldsymbol{r}) = \sum_{\boldsymbol{G}} a_{\boldsymbol{G}}(\boldsymbol{k})\chi_{\boldsymbol{k},\boldsymbol{G}}(\boldsymbol{r}) \tag{1.32}$$

で与えられる．まず，(1.31)式の $\chi_{\boldsymbol{k},\boldsymbol{G}}(\boldsymbol{r})$ はどの内殻状態 $\phi_c(\boldsymbol{r}-\boldsymbol{R}_n)$ とも直交することは容易に証明することができる．(1.32)式が結晶ハミルトニアンの固有状態であるとすると，固有エネルギー ε は

$$(\chi_{\boldsymbol{k},\boldsymbol{G}}|H-\varepsilon|\chi_{\boldsymbol{k},\boldsymbol{G}'}) \tag{1.33}$$

で与えられる行列要素からなる行列式がゼロになるものとして与えられる．(1.31)式を(1.33)式に代入し，(1.30)式を用いると，

$$(\chi_{\boldsymbol{k},\boldsymbol{G}}|H-\varepsilon|\chi_{\boldsymbol{k},\boldsymbol{G}'}) = \left\{\frac{\hbar^2}{2m}|\boldsymbol{k}-\boldsymbol{G}|^2-\varepsilon\right\}\delta_{\boldsymbol{G}\boldsymbol{G}'}+v_{\boldsymbol{G}\boldsymbol{G}'}+(v_{\mathrm{R}})_{\boldsymbol{G}\boldsymbol{G}'} \qquad (1.34)$$

ただし v_{R} は非局所的な演算子で

$$v_{\mathrm{R}}(\boldsymbol{r},\boldsymbol{r}') = \sum_c \boldsymbol{\Phi}_{c\boldsymbol{k}}(\boldsymbol{r})(\varepsilon-\varepsilon_c)\boldsymbol{\Phi}^*_{c\boldsymbol{k}}(\boldsymbol{r}') \qquad (1.35)$$

と与えられる．v は結晶ポテンシャルである．(1.34)式は形式的に

$$(\chi_{\boldsymbol{k},\boldsymbol{G}}|\left(-\frac{\hbar^2}{2m}\Delta+v\right)-\varepsilon|\chi_{\boldsymbol{k},\boldsymbol{G}'}) = (\phi_{\boldsymbol{k}-\boldsymbol{G}}|\left(-\frac{\hbar^2}{2m}\Delta+v+v_{\mathrm{R}}\right)-\varepsilon|\phi_{\boldsymbol{k}-\boldsymbol{G}'}) \qquad (1.36)$$

と書くことができる．すなわち，結晶ポテンシャル v に対する OPW での行列要素は，有効ポテンシャル $\varGamma$

$$\varGamma = v+v_{\mathrm{R}} \qquad (1.37)$$

に対する平面波での行列要素と同じになる．(1.35)式の v_{R} は $\varepsilon-\varepsilon_c>0$ であるから斥力的であり，引力ポテンシャル v との打ち消しによって $\varGamma$ は弱いポテンシャルとなることが予想される．(1.37)式の $\varGamma$ を OPW 法に基づく擬ポテンシャルとよぶ．

擬ポテンシャルについてもうすこし述べておこう．(1.35)式の v_{R} は一般化して

$$v_{\mathrm{R}}(\boldsymbol{r},\boldsymbol{r}') = \sum_c \boldsymbol{\Phi}_{c\boldsymbol{k}}(\boldsymbol{r})F_c(\boldsymbol{r}') \qquad (1.38)$$

とし，$F_c(\boldsymbol{r}')$ は全く任意でも価電子状態の固有エネルギーは正しく与えられることが次のようにしてわかる．有効ポテンシャル $\varGamma=v+v_{\mathrm{R}}$ に対する擬波動関数を $\boldsymbol{\Phi}$ とし，

$$\left(-\frac{\hbar^2}{2m}\Delta+\varGamma\right)\boldsymbol{\Phi} = \varepsilon'\boldsymbol{\Phi} \qquad (1.39)$$

を考える．一方，本物の波動関数に対しては

$$\left(-\frac{\hbar^2}{2m}\Delta+v\right)\boldsymbol{\varPsi} = \varepsilon\boldsymbol{\varPsi} \qquad (1.40)$$

が成り立つ．(1.39)式の左から $\boldsymbol{\Psi}^*(\boldsymbol{r})$ をかけて積分すると，$\boldsymbol{\Psi}$ と $\boldsymbol{\Phi}_{c\boldsymbol{k}}$ が直交することを用いると

$$\langle \boldsymbol{\Psi} | -\frac{\hbar^2}{2m}\Delta + v | \boldsymbol{\Phi} \rangle = \varepsilon' \langle \boldsymbol{\Psi} | \boldsymbol{\Phi} \rangle \tag{1.41}$$

が成り立つ．(1.40)式を用いれば，(1.41)式の左辺は $\varepsilon\langle \boldsymbol{\Psi} | \boldsymbol{\Phi} \rangle$ である．したがって，$\langle \boldsymbol{\Psi} | \boldsymbol{\Phi} \rangle \neq 0$ なら $\varepsilon' = \varepsilon$ でなければならない．(1.38)式の $F_c(\boldsymbol{r}')$ は，OPW を用いた議論では

$$[F_c(\boldsymbol{r}')]_{\mathrm{OPW}} = (\varepsilon - \varepsilon_c)\boldsymbol{\Phi}^*_{c\boldsymbol{k}}(\boldsymbol{r}')$$

である．もし，$F_c(\boldsymbol{r}')$ として

$$F_c(\boldsymbol{r}') \equiv -\boldsymbol{\Phi}^*_{c\boldsymbol{k}}(\boldsymbol{r}')v(\boldsymbol{r}')$$

を用いると

$$\Gamma(\boldsymbol{r}, \boldsymbol{r}') = v(\boldsymbol{r})\delta(\boldsymbol{r} - \boldsymbol{r}') - \sum_c \boldsymbol{\Phi}_{c\boldsymbol{k}}(\boldsymbol{r})\boldsymbol{\Phi}^*_{c\boldsymbol{k}}(\boldsymbol{r}')v(\boldsymbol{r}') \tag{1.42}$$

となる．仮に内殻状態が，核のまわりの適当な領域の中で完全系を作っているとすれば

$$\sum_c \boldsymbol{\Phi}_{c\boldsymbol{k}}(\boldsymbol{r})\boldsymbol{\Phi}^*_{c\boldsymbol{k}}(\boldsymbol{r}') = \delta(\boldsymbol{r} - \boldsymbol{r}') \tag{1.43}$$

となり，その領域では Γ は消える．実際には内殻状態は完全系を作ってはいないので，(1.42)式の第 1 項と第 2 項の打ち消しは完全ではない．

第 I 族の元素で，H には内殻がないので，1s 電子の見るポテンシャルは生の核のポテンシャルである．Li についていえば，2s 電子の見るポテンシャル $v(\boldsymbol{r})$ は核のポテンシャルを 1s 電子が遮蔽したものであり，かつ 1s 状態との直交性からくる斥力ポテンシャル v_{R} が働く．したがって，2s 電子の見るポテンシャルはかなり弱くなる．しかし，2p 電子については，同じ角運動量をもつ内殻がないため，直交性からくる斥力ポテンシャルは働かない．そのために，2p 電子に対するポテンシャルはイオン芯の生のポテンシャルである．このために，Li は他のアルカリ元素とは定性的に違った振舞いをする．同様に周期表での Li から始まる第 2 周期の元素には p 状態についての内殻がないので，

2p 電子の感じるポテンシャルは第 3 周期以後の元素の p 状態の価電子の感じるポテンシャルよりずっと深くなっている．Na では，3s 電子は 1s と 2s 状態との直交性からくる斥力ポテンシャルがあり，3p 電子についても 2p 状態との直交性からくる斥力ポテンシャルがある．そのために Na では価電子の感じる有効ポテンシャルは浅くなる．

本筋からすこし離れることになるが，第 I 族元素の中で H が特殊である理由を指摘しておこう．Li 以下の元素では原子としての最外殻を ns とすると，分子や固体を作った場合にはエネルギー的に近い np 状態が ns 状態と混成するのに対して，水素では 1p 状態が存在しないために，p 状態の混成が非常に小さくなる．このことが金属状態の水素を実現することを困難にしている．元素が軽いことによる量子効果も重要な役割を演じることがある．

擬ポテンシャルの(1.42)式で暗示される内容を簡単なモデルで表わしたものが Ashcroft の空内殻(empty core)ポテンシャルであり，図 1-6(a), (b)に Na と Al について破線で示した(N. W. Ashcroft: Phys. Letters **23** (1966) 48)．このモデルでは価電子の見るイオン芯からのポテンシャルとして内殻領域($r < r_c$)では(1.43)式が成立し，$r > r_c$ ではイオン芯からの Coulomb ポテンシャルになっているとする．このポテンシャルの平面波についての行列要素は

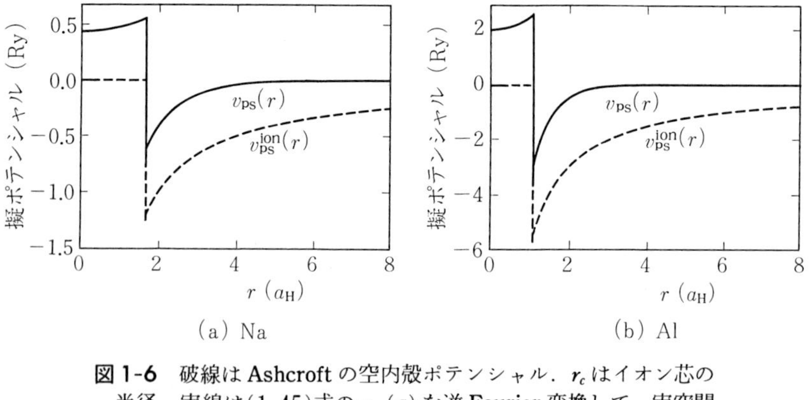

図 1-6 破線は Ashcroft の空内殻ポテンシャル．r_c はイオン芯の半径．実線は(1.45)式の $v_{ps}(q)$ を逆 Fourier 変換して，実空間での $v_{ps}(r)$ としたもの．(a) Na，(b) Al．

$$\frac{1}{\Omega}\int e^{-i(\boldsymbol{k}+\boldsymbol{G})\cdot\boldsymbol{r}}v_{\mathrm{ps}}^{\mathrm{ion}}(\boldsymbol{r})e^{i(\boldsymbol{k}+\boldsymbol{G}')\cdot\boldsymbol{r}}d^3r = \frac{1}{\Omega}\int_{r_c}^{\infty}\left(-\frac{z}{r}e^2\right)e^{-i(\boldsymbol{G}-\boldsymbol{G}')\cdot\boldsymbol{r}}d^3r$$
$$= -\frac{4\pi e^2 z}{\Omega q^2}\cos qr_c \qquad (1.44)$$

ただし，$q=|\boldsymbol{G}-\boldsymbol{G}'|$.

このイオン芯のポテンシャルが，自由電子的な価電子の中に埋められると，価電子による遮蔽を受ける．価電子を完全な自由電子と近似すると，Hartree 近似による誘電率 $\epsilon(q)$ を用いて，価電子の見るポテンシャルとして

$$v_{\mathrm{ps}}(q) = \frac{v_{\mathrm{ps}}^{\mathrm{ion}}(q)}{\epsilon(q)} \qquad (1.45)$$

が近似的に与えられる．ただし，

$$\epsilon(q) = 1+\frac{q_{\mathrm{TF}}^2}{q^2}\left\{\frac{1}{2}+\frac{4k_{\mathrm{F}}^2-q^2}{8k_{\mathrm{F}}q}\ln\left|\frac{2k_{\mathrm{F}}+q}{2k_{\mathrm{F}}-q}\right|\right\} \qquad (1.46)$$

である．上式において，$n=z/\Omega$ は電子密度，また，Fermi 波数 k_{F} および Thomas-Fermi 波数 q_{TF} は

$$k_{\mathrm{F}} = (3\pi^2 n)^{1/3} \qquad (1.47)$$

$$q_{\mathrm{TF}} = \left(\frac{6\pi e^2 n}{\varepsilon_{\mathrm{F}}}\right)^{1/2} \qquad (1.48)$$

で与えられる．また，Fermi エネルギー ε_{F} は $\hbar^2 k_{\mathrm{F}}^2/2m$ である．$q\to 0$ で $\epsilon(q) \cong 1+q_{\mathrm{TF}}^2/q^2$ となることを用いると

$$v_{\mathrm{ps}}(q) \xrightarrow[q=0]{} -\frac{2}{3}\varepsilon_{\mathrm{F}} \qquad (1.49)$$

となる．$v_{\mathrm{ps}}(q)$ の振舞いは図 1-7 で示されている．$v_{\mathrm{ps}}(q)$ が符号を変える q_0 は $q_0 r_c=\pi/2$ で与えられる．Al のバンド構造をできるだけ再現するように r_c を決めると $r_c=1.12\,a_{\mathrm{H}}$ であり，$q_0=1.40\,a_{\mathrm{H}}^{-1}$ となる．一方，X 点でのバンドギャップを決めるポテンシャルの行列要素は $v\left(\boldsymbol{q}=\frac{2\pi}{a}(2,0,0)\right)$ であり，$q=1.646\,a_{\mathrm{H}}^{-1}>q_0$ であるから $v(\boldsymbol{q})$ は正になる．このようにして，この節の冒頭の疑問は解けたことになる．なお，遮蔽された擬ポテンシャルの実空間での振

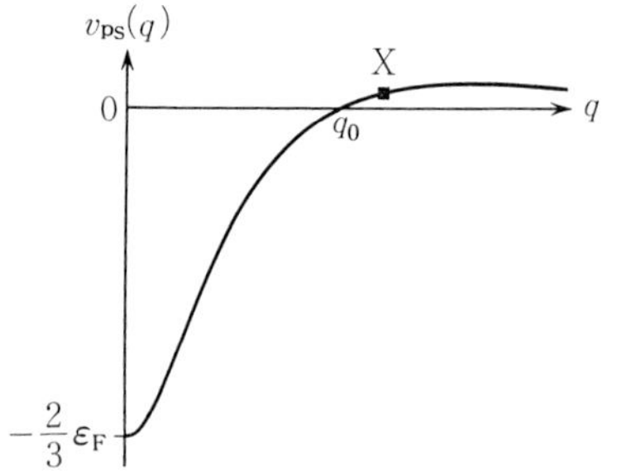

図 1-7 (1.45)式で与えられる $v_{\mathrm{ps}}(q)$. イオン芯からのポテンシャルが価電子によって遮蔽されたもの. Al に適するようにパラメタを選んだ. Brillouin 域の X 点に対応する波数に■印を示した. そこでは $v_{\mathrm{ps}}(q)$ は正になっている.

舞いを見るために, (1.45)式の $v_{\mathrm{ps}}(q)$ を逆 Fourier 変換して得られた $v_{\mathrm{ps}}(\boldsymbol{r})$ を図 1-6 に実線で示す. 図 1-6 での破線は $v_{\mathrm{ps}}^{\mathrm{ion}}(\boldsymbol{r})$ であり, それが自由電子によって遮蔽されると実線になる. 遮蔽の結果, 内殻の領域では斥力的になっていること, 内殻の外では引力ポテンシャルが浅くなり, かつ短距離的になっていることがよく分かる. また, Na の擬ポテンシャルは Al のものに比べてもかなり弱いことが分かる.

擬ポテンシャルの概念により, 価電子の見る核のポテンシャルが見かけ上非常に弱くなる可能性があることが理解されたことと思う. 擬ポテンシャルの理論は最近, 目覚ましい発展を遂げ, そのことについては後の章で触れることにする.

d) 電子間相互作用

プラズマ振動と電子間相互作用の遮蔽

電子密度は

$$\rho(\boldsymbol{r}) = \sum_i \delta(\boldsymbol{r}-\boldsymbol{r}_i) \tag{1.50}$$

であり, これを

$$\rho(\boldsymbol{r}) = \sum_{\boldsymbol{k}} \rho_{\boldsymbol{k}} e^{i\boldsymbol{k}\cdot\boldsymbol{r}} \tag{1.51}$$

と Fourier 展開すると, $\rho_{\boldsymbol{k}}$ は V を系の体積として

$$\rho_{\boldsymbol{k}} = \frac{1}{V}\int \rho(\boldsymbol{r})e^{-i\boldsymbol{k}\cdot\boldsymbol{r}}d^3r = \frac{1}{V}\sum_i e^{-i\boldsymbol{k}\cdot\boldsymbol{r}_i} \tag{1.52}$$

となる．電子間の相互作用エネルギーは単位体積当たり

$$\frac{e^2}{2V}\iint\frac{\rho(\boldsymbol{r})\rho(\boldsymbol{r}')}{|\boldsymbol{r}-\boldsymbol{r}'|}d^3rd^3r' \Longrightarrow 2\pi e^2\sum_{k\neq0}\frac{\rho_{\boldsymbol{k}}^*\rho_{\boldsymbol{k}}}{k^2} \qquad (1.53)$$

ただし，$k=0$ の成分は正イオンのことも考えた全系の Coulomb 相互作用エネルギーには寄与しないので除いてある．Bohm と Pines による電子ガスの理論によれば，電子密度のゆらぎ $\rho_{\boldsymbol{k}}$ の長波長成分（$k<k_{\mathrm{c}}$，ただし k_{c} はプラズマ振動数 $\omega_{\mathrm{p}}=\sqrt{4\pi ne^2/m}$ と Fermi 速度 $v_{\mathrm{F}}=\hbar k_{\mathrm{F}}/m$ を用いると $\omega_{\mathrm{p}}/v_{\mathrm{F}}=q_{\mathrm{TF}}/\sqrt{3}$ のオーダーである）は Coulomb 相互作用の長距離性によって位相のそろった集団運動に寄与する．この集団運動はプラズマ振動として知られているものであり $k\to0$ の極限では励起エネルギー $\hbar\omega_{\mathrm{p}}$ をもつ．電子密度として $n=10^{23}/\mathrm{cm}^3$ とすると，$\hbar\omega_{\mathrm{p}}$ が 10 eV 程度となる．1 eV は熱エネルギーとしては約 1 万度であるから，プラズマ振動は通常の温度では熱的に励起されることはない．いいかえれば，プラズマ振動に寄与する $k<k_{\mathrm{c}}$ の電子密度のゆらぎは凍結されている．電子の個別的な運動に対しては，Coulomb 相互作用は $k>k_{\mathrm{c}}$ の Fourier 成分のみが働くことになり，$1/k_{\mathrm{c}}$ 程度の距離で遮蔽される．$n=10^{23}/\mathrm{cm}^3$ では $1/k_{\mathrm{c}}$ はオングストロームのオーダーであり，平均の電子間距離程度である．電子間相互作用が遮蔽されるのは電子同士が互いに避け合いながら運動しており，1 つの電子から $1/k_{\mathrm{c}}$ 程度の距離内には他の電子が近よれないからである．このことを，電子はそのまわりに正孔を伴っており，$1/k_{\mathrm{c}}$ より離れて眺めれば電気的に中性な粒子が運動しているように見えると解釈することが可能である．

低エネルギー励起の寿命

平衡格子定数や弾性定数など，物質の基底状態の性質に関わる物理量も重要であるが，外からの探りに対する応答として測定される量には物質の励起状態が関係する．中でも比熱や電気伝導には低エネルギーの励起だけが寄与する．単純金属の電子比熱が自由電子近似でよく記述されるという事実は，低エネルギーの 1 電子励起状態が寿命の長いよい量子状態であるからである．それは次の考察から理解される．

Fermi エネルギーより ε_a だけ大きいエネルギーをもつ電子 a を基底状態につけ加えたとしよう．その電子は Fermi 面内の電子と相互作用することによって散乱されると考えられる．しかしながら，図 1-8 での電子 b（Fermi エネルギーより ε_b だけ小さいエネルギーをもつ）との相互作用を考えると，Fermi 面内の全ての状態が他の電子に占有されているために，電子 b は相互作用による散乱によって行くべき先の状態が制限されてしまう．電子 b が ε_b のエネルギーをもらい受けて Fermi 面の外に出ると同時に，電子 a は ε_b だけエネルギーを失い，なお Fermi 面の外に留まるようなプロセスは可能である．エネルギー保存と運動量保存を考慮してこのプロセスを定量的に扱うと，電子 a が散乱される確率は ε_a が小さければ $\varepsilon_a{}^2$ に比例することになる．同様のことは Fermi 面のすぐ下に作られた正孔に対しても成り立つ．したがって，エネルギーの小さい個別運動の励起は電子間相互作用による散乱をほとんど受けず，あたかも自由粒子のように見えることになる．

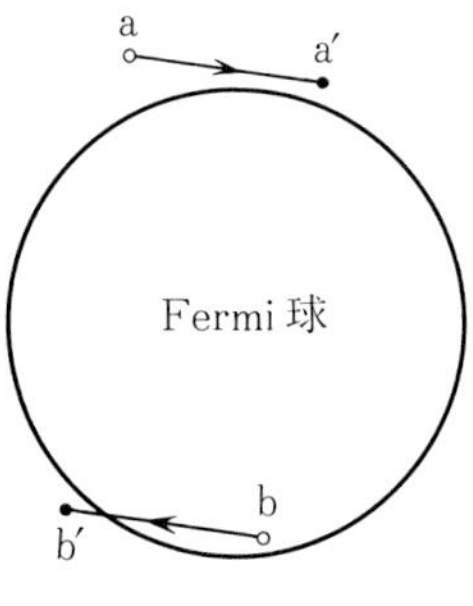

図 1-8 Fermi 球の外の状態 a につけ加えられた電子が，Fermi 球内の電子と相互作用して散乱される過程．状態 a から状態 a′ に散乱されるとき，エネルギーと運動量が保存されるように，Fermi 球内の電子も状態 b から Fermi 球外の状態 b′ へと散乱される．

1-4 強束縛近似

a) 強束縛近似の基礎

固体のバンド構造を理解するためのもう 1 つの極限は，固体をつくっている原子の個性が強く残っている場合を考えることである．電子はそれぞれの原子の近くでは，孤立原子の場合の状態で近似的に記述されるが，時折り近接した原子へととび移る．

孤立原子での1電子ハミルトニアンを

$$H_{\mathrm{a}} = -\frac{\hbar^2}{2m}\Delta + v_{\mathrm{a}}(\boldsymbol{r}) \tag{1.54}$$

とし，固有状態の量子数を ξ で代表させて

$$H_{\mathrm{a}}\varphi_{\xi}(\boldsymbol{r}) = \varepsilon_{\xi}\varphi_{\xi}(\boldsymbol{r}) \tag{1.55}$$

が成り立つとする．結晶でのハミルトニアンが

$$H = -\frac{\hbar^2}{2m}\Delta + v(\boldsymbol{r}) \tag{1.56}$$

ただし $v(\boldsymbol{r})$ は原子ポテンシャル v_{a} の重ね合せとして

$$v(\boldsymbol{r}) = \sum_{n} v_{\mathrm{a}}(\boldsymbol{r}-\boldsymbol{R}_n) \tag{1.57}$$

で与えられるとする．実際のポテンシャルには補正項が加わるが，ここでは定性的な議論にとどめるので補正項を無視する．

電子が $\boldsymbol{R}_n$ の位置にある原子の近くにあるときには，その状態が原子軌道 $\{\varphi_{\xi}(\boldsymbol{r}-\boldsymbol{R}_n)\}$ でよく記述されているとすると，結晶での固有状態はそれら原子軌道の1次結合で近似的に表わされる．ここでは，p軌道やd軌道のようにエネルギーの縮退したいくつかの原子軌道がある場合を扱うことにする．この場合の固有状態は以下の手順で求めることができる．まず，各原子軌道から Bloch 関数を作る．

$$\boldsymbol{\Phi}_{\xi\boldsymbol{k}}(\boldsymbol{r}) = \frac{1}{\sqrt{N}}\sum_{n} e^{i\boldsymbol{k}\cdot\boldsymbol{R}_n}\varphi_{\xi}(\boldsymbol{r}-\boldsymbol{R}_n) \tag{1.58}$$

原子軌道関数が

$$\int \varphi_{\xi}^{*}(\boldsymbol{r}-\boldsymbol{R}_n)\varphi_{\xi'}(\boldsymbol{r}-\boldsymbol{R}_{n'})d^3r = \delta_{\xi\xi'}\delta_{nn'} \tag{1.59}$$

と規格直交条件を満足しているとすると，

$$\int \boldsymbol{\Phi}_{\xi\boldsymbol{k}}^{*}(\boldsymbol{r})\boldsymbol{\Phi}_{\xi'\boldsymbol{k}'}(\boldsymbol{r})d^3r = \delta_{\boldsymbol{k}\boldsymbol{k}'}\delta_{\xi\xi'} \tag{1.60}$$

が成り立つ．

$\boldsymbol{R}_n$ においては $\varphi_\xi(\boldsymbol{r}-\boldsymbol{R}_n)$ の状態にいた電子は，その近傍の原子の $\varphi_{\xi'}(\boldsymbol{r}-\boldsymbol{R}_{n'})$ にとび移る．このときは，一般には $\xi'\neq\xi$ が許されるので，結晶での固有関数は

$$\Psi_{\alpha\boldsymbol{k}}(\boldsymbol{r}) = \sum_\xi a_{\alpha\xi}(\boldsymbol{k})\Phi_{\xi\boldsymbol{k}}(\boldsymbol{r}) \tag{1.61}$$

と表わす．ここで α は**バンド指標**(band index)である．

$$H\Psi_{\alpha\boldsymbol{k}}(\boldsymbol{r}) = \varepsilon_\alpha(\boldsymbol{k})\Psi_{\alpha\boldsymbol{k}}(\boldsymbol{r}) \tag{1.62}$$

となるように，$a_{\alpha\xi}(\boldsymbol{k})$，$\varepsilon_\alpha(\boldsymbol{k})$ を決める．(1.61)式を(1.62)式に代入し，左から $\varphi^*_{\xi'}(\boldsymbol{r}-\boldsymbol{R}_{n'})$ をかけて $\boldsymbol{r}$ について積分すると

$$\sum_\xi a_{\alpha\xi}(\boldsymbol{k})\sum_n e^{-i\boldsymbol{k}\cdot(\boldsymbol{R}_{n'}-\boldsymbol{R}_n)}\int\varphi^*_{\xi'}(\boldsymbol{r}-\boldsymbol{R}_{n'})H\varphi_\xi(\boldsymbol{r}-\boldsymbol{R}_n)d^3r$$
$$= \varepsilon_\alpha(\boldsymbol{k})a_{\alpha\xi'}(\boldsymbol{k}) \tag{1.63}$$

となる．(1.63)式の左辺では，並進対称性から $\boldsymbol{R}_{n'}=0$ としてよいので，

$$(1.63)\text{式の左辺} = \sum_\xi a_{\alpha\xi}(\boldsymbol{k})\sum_n e^{i\boldsymbol{k}\cdot\boldsymbol{R}_n}\int\varphi^*_{\xi'}(\boldsymbol{r})H\varphi_\xi(\boldsymbol{r}-\boldsymbol{R}_n)d^3r \tag{1.64}$$

(1.64)式における積分を

$$t_{\xi'\xi}(\boldsymbol{R}_n) \equiv \int\varphi^*_{\xi'}(\boldsymbol{r})H\varphi_\xi(\boldsymbol{r}-\boldsymbol{R}_n)d^3r \tag{1.65}$$

と置く．特に $\boldsymbol{R}_n=0$ では

$$t_{\xi'\xi}(\boldsymbol{R}_n=0) = \int\varphi^*_{\xi'}(\boldsymbol{r})H_\mathrm{a}\varphi_\xi(\boldsymbol{r})d^3r + \sum_{n\neq0}\int\varphi^*_{\xi'}(\boldsymbol{r})v_\mathrm{a}(\boldsymbol{r}-\boldsymbol{R}_n)\varphi_\xi(\boldsymbol{r})d^3r$$
$$= \varepsilon_\xi\delta_{\xi'\xi}+\Delta\varepsilon_{\xi'\xi} \tag{1.66}$$

となり，ε_ξ は(1.55)式での原子のエネルギー準位であり，$\Delta\varepsilon_{\xi'\xi}$ は中心の原子軌道が周囲のポテンシャルを感じることによってエネルギーが変化する効果を表わしており，**結晶場の効果**とよばれる．さらに

$$T_{\xi'\xi}(\boldsymbol{k}) \equiv \sum_{n\neq0}e^{i\boldsymbol{k}\cdot\boldsymbol{R}_n}t_{\xi'\xi}(\boldsymbol{R}_n) \tag{1.67}$$

を導入すると，(1.63)式は

$$\sum_{\xi}[\{\varepsilon_{\xi}-\varepsilon_{\alpha}(\boldsymbol{k})\}\delta_{\xi'\xi}+\{\Delta\varepsilon_{\xi'\xi}+T_{\xi'\xi}\}]a_{\alpha\xi}(\boldsymbol{k})=0 \tag{1.68}$$

となる．したがって，$\varepsilon_{\alpha}(\boldsymbol{k})$, $a_{\alpha\xi}(\boldsymbol{k})$ は

$$H_{\xi'\xi}=\varepsilon_{\xi}\delta_{\xi'\xi}+\Delta\varepsilon_{\xi'\xi}+T_{\xi'\xi}(\boldsymbol{k}) \tag{1.69}$$

を行列要素とする行列の固有値，固有ベクトルとして与えられる．

$\boldsymbol{R}_n \neq 0$ での(1.65)式の $t_{\xi'\xi}(\boldsymbol{R}_n)$ は $\boldsymbol{R}_n$ だけ離れた原子間での軌道 ξ と ξ' の間の電子のとび移りの大きさを決めるものであり，**とび移り積分**(hopping integral)とよばれる．われわれの近似のもとでは $\boldsymbol{R}_n \neq 0$ の場合，

$$\begin{aligned}t_{\xi'\xi}(\boldsymbol{R}_n)=&\int\varphi_{\xi'}^{*}(\boldsymbol{r})\left\{-\frac{\hbar^2}{2m}\Delta+v_{\mathrm{a}}(\boldsymbol{r}-\boldsymbol{R}_n)\right\}\varphi_{\xi}(\boldsymbol{r}-\boldsymbol{R}_n)d^3r\\&+\int\varphi_{\xi'}^{*}(\boldsymbol{r})v_{\mathrm{a}}(\boldsymbol{r})\varphi_{\xi}(\boldsymbol{r}-\boldsymbol{R}_n)d^3r\\&+\sum_{n'\neq 0,n}\int\varphi_{\xi'}^{*}(\boldsymbol{r})v_{\mathrm{a}}(\boldsymbol{r}-\boldsymbol{R}_{n'})\varphi_{\xi}(\boldsymbol{r}-\boldsymbol{R}_n)d^3r\end{aligned} \tag{1.70}$$

となるが，右辺第1項は(1.55)，(1.59)式より消える．第2項は，2つの原子に中心をもつ関数の積の積分であり「2中心積分」とよばれる．一方，第3項は，3つの異なった位置に中心をもつ関数が関与しているので，「3中心積分」とよばれる．定量的な議論をするには結晶場の効果 $\Delta\varepsilon_{\xi'\xi}$ も3中心積分も考慮する必要があるが，強束縛近似がよい近似になるような場合にはそれらの効果は重要ではないので，以下の議論では無視することにしよう．したがって，

$$H_{\xi'\xi}=\varepsilon_{\xi}\delta_{\xi'\xi}+T_{\xi'\xi}(\boldsymbol{k}) \tag{1.71}$$

であり，(1.67)式での $t_{\xi'\xi}(\boldsymbol{R}_n)$ は

$$t_{\xi'\xi}(\boldsymbol{R}_n)=\int\varphi_{\xi'}^{*}(\boldsymbol{r})v_{\mathrm{a}}(\boldsymbol{r})\varphi_{\xi}(\boldsymbol{r}-\boldsymbol{R}_n)d^3r \tag{1.72}$$

で与えられる．

強束縛近似の具体的な面での2,3のコメントをしておこう．

(1)　とび移り積分について

原点にある原子と $\boldsymbol{R}_n$ にある原子を結ぶ軸を z 軸としよう．原子軌道 φ_{ξ}, $\varphi_{\xi'}$ をこの軸のまわりの回転対称性によって分類し，軸のまわりの角度 ϕ に対し

て $e^{im\phi}$, $e^{im'\phi}$ なる依存性をもつとする．(1.72)式の積分において原子ポテンシャルが軸対称とすると，ϕ についての積分から

$$\int_0^{2\pi} e^{-i(m-m')\phi} d\phi = 2\pi\delta_{mm'}$$

が得られる．したがって，φ_ξ, $\varphi_{\xi'}$ が軸のまわりの回転操作の固有状態なら，同一の対称性をもつ場合にしかとび移り積分は存在しない．$m=0$ を σ，$m=\pm 1$ を π，$m=\pm 2$ を δ と名付けることにすると，両方の軌道が s 軌道ならそのとび移り積分を (ssσ)，一方が s 軌道で他方が pσ 軌道なら (spσ)，さらに一方が s 軌道で他方が dσ 軌道なら (sdσ) と名付ける．このようにして，s, p, d 軌道間の独立な基本的とび移り積分の種類は 10 種類であり，図 1-9 に図示されている．

ところで，原子軌道としては球面調和関数そのものを用いるよりは，その 1 次結合による実の関数を用いることが多い．例えば p 関数としては

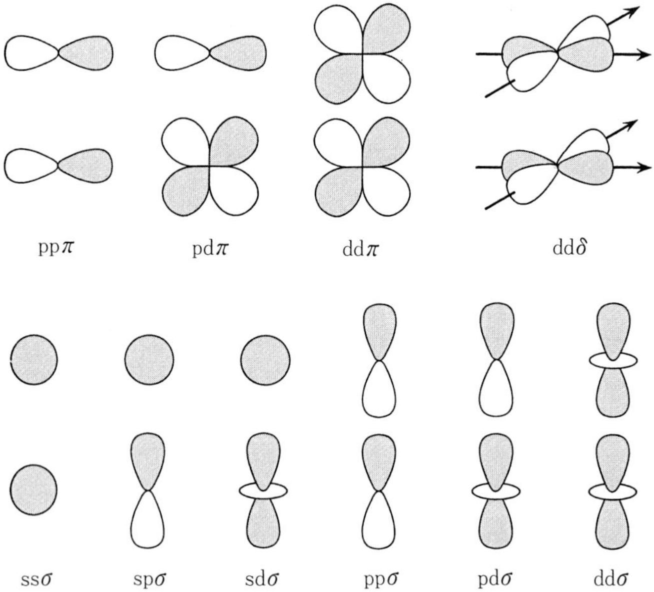

図 1-9 s, p, d 軌道間の基本的とび移り積分．

$$\varphi_x(\boldsymbol{r}) = f_1(r)\frac{1}{\sqrt{2}}(-Y_{1,1}(\hat{\boldsymbol{r}}) + Y_{1,-1}(\hat{\boldsymbol{r}})) = \sqrt{\frac{3}{4\pi}}f_1(r)\frac{x}{r}$$

$$\varphi_y(\boldsymbol{r}) = f_1(r)\frac{i}{\sqrt{2}}(Y_{1,1}(\hat{\boldsymbol{r}}) + Y_{1,-1}(\hat{\boldsymbol{r}})) = \sqrt{\frac{3}{4\pi}}f_1(r)\frac{y}{r} \qquad (1.73)$$

$$\varphi_z(\boldsymbol{r}) = f_1(r)Y_{1,0}(\hat{\boldsymbol{r}}) = \sqrt{\frac{3}{4\pi}}f_1(r)\frac{z}{r}$$

となる．ただし，$\hat{\boldsymbol{r}}$ は $\boldsymbol{r}$ の方向の単位ベクトルである．また d 関数としては

$$\varphi_{yz}(\boldsymbol{r}) = f_2(r)\frac{i}{\sqrt{2}}(Y_{2,1}(\hat{\boldsymbol{r}}) + Y_{2,-1}(\hat{\boldsymbol{r}})) = \sqrt{\frac{15}{4\pi}}f_2(r)\frac{yz}{r^2}$$

$$\varphi_{zx}(\boldsymbol{r}) = f_2(r)\frac{(-1)}{\sqrt{2}}(Y_{2,1}(\hat{\boldsymbol{r}}) - Y_{2,-1}(\hat{\boldsymbol{r}})) = \sqrt{\frac{15}{4\pi}}f_2(r)\frac{zx}{r^2}$$

$$\varphi_{xy}(\boldsymbol{r}) = f_2(r)\frac{(-i)}{\sqrt{2}}(Y_{2,2}(\hat{\boldsymbol{r}}) - Y_{2,-2}(\hat{\boldsymbol{r}})) = \sqrt{\frac{15}{4\pi}}f_2(r)\frac{xy}{r^2} \qquad (1.74)$$

$$\varphi_{x^2-y^2}(\boldsymbol{r}) = f_2(r)\frac{1}{\sqrt{2}}(Y_{2,2}(\hat{\boldsymbol{r}}) + Y_{2,-2}(\hat{\boldsymbol{r}})) = \sqrt{\frac{15}{16\pi}}f_2(r)\frac{x^2-y^2}{r^2}$$

$$\varphi_{3z^2-r^2}(\boldsymbol{r}) = f_2(r)Y_{2,0}(\hat{\boldsymbol{r}}) = \sqrt{\frac{5}{16\pi}}f_2(r)\frac{3z^2-r^2}{r^2}$$

がしばしば用いられる．上式で $f_1(r)$, $f_2(r)$ は $l=1$, $l=2$ の動径関数である．高温超伝導体の CuO_2 面内でしばしばお目にかかる図 1-10 のような配置でのとび移り積分は図 1-9 の基本的とび移り積分によって次のように与えられる．便宜上，図 1-10 の x 軸を z 軸にとり直す．

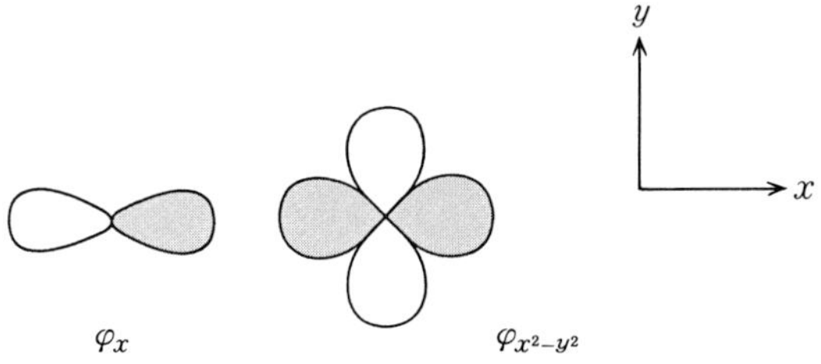

図 1-10 酸化物高温超伝導体の CuO_2 面に見られる，酸素の p 軌道と銅の d 軌道の間のとび移り積分．

$$\varphi_{z^2-y^2}(\boldsymbol{r}) = \sqrt{\frac{15}{16\pi}} f_2(r) \frac{z^2-y^2}{r^2}$$

この関数を $Y_{2,m}$ で展開すると

$$\varphi_{z^2-y^2}(\boldsymbol{r}) = f_2(r)\left[\frac{\sqrt{3}}{2} Y_{2,0}(\hat{\boldsymbol{r}}) + \frac{1}{2\sqrt{2}}(Y_{2,2}(\hat{\boldsymbol{r}}) + Y_{2,-2}(\hat{\boldsymbol{r}}))\right]$$

となる．一方

$$\varphi_z(\boldsymbol{r}) = f_1(r) Y_{1,0}(\hat{\boldsymbol{r}})$$

であるから，

$$t_{x,x^2-y^2} = t_{z,z^2-y^2} = \frac{\sqrt{3}}{2}(\mathrm{pd}\sigma) \qquad (1.75)$$

と結論される．一般に，原点および $\boldsymbol{R}_n$ におかれた軌道 $\varphi_{\xi'}$, φ_ξ が(1.73)，(1.74)式のいずれかを指すとし，ベクトル $\boldsymbol{R}_n$ が x, y, z 軸となす方向余弦を l, m, n とする．そのような一般の場合の $t_{\xi'\xi}(\boldsymbol{R}_n)$ を l, m, n と図 1-9 での基本的とび移り積分によって表わすことが可能であり，その結果は Slater-Koster の論文の表 I にまとめられている(J. C. Slater and G. F. Koster: Phys. Rev. 94 (1954) 1498)．例えば，φ_x と $\varphi_{x^2-y^2}$ が一般の $\boldsymbol{R}_n$ だけ離れて配置しているときはその表から

$$t_{x,x^2-y^2}(\boldsymbol{R}_n) = \frac{\sqrt{3}}{2} l(l^2-m^2)(\mathrm{pd}\sigma) + l(1-l^2+m^2)(\mathrm{pd}\pi) \qquad (1.76)$$

で与えられる．ちなみに図 1-10 では $l=1$, $m=0$ であるから

$$t_{x,x^2-y^2}(\boldsymbol{R}_n /\!/ x\ 軸) = \frac{\sqrt{3}}{2}(\mathrm{pd}\sigma)$$

であり，たしかに(1.75)式と一致する．

(2) とび移り積分の符号

図 1-10 では波動関数の重なりの大きい所では $\varphi_x \varphi_{x^2-y^2}$ は正である．一方，原子ポテンシャルは負と考えられるので，この場合の t_{x,x^2-y^2} は負である．もし配置が左右入れかえられると $\varphi_x \varphi_{x^2-y^2}$ は負になり，$t_{x^2-y^2,x}$ は正となる．(1.76)式では $l=-1$, $m=0$ に対応する．一般に，こうした考え方により，とび

移り積分の符号を推測することができる．

b）強束縛近似の例

多くの化合物のバンド構造のある部分については強束縛近似が成り立っている．ここでは典型的イオン結晶である NaCl を例として調べてみよう．第1近似的描像としては，Na は 3s 電子がとれて Ne と同じ閉殻構造をもった Na^+ となり，その 3s 電子は Cl の 3p 状態に入り Cl は Ar と同じ閉殻構造をもった Cl^- となる．原子状態の Na の 2s, 2p および Cl の 3s, 3p 状態のエネルギー準位を後述の密度汎関数法の局所密度近似によって計算すると，$\varepsilon(\mathrm{Na:2s})=-4.14$ Ry，$\varepsilon(\mathrm{Na:2p})=-2.12$ Ry，$\varepsilon(\mathrm{Na:3s})=-0.21$ Ry，$\varepsilon(\mathrm{Cl:3s})=-1.53$ Ry，$\varepsilon(\mathrm{Cl:3p})=-0.65$ Ry，ただし 1 Ry＝13.6058 eV となっている．(これらの値は分光学的に得られるものより浅い結合エネルギーになっているが，その理由は 2-2 節 d 項で述べる.) イオン結晶において，Na^+ でのこれらのエネルギー準位がどのように変化するかを考えよう．原子内の効果としては電子数の減少による電子間斥力ポテンシャルの減少による各エネルギー準位の低下が考えられる．実際，単純に Na^+ についてエネルギー準位を計算すると，$\varepsilon(\mathrm{Na^+:2s})=-4.71$ Ry，$\varepsilon(\mathrm{Na^+:2p})=-2.69$ Ry となって中性原子の場合と比べて 0.57 Ry 深くなっている．ところで，イオン結晶では Na^+ のすぐ近くには Cl^- が配置されていることにより，Na^+ の電子には斥力ポテンシャルを及ぼすことになる．この効果を Na の核の位置での Madelung ポテンシャルとして評価すると 0.656 Ry となる．電子の波動関数の拡がりを考えると後者の値そのものがエネルギー準位の変化分を与えることにはならないが，おおよその目安にはなっている．重要なことは，原子内の静電ポテンシャルの効果と原子間のそれとがかなりの部分打ち消しあうことである．Madelung ポテンシャルの効果は負イオン状態の安定化には特に重要な働きをしている．例えば，酸素は結晶の中ではしばしば O^{2-} という2価の負イオンの状態として存在していると考えられている．しかし，孤立した O^{2-} という状態は電子間の斥力ポテンシャルが強いために安定ではない．

前置きが長くなったが，Na と Cl のエネルギー準位の情報を参考にすると，

Na の 2s, 2p と Cl の 3s 状態は内殻状態と見なしてよいと考えられる．価電子バンドは主として Cl の 3p 状態からできており，その上にはバンドギャップで隔てられて Na の 3s, 3p 状態が主成分である伝導電子バンドがある．波動関数の空間的拡がりということをいえば Na の 3s 軌道は Cl の 3p 軌道と重なっているが，エネルギー的には離れているので，第1近似として価電子バンドは Cl の 3p 状態だけからなっているとする．NaCl 構造で Cl は面心立方格子をつくっている．そこで，最近接の Cl 同士のとび移り積分として (ppσ) と (ppπ) を取り入れる近似で価電子帯のバンド構造を計算してみよう．

原点にある Cl の p_x 軌道と $\dfrac{a}{2}(1,1,0)$ にある Cl の p_x 軌道の間の2中心積分 (1.72)式を $t_{xx}(\boldsymbol{R}_n)$ とすると，Slater-Koster の表 I より

$$t_{xx}(\boldsymbol{R}_1) = \frac{1}{2}\{(\mathrm{pp}\sigma)+(\mathrm{pp}\pi)\}$$

となる．その他の軌道間のとび移り積分も同表を参考にして求めることができ，それを基にして(1.67)式の $T_{\xi'\xi}(\boldsymbol{k})$ を計算する．その結果をまとめると次のようになる．

$$\begin{aligned} &A = 2[(\mathrm{pp}\sigma)+(\mathrm{pp}\pi)](\cos\xi\cos\eta+\cos\eta\cos\zeta+\cos\zeta\cos\xi) \\ &(\mathrm{p}\sigma\pi) = (\mathrm{pp}\sigma)-(\mathrm{pp}\pi) \qquad (1.77) \\ &\xi = k_x a/2, \quad \eta = k_y a/2, \quad \zeta = k_z a/2 \end{aligned}$$

として

$$[T(\boldsymbol{k})] = \begin{array}{c} \\ x \\ y \\ z \end{array} \begin{array}{c} \begin{array}{ccc} \quad x \quad & \quad y \quad & \quad z \quad \end{array} \\ \begin{pmatrix} A-2(\mathrm{p}\sigma\pi)\cos\eta\cos\zeta & -2(\mathrm{p}\sigma\pi)\sin\xi\sin\eta & -2(\mathrm{p}\sigma\pi)\sin\zeta\sin\xi \\ -2(\mathrm{p}\sigma\pi)\sin\xi\sin\eta & A-2(\mathrm{p}\sigma\pi)\cos\zeta\cos\xi & -2(\mathrm{p}\sigma\pi)\sin\eta\sin\zeta \\ -2(\mathrm{p}\sigma\pi)\sin\zeta\sin\xi & -2(\mathrm{p}\sigma\pi)\sin\eta\sin\zeta & A-2(\mathrm{p}\sigma\pi)\cos\xi\cos\eta \end{pmatrix} \end{array} \qquad (1.78)$$

Cl の p 軌道のエネルギー準位を ε_p とすると，エネルギー固有値は

$$\det|(\varepsilon_\mathrm{p}-\varepsilon)\delta_{\mathrm{pp}'}+T_{\mathrm{pp}'}(\boldsymbol{k})| = 0 \qquad (1.79)$$

より与えられる．一般の場合でも 3×3 の行列式の計算にすぎないが，$\boldsymbol{k}$ が対称性のよい位置にあればもっと簡単になる．例えば Δ 軸上の $\boldsymbol{k}=(k,0,0)$ なら

1 重状態として

$$\varepsilon_1(k) = \varepsilon_p + 4\left[(pp\pi) + \{(pp\sigma) + (pp\pi)\}\cos\frac{a}{2}k\right] \qquad (1.80)$$

2 重状態として

$$\varepsilon_2(k) = \varepsilon_p + 2\left[(pp\sigma) + (pp\pi) + \{(pp\sigma) + 3(pp\pi)\}\cos\frac{a}{2}k\right] \qquad (1.81)$$

が得られる．また Λ 軸上の $\boldsymbol{k} = (k, k, k)$ なら 1 重状態として

$$\varepsilon_1(k) = \varepsilon_p + 6(pp\pi) + 2\{2(pp\sigma) + (pp\pi)\}\cos ka \qquad (1.82)$$

2 重状態として

$$\varepsilon_2(k) = \varepsilon_p + 3\{(pp\sigma) + (pp\pi)\} + \{(pp\sigma) + 5(pp\pi)\}\cos ka \qquad (1.83)$$

となる．もっと厳密なバンド計算の結果は図 1-11 の実線で示されている．$-0.15 \sim 0.0$ Ry におよんでいるバンドが価電子帯であり，0.36 Ry のバンドギャップで隔たれて伝導帯がある．(便宜上，エネルギーの原点を価電子帯のトップにとってある.) (1.80)～(1.83)式において図 1-11 の価電子帯バンドをほぼ再現するように，$(pp\sigma)$ と $(pp\pi)$ を決めると

$$(pp\sigma) = 0.018\ \mathrm{Ry}$$
$$(pp\pi) = -0.002\ \mathrm{Ry} \qquad (1.84)$$

となる．この値を用いて，(1.80)～(1.83)式の結果を図 1-11 の中に破線で示してある．さて，(1.84)式のとび移り積分の大きさと符号を考えてみよう．$(pp\sigma)$ は波動関数の重なりが大きく，波動関数の積からくる負符号とポテンシャルの負符号の積で全体として正になる．一方，$(pp\pi)$ は波動関数の重なりからくる部分は正で小さく，ポテンシャルの負の寄与のために全体として負にな

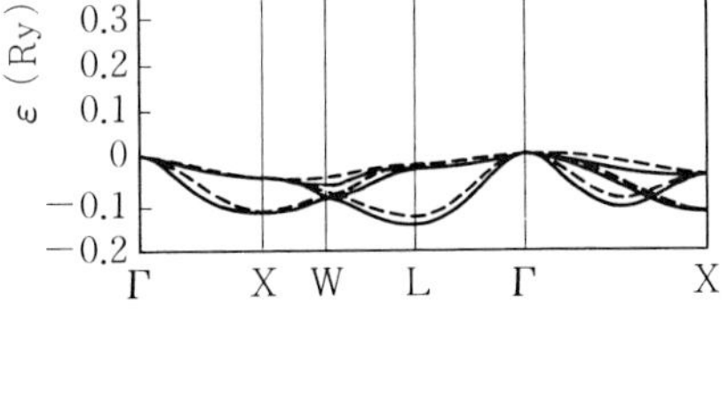

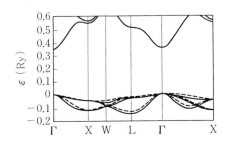

図 1-11　NaCl のバンド構造．価電子帯のトップをエネルギーの原点とした．主として Cl の p 軌道からなる価電子帯を，簡単な強束縛近似で表わした結果が破線である．

る．(1.84)式の結果はこうした定性的な様子と一致している．

1-5 仮想束縛状態

図1-12(a)にCuのバンド構造を示した．このバンド構造は2種類の異なった性質のバンドが重なってできている．1つは，図1-5に示したAlのバンドと同様の幅の広い自由電子的なバンドであり，4s, 4p状態が主に寄与している．もう1つは，3d状態が主に寄与している幅の狭いバンドであり強束縛近似で得られるものに近い．実際，前節で求めた強束縛近似でのpバンドに対応して，面心立方格子でのdバンドが図1-12(b)に示してあるが，図1-12(a)での狭いバンドがそれによく似ていることがわかる．Δ軸方向に注目すれば，自由電子的なバンドの対称性がΔ_1であり，それと同じ対称性をもつdバンドの分枝が混成して，独立に存在した場合のそれぞれのバンドの分散の様子を変えているにすぎない．周期表でCuから左の元素に移っていくと核の引力が弱くなり，dバンドのエネルギーは上昇し，dバンド幅は広くなる．これら，遷移金属のdバンドは自由電子的なバンドの底よりも高いエネルギーにあるという点において，前節のNaClでのClの3p状態からなる価電子バンドとは違った物理的内容をもっている．

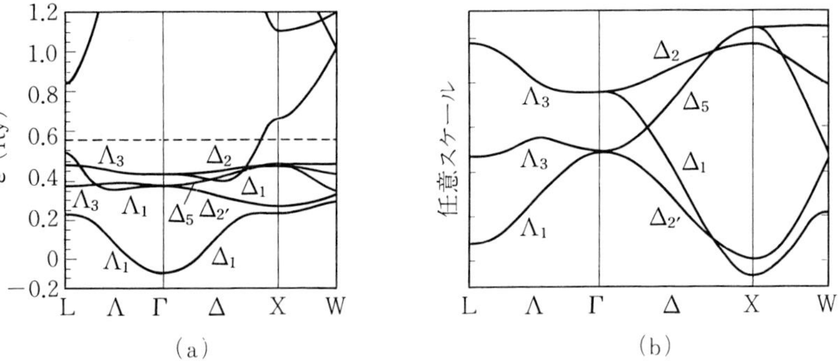

図1-12 (a) 銅(fcc構造)のバンド構造．(b) fcc構造での強束縛近似によるdバンド．(a)での破線はFermi準位．

単元素からなる金属のほとんどはfcc, bccあるいはhcpのような稠密な原子配列をしている．このような場合の結晶ポテンシャルはマフィン・ティン型でよく近似できる．すなわち，各原子のまわりに，互いに接する球を考え，その球内ではポテンシャルが球対称であり，その外の格子間領域ではポテンシャルが一定値をとるとする．第1ステップとして，一定ポテンシャルの中に1つだけ球形ポテンシャルが存在する場合を考え，そのポテンシャル $v(\boldsymbol{r})$ に対する波動関数を

$$\varphi_{lm}(\boldsymbol{r};\varepsilon) = R_l(r;\varepsilon)Y_{lm}(\hat{\boldsymbol{r}}) \tag{1.85}$$

と表わす．$R_l(r;\varepsilon)$ は次の微分方程式を満足し，ポテンシャルの中心(原点にとる)で正則な動径波動関数である．

$$\left\{-\frac{\hbar^2}{2m}\left(\frac{\partial^2}{\partial r^2}+\frac{2}{r}\frac{\partial}{\partial r}\right)+\frac{l(l+1)\hbar^2}{2mr^2}+v(r)\right\}R_l(r;\varepsilon) = \varepsilon R_l(r;\varepsilon) \tag{1.86}$$

実際にCuに対して，$v(r)$ と遠心力ポテンシャルを加えたものを $l=2$ について図1-13に示した．注目すべき点はこの有効ポテンシャルが途中に極大をもち，山を経てから減少して，r の大きい所で一定値に近づいていくことである．球の半径 $r=S$ の所での対数微分

$$D_l(\varepsilon) = \frac{\partial R_l(r;\varepsilon)}{\partial r}\Bigg/R_l(r;\varepsilon)\Bigg|_{r=S} \tag{1.87}$$

を用いると，位相シフト η_l は対数微分 D_l を用いて，

$$\tan\eta_l(\varepsilon) = \frac{\kappa j_l{}'(\kappa S)-j_l(\kappa S)D_l(\varepsilon)}{\kappa n_l{}'(\kappa S)-n_l(\kappa S)D_l(\varepsilon)} \tag{1.88}$$

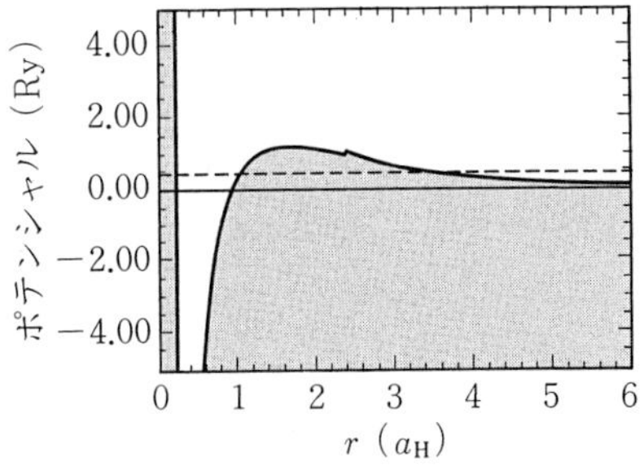

図1-13 実線は銅のマフィン・ティンポテンシャルに，d波($l=2$)の遠心力ポテンシャルを加えたもの．$r=2.4$ での小さいこぶは，ポテンシャルをマフィン・ティンモデルで近似したためのもの．共鳴準位の中心が破線で示されている．

と表わされるが，それを Cu の場合について図 1-14(a)に実線で示した．比較のために，非磁性の Fe の d 波($l=2$)の位相シフトを破線で示してある．(1.88)式で $\kappa=\sqrt{\varepsilon}$ で，$j_l(x)$ および $n_l(x)$ は球 Bessel，球 Neumann 関数であり，$j_l'(x)$，$n_l'(x)$ はそれらの導関数である．ポテンシャルの中心に関して状態を角運動量 l で分類し，ある l について与えられたエネルギー ε 以下にある固有状態の数がポテンシャル $v(r)$ によって変化した分を $\Delta N_l(\varepsilon)$ と書くことにすると，それは位相シフトを用いて

$$\Delta N_l(\varepsilon) = \eta_l(\varepsilon)/\pi \tag{1.89}$$

で与えられる．したがって，状態密度の変化分 $\Delta\rho_l(\varepsilon)$ は

$$\Delta\rho_l(\varepsilon) = \frac{d}{d\varepsilon}\Delta N_l(\varepsilon) = \frac{d}{d\varepsilon}\eta_l(\varepsilon)/\pi \tag{1.90}$$

となる．(1.88)式の $\eta_2(\varepsilon)$ が $\pi/2$ になるエネルギーを ε_d とし，

$$\tan\eta_2(\varepsilon) = \frac{\Gamma}{\varepsilon_d-\varepsilon} \tag{1.91}$$

と近似すると，

$$\Delta\rho_2(\varepsilon) = \frac{1}{\pi}\frac{\Gamma}{(\varepsilon-\varepsilon_d)^2+\Gamma^2} \tag{1.92}$$

となる．

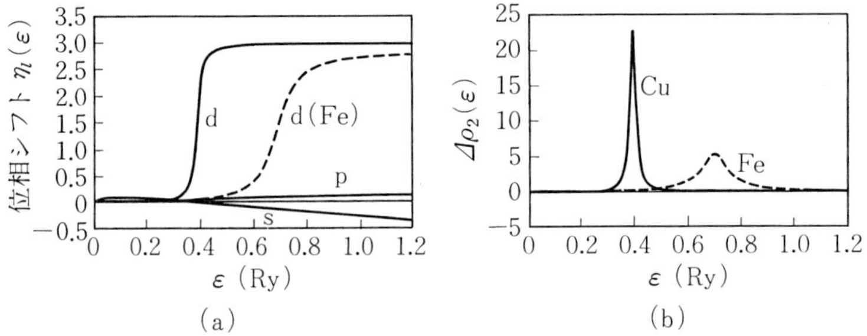

図 1-14 (a)実線は1つの銅のマフィン・ティンポテンシャルによる位相シフト．破線は非磁性の鉄の場合の d 波($l=2$)の位相シフト．(b) d 波共鳴準位による状態密度((1.90)式)．実線は銅，破線は鉄に対応．

(1.92)式の関数形は，広く共鳴現象のスペクトルの形状で見られるもので，Lorentz 型とよばれる．ε_d が共鳴準位，Γ は共鳴の幅である．Cu の d 状態については図 1-14(a)の $\eta_2(\varepsilon)=\pi/2$ 近傍をよく近似するには $\varepsilon_d=0.39$ Ry, $\Gamma=0.014$ Ry であり，(1.90)式から得られる $\Delta\rho_2(\varepsilon)$ を図 1-14(b)に実線で示してある．破線は Fe の結果であるが，$\varepsilon_d=0.71$ Ry, $\Gamma=0.062$ Ry となっている．図 1-13 から，ε_d は遠心力ポテンシャルによるポテンシャルの山より低いが，マフィン・ティン球の外における，一定ポテンシャルよりは上にある．したがって，d 状態はポテンシャル障壁の内側に完全に捕えられるのではなく，トンネル効果で外へ出ていく確率がある．このために準位が幅 Γ をもつことになる．Cu に比べて，Fe では d 状態の感じるポテンシャルが浅く，ポテンシャル障壁をトンネルする確率が大きいため，Γ が大きくなっている．このように，d 状態は金属中では完全な束縛状態ではなく共鳴状態となっており，それを仮想束縛状態とよぶことがある．

こうした散乱ポテンシャルが周期的に並んだ固体における電子の振舞いはどうなるであろうか？ 原点にあるポテンシャルのもとで，$l=2$ の状態の $\varepsilon\cong\varepsilon_d$ の電子はしばらくの間遠心力ポテンシャルの障壁の中に捕われているが，$\hbar/\Gamma$ 程度の時間が経てば外に抜け出ていき，格子間領域では平面波的な状態となり周囲の原子のポテンシャル場の中に入っていく．そこでは，4s, 4p 的な状態にもなれるし，ふたたびそこでの共鳴 3d 状態になることもある．遷移金属の d バンドは，次から次へと各原子の共鳴 3d 状態を渡り歩く電子が形成するものであるが，ある割合で 4s, 4p 的な状態に混ざり込む．これは，Δ 軸方向で見れば Δ_1 という分枝の振舞いに見られている．d バンドの幅は 1 つのポテンシャルでの共鳴の幅 Γ ではなく，隣り合う共鳴状態の干渉効果で決まっている．Cu についていえば，$\Gamma=0.014$ Ry であるが d バンドの幅は 0.27 Ry である．

2

非経験的バンド計算の理論

物質の電子状態を求めるにはまず，1電子ポテンシャルが必要である．原子や分子の場合に標準的に用いられる近似は，Hartree-Fock(HF)近似であるが，後述の交換ポテンシャルの計算が煩雑過ぎてそれを固体にそのまま適用することは困難である．HF近似にさらにいくつかの近似を導入して，固体の電子状態の計算の実用になるように工夫したのはSlaterであり，交換ポテンシャルに調節可能因子 α を導入した $X\alpha$ 法は，バンド計算での1つの標準的手法としてしばらくの間利用された．一方，多電子系の基底状態が1電子密度 $\boldsymbol{n}(\boldsymbol{r})$ の汎関数として表わせるとする密度汎関数法は，Kohn-Shamの理論と局所密度近似，あるいは局所スピン密度近似の導入によって実用化されるようになり，最近のバンド計算の主流となっている．電子間の相互作用は，古典的な静電Coulomb相互作用，HF近似で現われる交換効果，そしてそれ以上の電子間の運動の絡み合いによる相関効果の3階層からなっている．エネルギーの大きさは静電Coulomb相互作用，交換効果，相関効果の順に小さくなる．すなわち，電子間相互作用における量子力学的効果のまず第1に重要なものは交換効果であるので，まずHF近似を復習して交換効果をよく理解しておこう．

2-1 Hartree-Fock 近似

a） 基本方程式

1 電子波動関数を次のように表わすことにする.

$$u_i(x) = \psi_i(\boldsymbol{r})\chi_\sigma(\xi) \tag{2.1}$$

ただし，$\boldsymbol{r}$ は空間座標，ξ はスピン座標，x は $\boldsymbol{r}$ と ξ を合わせたものとする. ψ_i は軌道状態 i の波動関数，χ_σ はスピン状態 σ のスピン関数である. $u_i(x)$ はスピン軌道ともよばれ，その添字 i はスピン状態も含めた量子数とする. $u_i(x)$ は次の規格直交条件

$$\int u_i^*(x)u_j(x)dx = \delta_{ij} \tag{2.2}$$

を満足するものとする. N 電子系において，$i=1,2,\cdots,N$ の状態が占有されていたとすると，HF 近似では全電子系の状態は単一の Slater 行列式で表わされる.

$$\Psi(x_1,x_2,\cdots,x_N) = \frac{1}{\sqrt{N!}}\begin{vmatrix} u_1(x_1) & u_1(x_2) & \cdots & u_1(x_N) \\ u_2(x_1) & u_2(x_2) & \cdots & u_2(x_N) \\ \vdots & \vdots & & \vdots \\ u_N(x_1) & u_N(x_2) & \cdots & u_N(x_N) \end{vmatrix} \tag{2.3}$$

N 電子系のハミルトニアンを

$$H = \sum_{p=1}^{N} f_p + \frac{1}{2}\sum_{p=1}^{N}\sum_{\substack{q=1 \\ (p\neq q)}}^{N} g_{pq} \tag{2.4}$$

と表わそう. f_p は p 番目の電子の運動エネルギーと核との相互作用であり，$g_{pq}=e^2/r_{pq}$ は p 番目と q 番目の電子の間の Coulomb 相互作用である. ただし，$r_{pq}=|\boldsymbol{r}_p-\boldsymbol{r}_q|$.

規格直交条件(2.2)式のもとで，$\int \Psi^* H \Psi dx_1 dx_2 \cdots dx_N$ が $u_i^*(x)$ の変分について極小になる条件は

$$\left\{-\frac{\hbar^2}{2m}\Delta+v_{\mathrm{ext}}(\boldsymbol{r}_1)\right\}\psi_i(\boldsymbol{r}_1)+\left[\sum_j\int d^3r_2\frac{e^2}{r_{12}}|\psi_j(\boldsymbol{r}_2)|^2\right]\psi_i(\boldsymbol{r}_1)$$
$$-\sum_{j/\!/}\left[\int d^3r_2\frac{e^2}{r_{12}}\psi_j^*(\boldsymbol{r}_2)\psi_i(\boldsymbol{r}_2)\right]\psi_j(\boldsymbol{r}_1)=\varepsilon_i\psi_i(\boldsymbol{r}_1) \tag{2.5}$$

で与えられる．ここで，左辺第3項の和は，状態 i と同じスピン状態の j についてのみ和をとることを意味する．この項は電子が Fermi 統計に従うことから生じる項で**交換項**とよばれる．第2項は古典的な電子間静電相互作用で **Hartree 項**ともよばれる．物理的には，電子は自分自身とは相互作用しないので，第2,3項での j の和は i を除くべきであるが，仮に i を加えても両項で打ち消し合う．すなわち，HF 近似では自己相互作用が自動的に除かれるようになっている．第2,3項で全ての j についての和をとってよいので，(2.5)式の固有関数 ψ_i の直交性は自動的に満足されている．(2.5)式は逐次近似によってセルフコンシステントになるように解かれる．

(2.5)式の左から $\psi_i^*(\boldsymbol{r}_1)$ をかけて $\boldsymbol{r}_1$ について積分すると

$$\varepsilon_i=\langle i|f|i\rangle+\sum_j\{\langle ij|g|ij\rangle-\langle ij|g|ji\rangle\} \tag{2.6}$$

が得られる．右辺の $\langle ij|g|ij\rangle$ と $\langle ij|g|ji\rangle$ はそれぞれ，**Coulomb 積分**と**交換積分**とよばれる．N 電子系の全エネルギーは

$$E_N=\int\Psi^*H\Psi dx_1dx_2\cdots dx_N$$
$$=\sum_{i=1}^N\langle i|f|i\rangle+\frac{1}{2}\sum_{i=1}^N\sum_{j=1}^N\{\langle ij|g|ij\rangle-\langle ij|g|ji\rangle\} \tag{2.7}$$

で与えられる．これは(2.6)式の ε_i を用いて

$$E_N=\sum_{i=1}^N\varepsilon_i-\frac{1}{2}\sum_{i=1}^N\sum_{j=1}^N\{\langle ij|g|ij\rangle-\langle ij|g|ji\rangle\} \tag{2.8}$$

とも表わせる．

b） Koopmans の定理

(2.5)式の右辺の ε_i の意味を考えよう．そのために，状態 l にあった電子を抜

きさり無限遠に持っていったとする．無限遠に持っていかれた電子の状態をエネルギーの基準として，もとの N 電子系と，残された $N-1$ 電子系の全エネルギーの差を計算する．このとき，1 電子波動関数は電子を 1 つ抜きさっても変化しないと仮定しよう．そうすると(2.6),(2.7)式より

$$E_{N-1}-E_N = -\varepsilon_l \tag{2.9}$$

が得られる．すなわち，状態 l の電子をとり出すのに必要なエネルギー(状態 l のイオン化エネルギー)が $-\varepsilon_l$ で与えられる．この意味で，HF 法での軌道エネルギーは 1 電子励起エネルギーに対応している．ただし，1 電子励起により，他の状態の波動関数が変化する緩和の効果を無視している．

c） 交換正孔

N 電子系において，$\boldsymbol{r}$ 空間の 2 点 $\boldsymbol{r}_1$ および $\boldsymbol{r}_2$ に同時に電子が存在する確率 $P(\boldsymbol{r}_1, \boldsymbol{r}_2)$ を計算してみよう．それは(2.3)式の Ψ を用いて

$$P(\boldsymbol{r}_1, \boldsymbol{r}_2) = \int \Psi^*(x_1, x_2, \cdots, x_N)\Psi(x_1, x_2, \cdots, x_N)d\xi_1 d\xi_2 dx_3 \cdots dx_N \tag{2.10}$$

を計算すればよい．右辺では何について積分されるかに注意されたい．Slater 行列式についての(2.10)式のような積分は容易に実行することができ

$$P(\boldsymbol{r}_1, \boldsymbol{r}_2) = \frac{1}{N(N-1)} \sum_{(i,\sigma)} \sum_{(j,\sigma')} \{|\psi_{i\sigma}(\boldsymbol{r}_1)|^2 |\psi_{j\sigma'}(\boldsymbol{r}_2)|^2 - \delta_{\sigma\sigma'}\psi^*_{i\sigma}(\boldsymbol{r}_1)\psi_{j\sigma'}(\boldsymbol{r}_1)\psi^*_{j\sigma'}(\boldsymbol{r}_2)\psi_{i\sigma}(\boldsymbol{r}_2)\} \tag{2.11}$$

が得られる．なお，これ以後，軌道状態 i，スピン状態 σ の電子の軌道という意味で，軌道関数 ψ にスピン状態 σ の添字もつけ加えることにする．(2.11)式での和は，(2.3)式の Slater 行列式に含まれる軌道について行なわれる．この式から，$\boldsymbol{r}_1$ と $\boldsymbol{r}_2$ の電子のスピンが互いに平行なときの確率を $P_{/\!/}(\boldsymbol{r}_1, \boldsymbol{r}_2)$，反平行な場合を $P_{\#}(\boldsymbol{r}_1, \boldsymbol{r}_2)$ と表わすことにすると，

$$P_{/\!/}(\boldsymbol{r}_1, \boldsymbol{r}_2) = \frac{1}{N(N-1)} \sum_{\sigma} n^{\sigma}(\boldsymbol{r}_1)\{n^{\sigma}(\boldsymbol{r}_2) + n^{\sigma}_{\mathrm{x}}(\boldsymbol{r}_1, \boldsymbol{r}_2)\} \tag{2.12}$$

$$P_{\#}(\boldsymbol{r}_1, \boldsymbol{r}_2) = \frac{1}{N(N-1)} \sum_{\sigma} n^{\sigma}(\boldsymbol{r}_1) n^{-\sigma}(\boldsymbol{r}_2) \tag{2.13}$$

となる．ただし，

$$n^{\sigma}(\boldsymbol{r}) \equiv \sum_{i} |\psi_{i\sigma}(\boldsymbol{r})|^2 \tag{2.14}$$

$$n_{\mathrm{x}}^{\sigma}(\boldsymbol{r}_1, \boldsymbol{r}_2) = -\left|\sum_{i} \psi_{i\sigma}^{*}(\boldsymbol{r}_1)\psi_{i\sigma}(\boldsymbol{r}_2)\right|^2 \Big/ n^{\sigma}(\boldsymbol{r}_1) \tag{2.15}$$

である．

まず(2.13)式は2つの電子のスピンが反平行であれば，2電子の分布は1電子密度の単なる積であることを示している．すなわち，HF近似では異なるスピンをもつ電子同士は全く独立に振舞う．一方，平行スピンの電子同士の場合は，$\boldsymbol{r}_1$に電子が存在すると$\boldsymbol{r}_2$での電子分布が

$$n^{\sigma}(\boldsymbol{r}_2) + n_{\mathrm{x}}^{\sigma}(\boldsymbol{r}_1, \boldsymbol{r}_2) \tag{2.16}$$

と修正される．この式の第2項の性質を調べよう．まずそれは全ての$\boldsymbol{r}_1, \boldsymbol{r}_2$に対して負またはゼロである．したがって，いたるところで，あたかも電子密度を減らす働きをしている．$\boldsymbol{r}_2 = \boldsymbol{r}_1$では

$$n_{\mathrm{x}}^{\sigma}(\boldsymbol{r}_1, \boldsymbol{r}_1) = -n^{\sigma}(\boldsymbol{r}_1) \tag{2.17}$$

であるから，$P_{/\!/}(\boldsymbol{r}_1, \boldsymbol{r}_1) = 0$である．これは，同じスピン状態の電子は空間の同じ点にはこれないというPauli禁制のことである．次に(2.15)式を$\boldsymbol{r}_2$について積分すると

$$\int n_{\mathrm{x}}^{\sigma}(\boldsymbol{r}_1, \boldsymbol{r}_2) d^3 r_2 = -1 \tag{2.18}$$

である．すなわち，電子密度の減りは全空間で電子1個分である．このように，HF近似ではそれぞれの電子はそれと同じスピン状態の電子が近寄れない領域を伴いながら運動している．1-3節d項で既に述べたように，このことを電子は正孔を伴っていると解釈することができ，特にいまの場合の正孔を**交換正孔**とよぶ．

n_{x}^{σ}の分布の具体的な形を見るために，波動関数ψ_iが(1.7)式の平面波で与えられる場合を考えてみよう．スピン分極がないとして

$$n^{\sigma}(\boldsymbol{r}_1) = n/2 \tag{2.19}$$

ただし，n は電子密度である．

$$\sum_i \psi_{i\sigma}^*(\boldsymbol{r}_1)\psi_{i\sigma}(\boldsymbol{r}_2) = \frac{1}{N\Omega}\sum_{\boldsymbol{k}(k<k_{\mathrm{F}})} e^{i\boldsymbol{k}\cdot(\boldsymbol{r}_2-\boldsymbol{r}_1)}$$

$\boldsymbol{k}$ についての和を

$$\sum_{\boldsymbol{k}(k<k_{\mathrm{F}})} \Longrightarrow \frac{N\Omega}{8\pi^3}\int_{k<k_{\mathrm{F}}} d^3k$$

と積分で置きかえることにより

$$\sum_i \psi_{i\sigma}^*(\boldsymbol{r}_1)\psi_{i\sigma}(\boldsymbol{r}_2) = \frac{k_{\mathrm{F}}^2}{2\pi^2}\frac{j_1(k_{\mathrm{F}}r_{12})}{r_{12}} \tag{2.20}$$

ただし，$r_{12}=|\boldsymbol{r}_1-\boldsymbol{r}_2|$ で，$j_1(x)$ は 1 次の球 Bessel 関数であり，$x\ll 1$ では $j_1(x)\cong x/3$ である．n と k_{F} の間には(1.47)式の関係があることを利用すると，1 電子状態が平面波で表わせるときには

$$n_{\mathrm{x}}^{\sigma}(\boldsymbol{r}_1,\boldsymbol{r}_2) = -\frac{9}{2}n\left\{\frac{j_1(k_{\mathrm{F}}r_{12})}{k_{\mathrm{F}}r_{12}}\right\}^2 \tag{2.21}$$

で与えられる．$r_{12}\to 0$ では $n_{\mathrm{x}}^{\sigma}(\boldsymbol{r}_1,\boldsymbol{r}_1)=-n/2$ となっており，(2.17)式は満たされている．(2.12)式の右辺の第 2 因子の振舞いを図 2-1 に示してある．

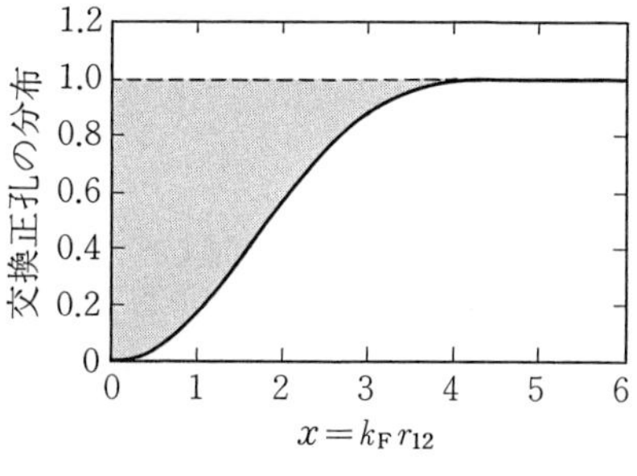

図 2-1 自由電子ガスにおける交換正孔の分布((2.12)式の右辺第 2 因子)．(2.21)式を用い，因子 $n/2$ を除いた量，$1-9\{j_1(x)/x\}^2$，ただし $x=k_{\mathrm{F}}r_{12}$ を実線で示してある．

d) 交換エネルギーと交換ポテンシャル

(2.7)式で与えられる全エネルギーにおける交換の寄与(交換エネルギー)は，スピン状態を陽に書くと

$$E_{\mathrm{x}} = -\frac{1}{2}\sum_{\sigma}\sum_{i}\sum_{j}\iint d^3r_1 d^3r_2\, \psi_{i\sigma}^*(\boldsymbol{r}_1)\psi_{j\sigma}^*(\boldsymbol{r}_2)\frac{e^2}{r_{12}}\psi_{j\sigma}(\boldsymbol{r}_1)\psi_{i\sigma}(\boldsymbol{r}_2) \tag{2.22}$$

で与えられる．ここで，(2.15)式の交換正孔密度 n_{x}^{σ} を用いると

$$E_{\mathrm{x}}=\frac{1}{2}\sum_{\sigma}\int d^3r_1\,n^{\sigma}(\boldsymbol{r}_1)\int d^3r_2\,n_{\mathrm{x}}^{\sigma}(\boldsymbol{r}_1,\boldsymbol{r}_2)\frac{e^2}{r_{12}} \tag{2.23}$$

となる．すなわち，交換エネルギーは，電子とそれに伴う交換正孔の間の Coulomb 相互作用として表現される．(2.23)式をさらに

$$E_{\mathrm{x}}=\sum_{\sigma}\int d^3r_1\,n^{\sigma}(\boldsymbol{r}_1)\varepsilon_{\mathrm{x}}^{\sigma}(\boldsymbol{r}_1) \tag{2.24}$$

$$\varepsilon_{\mathrm{x}}^{\sigma}(\boldsymbol{r}_1)=\frac{1}{2}\int d^3r_2\,n_{\mathrm{x}}^{\sigma}(\boldsymbol{r}_1,\boldsymbol{r}_2)\frac{e^2}{r_{12}} \tag{2.25}$$

と表わし，$\varepsilon_{\mathrm{x}}^{\sigma}$ を**交換エネルギー密度**とよぶことにしよう．一方，(2.5)式左辺の最後の項(交換項)を

$$\left[\int\rho_{\mathrm{x}}^{i\sigma}(\boldsymbol{r}_1,\boldsymbol{r}_2)\frac{e^2}{r_{12}}d^3r_2\right]\psi_{i\sigma}(\boldsymbol{r}_1) \tag{2.26}$$

と表わすと，

$$\rho_{\mathrm{x}}^{i\sigma}(\boldsymbol{r}_1,\boldsymbol{r}_2)=-\frac{\psi_{i\sigma}^{*}(\boldsymbol{r}_1)\psi_{i\sigma}(\boldsymbol{r}_2)\sum_{j}\psi_{j\sigma}^{*}(\boldsymbol{r}_2)\psi_{j\sigma}(\boldsymbol{r}_1)}{|\psi_{i\sigma}(\boldsymbol{r}_1)|^2} \tag{2.27}$$

である．(2.26)式は，交換項が，あたかもある種の電荷密度との静電 Coulomb 相互作用であるかのように表わされることを意味している．(2.26)式をさらに

$$V_{\mathrm{x}}^{i\sigma}(\boldsymbol{r}_1)\psi_{i\sigma}(\boldsymbol{r}_1) \tag{2.28}$$

とすると，

$$V_{\mathrm{x}}^{i\sigma}(\boldsymbol{r}_1)=\int\rho_{\mathrm{x}}^{i\sigma}(\boldsymbol{r}_1,\boldsymbol{r}_2)\frac{e^2}{r_{12}}d^3r_2 \tag{2.29}$$

であり，$V_{\mathrm{x}}^{i\sigma}$ は $i\sigma$ 状態に対する交換ポテンシャルである．通常のポテンシャルとは異なって，求めようとする状態 $i\sigma$ に依存している．(2.15)式の n_{x}^{σ} は $\boldsymbol{r}_1$ での状態 $i\sigma$ の重み

$$W^{i\sigma}(\boldsymbol{r}_1)=|\psi_{i\sigma}(\boldsymbol{r}_1)|^2/n^{\sigma}(\boldsymbol{r}_1) \tag{2.30}$$

を用いて $\rho_{\mathrm{x}}^{i\sigma}$ の平均をとったものとなっている．すなわち

$$n_{\mathrm{x}}^{\sigma}(\boldsymbol{r}_1, \boldsymbol{r}_2) = \sum_i W^{i\sigma}(\boldsymbol{r}_1)\rho_{\mathrm{x}}^{i\sigma}(\boldsymbol{r}_1, \boldsymbol{r}_2) \tag{2.31}$$

である．(2.27)式の $\rho_{\mathrm{x}}^{i\sigma}$ も n_{x}^{σ} と似た性質をもっている．まず，

$$\rho_{\mathrm{x}}^{i\sigma}(\boldsymbol{r}_1, \boldsymbol{r}_1) = -n^{\sigma}(\boldsymbol{r}_1) \tag{2.32}$$

であり，

$$\int \rho_{\mathrm{x}}^{i\sigma}(\boldsymbol{r}_1, \boldsymbol{r}_2) d^3 r_2 = -1 \tag{2.33}$$

の総和則が成り立つ．

(2.28)式からわかるように，HF 近似では1電子状態を求めるための(2.5)式で，交換ポテンシャルが求めようとする状態に依存している．交換ポテンシャルの計算は煩雑であり，状態ごとに異なった交換ポテンシャルを用いることは，固体においては困難である．そこで，Slater は交換ポテンシャルとして(2.30)式の重みで平均したもの

$$V_{\mathrm{x}}^{\sigma}(\boldsymbol{r}) = \sum_i W^{i\sigma}(\boldsymbol{r}) V_{\mathrm{x}}^{i\sigma}(\boldsymbol{r}) \tag{2.34}$$

を全ての状態に共通に用いることを提案した．(2.25),(2.29),(2.31),(2.34)式から

$$V_{\mathrm{x}}^{\sigma}(\boldsymbol{r}) = 2\varepsilon_{\mathrm{x}}^{\sigma}(\boldsymbol{r}) \tag{2.35}$$

であることがわかる．(2.34)式まで単純化してもなお，具体的に V_{x}^{σ} を求めることは困難である．Slater はさらに思い切った近似として，V_{x}^{σ} の表式に現われる波動関数を全て(1.7)式の平面波とすることを提案した．その場合には，(2.21),(2.25),(2.35)式より

$$V_{\mathrm{x}}^{\sigma}(\boldsymbol{r}) = -\frac{9e^2}{2} n \int d^3 r_2 \left\{ \frac{j_1(k_{\mathrm{F}} r_{12})}{k_{\mathrm{F}} r_{12}} \right\}^2 \frac{1}{r_{12}} = -\frac{6}{\pi} e^2 k_{\mathrm{F}} \int_0^{\infty} \frac{1}{x} \{j_1(x)\}^2 dx$$

となるが，右辺の定積分は1/4となるので

$$V_{\mathrm{x}}^{\sigma}(\boldsymbol{r}) = -\frac{3e^2}{2\pi} k_{\mathrm{F}} \tag{2.36}$$

である．

ここで，電子密度の空間変化が緩やかであり，空間の各点で局所的な Fermi 波数 $k_{\mathrm{F}}(\boldsymbol{r})$ が定義できると考える．スピン分極のある場合も考えることにして，スピン状態 σ の電子密度分布を $n^{\sigma}(\boldsymbol{r})$ とすると

$$n^{\sigma}(\boldsymbol{r}) = \frac{1}{6\pi^2}\{k_{\mathrm{F}}^{\sigma}(\boldsymbol{r})\}^3 \tag{2.37}$$

であるから，(2.36)式は

$$V_{\mathrm{x}}^{\sigma}(\boldsymbol{r}) = -3e^2\left\{\frac{3}{4\pi}n^{\sigma}(\boldsymbol{r})\right\}^{1/3} \tag{2.38}$$

と表わせる．すなわち，空間の各点での電子密度 $n^{\sigma}(\boldsymbol{r})$ が与えられると，交換ポテンシャルが決まることになる．

(2.38)式が Slater の統計的交換ポテンシャルとよばれるものであるが，次節で述べる密度汎関数法で得られる交換ポテンシャルは，(2.38)式の 2/3 倍である．その違いは次のようにして生じる．(2.35)，(2.38)式から $\varepsilon_{\mathrm{x}}^{\sigma}$ を求め，それを(2.24)式に代入すると

$$E_{\mathrm{x}} = -\frac{3}{2}e^2\left(\frac{3}{4\pi}\right)^{1/3}\sum_{\sigma}\int d^3r\{n^{\sigma}(\boldsymbol{r})\}^{4/3} \tag{2.39}$$

が得られる．密度汎関数法では，交換ポテンシャルは E_{x} の $n^{\sigma}(\boldsymbol{r})$ についての汎関数微分で与えられる．すなわち

$$V_{\mathrm{x}}^{\sigma}(\boldsymbol{r}) = \frac{\delta E_{\mathrm{x}}}{\delta n^{\sigma}(\boldsymbol{r})} = -2e^2\left\{\frac{3}{4\pi}n^{\sigma}(\boldsymbol{r})\right\}^{1/3} \tag{2.40}$$

となり，(2.38)式の 2/3 倍になっている．密度汎関数法が具体的な計算手法として確立する以前には，調節パラメタ α を導入して(2.38)式を

$$V_{\mathrm{x}}^{\sigma}(\boldsymbol{r}) = -3\alpha e^2\left\{\frac{3}{4\pi}n^{\sigma}(\boldsymbol{r})\right\}^{1/3} \tag{2.41}$$

として用いていたことがある．α としては 1～2/3 の適当な値が仮定され，電子相関の効果を実効的に取り入れる便法とも考えられた．

なお，(2.35)，(2.36)式より，電子当たりの交換エネルギーは自由電子ガスでは

$$\varepsilon_{\mathrm{x}} = -\frac{3e^2}{4\pi}k_{\mathrm{F}} \tag{2.42}$$

である．これは，電子ガスの理論でよく出てくる量であるが，Bohr 半径 $a_{\mathrm{H}} = \hbar^2/me^2$ を用いて r_s パラメタを

$$\frac{4\pi}{3}(a_{\mathrm{H}}r_s)^3 = \frac{1}{n} \tag{2.43}$$

で定義し，エネルギーの単位を Rydberg とすると，

$$\varepsilon_{\mathrm{x}} = -\frac{0.916}{r_s} \tag{2.44}$$

となる．

2-2　密度汎関数法

a）基礎

与えられた系において，電子に及ぼされる核からのポテンシャルを v_{ext} としよう．簡単のためにスピン分極のない場合を考え，系の基底状態に縮重がないとすると，v_{ext} が与えられれば基底状態は一義的に決まるであろう．したがって，そのときの 1 電子密度 $n(\boldsymbol{r})$ も一義的に決まる．逆に，基底状態の 1 電子密度 $n(\boldsymbol{r})$ を与えるような外部ポテンシャル v_{ext} が一義的に決まるならば，系の基底状態は 1 電子密度 $n(\boldsymbol{r})$ によって一義的に決まることになる．これが密度汎関数法の最も基礎に係わる問題である．密度汎関数法は，Hohenberg と Kohn（P. Hohenberg and W. Kohn: Phys. Rev. **136**（1964）**B**864）によって定式化されたが，その理論の展開における基本的な仮定は，与えられた 1 電子密度 $n(\boldsymbol{r})$ に対して，それを与えるような $v_{\mathrm{ext}}(\boldsymbol{r})$ が存在するということである．このことを **$\boldsymbol{v}$-表示可能性**（v-representability）という．ところで，物理的にもっともらしい $n(\boldsymbol{r})$ に対して，必ずしも $v_{\mathrm{ext}}(\boldsymbol{r})$ は存在しないことが指摘された．そこで，論理の展開がやや複雑になるが，Levy による定式化に従って，話を進めることにしよう（M. Levy: Proc. Natl. Acad. Sci.（USA）**76**（1979）

6062)．この方法によれば，スピン分極の有無を問わず，一般に基底状態に縮重があってもよい．その場合には，基底状態の1電子密度が与えられれば，縮重のある基底状態の組が一義的に決まることになる．

以下では，1電子密度 $\boldsymbol{n}(\boldsymbol{r})$ が適当な反対称波動関数 ψ^n から得られるものとする．$\boldsymbol{n}(\boldsymbol{r})$ に関するこの制約を **N-表示可能性**という．N-表示可能性の方が v-表示可能性よりも緩い制約になっている．v-表示可能な $\boldsymbol{n}(\boldsymbol{r})$ に対しては，$\boldsymbol{n}(\boldsymbol{r})$ を基底状態の1電子密度とする外部ポテンシャル v_{ext} が存在することになるので，その系の基底状態の波動関数が決まることになる．したがって，自動的に N-表示可能性が満たされる．つまり，v-表示可能な $\boldsymbol{n}(\boldsymbol{r})$ は必ず N-表示可能である．しかしその逆は成り立たない．$\boldsymbol{n}(\boldsymbol{r})$ の具体的な表式は

$$\boldsymbol{n}(\boldsymbol{r}) = N\int|\psi^n(x, x', x'', \cdots)|^2 d\xi dx'dx''\cdots \tag{2.45}$$

である．ところで，1電子密度 $\boldsymbol{n}(\boldsymbol{r})$ を与えるような反対称波動関数は一義的に決まるものではない．たとえば，1電子の場合を想定すると，波動関数 $e^{i\boldsymbol{k}\cdot\boldsymbol{r}}\{\boldsymbol{n}(\boldsymbol{r})\}^{1/2}$ は $\boldsymbol{k}$ によらずに $\boldsymbol{n}(\boldsymbol{r})$ を与えることからも想像がつく．そこで，1電子密度 $\boldsymbol{n}(\boldsymbol{r})$ を与える反対称波動関数のうちで電子系の運動エネルギー T と電子間相互作用 V_{ee} の和の期待値を最小にするものを $\psi^{\boldsymbol{n}}_{\mathrm{min}}$ とする．すなわち，

$$F[n] = \langle\psi^{\boldsymbol{n}}_{\mathrm{min}}|T+V_{\mathrm{ee}}|\psi^{\boldsymbol{n}}_{\mathrm{min}}\rangle \tag{2.46}$$

上の考察には外部のポテンシャルはいっさい関係がないので，$F[n]$ は特定の系によらない $\boldsymbol{n}(\boldsymbol{r})$ の汎関数である．(2.46)式で定義される $F[n]$ を用いて，密度汎関数法の基本定理は次のように表現できる．

(1) 基底状態エネルギー汎関数についての変分原理

N-表示可能性を満足する $\boldsymbol{n}(\boldsymbol{r})$ に対して，そのエネルギー汎関数 $E[n]$ を

$$E[n] = \int d^3r\, v_{\mathrm{ext}}(\boldsymbol{r})\boldsymbol{n}(\boldsymbol{r}) + F[n] \tag{2.47}$$

で定義すると，系の基底状態のエネルギー E_{GS} は $E[n]$ の下限になっている．

(2)　基底状態の 1 電子密度表示可能性

基底状態のエネルギー E_{GS} は，基底状態の 1 電子密度 n_{GS} の汎関数として

$$E_{\mathrm{GS}}=\int d^3r\, v_{\mathrm{ext}}(\boldsymbol{r})n_{\mathrm{GS}}(\boldsymbol{r})+F[n_{\mathrm{GS}}] \tag{2.48}$$

と与えられる．(2.47)と(2.48)式の証明を簡単に述べておこう．

(1)の証明

基底状態のエネルギーは，基底状態の波動関数 ψ_{GS} を用いて

$$E_{\mathrm{GS}}=\langle\psi_{\mathrm{GS}}|V+T+V_{\mathrm{ee}}|\psi_{\mathrm{GS}}\rangle \tag{2.49}$$

で与えられる．ただし，$V=\sum_i v_{\mathrm{ext}}(\boldsymbol{r}_i)$ である．一方，

$$\int d^3r\, v_{\mathrm{ext}}(\boldsymbol{r})n(\boldsymbol{r})=\langle\psi_{\min}^{n}|V|\psi_{\min}^{n}\rangle \tag{2.50}$$

であるから，(2.47)式の左辺は

$$E[n]=\langle\psi_{\min}^{n}|V+T+V_{\mathrm{ee}}|\psi_{\min}^{n}\rangle \tag{2.51}$$

である．(2.49),(2.51)式から，E_{GS} と $E[n]$ は同一のハミルトニアンの期待値であるから，エネルギーについての変分原理より E_{GS} が $E[n]$ の下限になるのは明らかである．

(2)の証明

基底状態の 1 電子密度 $n_{\mathrm{GS}}(\boldsymbol{r})$ を与える反対称波動関数のうち，$T+V_{\mathrm{ee}}$ の期待値を最小にするものを $\psi_{\min}^{n_{\mathrm{GS}}}$ とする．それと ψ_{GS} は必ずしも一致しないかも知れないので，(1)より

$$\langle\psi_{\mathrm{GS}}|V+T+V_{\mathrm{ee}}|\psi_{\mathrm{GS}}\rangle\leqq\langle\psi_{\min}^{n_{\mathrm{GS}}}|V+T+V_{\mathrm{ee}}|\psi_{\min}^{n_{\mathrm{GS}}}\rangle \tag{2.52}$$

が成り立つ．ψ_{GS} と $\psi_{\min}^{n_{\mathrm{GS}}}$ は同じ $n_{\mathrm{GS}}(\boldsymbol{r})$ を与えるので

$$\langle\psi_{\mathrm{GS}}|V|\psi_{\mathrm{GS}}\rangle=\langle\psi_{\min}^{n_{\mathrm{GS}}}|V|\psi_{\min}^{n_{\mathrm{GS}}}\rangle$$

である．したがって，(2.52)式からこの項を除くと

$$\langle\psi_{\mathrm{GS}}|T+V_{\mathrm{ee}}|\psi_{\mathrm{GS}}\rangle\leqq\langle\psi_{\min}^{n_{\mathrm{GS}}}|T+V_{\mathrm{ee}}|\psi_{\min}^{n_{\mathrm{GS}}}\rangle \tag{2.53}$$

となる．ところでこの式の右辺は $F[n_{\mathrm{GS}}]$ であり，その定義に従えば上式の不

等号は逆でなければならない．したがって，(2.52),(2.53)式では等号のみ意味がある．このことから，

$$E_{\mathrm{GS}} = \int d^3 r\, v_{\mathrm{ext}}(\boldsymbol{r}) n_{\mathrm{GS}}(\boldsymbol{r}) + F[n_{\mathrm{GS}}] \qquad (2.54)$$

と書けることがわかる．すなわち，基底状態のエネルギーは，1電子密度 $n_{\mathrm{GS}}(\boldsymbol{r})$ で表わすことができる．(証明終り)

$n_{\mathrm{GS}}(\boldsymbol{r})$ を与える反対称波動関数 $\psi^{n_{\mathrm{GS}}}$ のうち，(2.46)式で示すように，$T+V_{\mathrm{ee}}$ の期待値を最小にする $\psi^{n_{\mathrm{GS}}}_{\min}$ が基底状態の波動関数 ψ_{GS} となる．基底状態に縮重があれば，縮重分だけ反対称波動関数の自由度を調節してこのプロセスを繰り返せば，基底状態の全ての波動関数が得られる．縮重のある場合のことは，具体的に考えると分かりやすい．例えば，基底状態が反強磁性状態である場合を考えてみよう．格子をAとBの同等の副格子に分けることができ，それぞれの副格子での磁気モーメントの向きを上向き，下向きであるとする．この状態は，副格子での磁気モーメントの向きを逆転したものと縮退している．しかし，2つの状態は全く同じ1電子密度をもっている．これに対して，電荷密度波状態が基底状態の場合にはすこし事情が複雑になる．与えられた v_{ext} に対して，電荷密度波の位相をずらしても系のエネルギーが不変の場合には，基底状態の1電子密度が一義的に決まらないことになる．しかし，実際には電荷密度波ができると格子変形を引き起こすので，変形した格子に対しては基底状態の1電子密度は一義的に決まる．

密度汎関数法の基本定理は，ごく当たり前のことをいっているようで，実態が分かりにくいかも知れないが，非常に重要な中味をもっている．まず第1に，(2.46)式で定義される，1電子密度 $n(\boldsymbol{r})$ のユニバーサルな汎関数 $F[n]$ の存在が示されたことである．したがって，もしも $F[n]$ の関数形が分かっていれば，複雑な多体の波動関数を知らなくても，単に1電子密度 $n(\boldsymbol{r})$ を知るだけで基底状態のエネルギーが得られることになるのである．

b) Kohn-Sham の理論

前節の議論は一般論であり，具体的な計算の処方箋を与えるものではない．そ

こで，具体的計算を可能とするためには，$F[n]$ を次のように分割する（W. Kohn and L. J. Sham: Phys. Rev. **140** (1965) A1133）．

$$F[n] = T_s[n]+\frac{e^2}{2}\iint d^3r d^3r' \frac{n(\boldsymbol{r})n(\boldsymbol{r}')}{|\boldsymbol{r}-\boldsymbol{r}'|}+E_{xc}[n] \qquad (2.55)$$

ここで，右辺第1項は1電子密度が $n(\boldsymbol{r})$ であるような，電子間相互作用がない仮想的な系の基底状態の運動エネルギーである．第2項は電子間 Coulomb 相互作用，第3項は**交換相関エネルギー**とよばれ，第1，第2項以外の全ての多体効果を含む．

$T_s[n]$ の導入は，以下のようにして多電子問題を見かけ上の1電子問題に帰着させ，有効1電子ポテンシャルを得るためである．有効1電子ポテンシャル $v(\boldsymbol{r})$ のもとでの相互作用のない系が $n(\boldsymbol{r})$ を与えるとする．すなわち，

$$\left\{-\frac{\hbar^2}{2m}\Delta+v(\boldsymbol{r})\right\}\psi_i(\boldsymbol{r}) = \varepsilon_i\psi_i(\boldsymbol{r}) \qquad (2.56)$$

$$n(\boldsymbol{r}) = \sum_i |\psi_i(\boldsymbol{r})|^2 \qquad (2.57)$$

ただし，i についての和は，スピンの自由度も考慮して ε_i の小さい順に電子数の分だけ行なうものとする．$T_s[n]$ は定義より

$$T_s[n] = \sum_i \varepsilon_i - \int d^3r\, v(\boldsymbol{r})n(\boldsymbol{r}) \qquad (2.58)$$

(2.58)式を(2.55)式に代入すると，全エネルギーの表式は

$$E[n] = \sum_i \varepsilon_i - \int d^3r\, v(\boldsymbol{r})n(\boldsymbol{r}) + \int d^3r\, v_{ext}(\boldsymbol{r})n(\boldsymbol{r}) + \frac{e^2}{2}\iint d^3r d^3r' \frac{n(\boldsymbol{r})n(\boldsymbol{r}')}{|\boldsymbol{r}-\boldsymbol{r}'|}+E_{xc}[n] \qquad (2.59)$$

(2.59)式が正しい基底状態の1電子密度 $n_{GS}(\boldsymbol{r})$ に対して最小値をとる．n_{GS} を単に n と書くことにして，そのまわりでの微小変化 $\delta n(\boldsymbol{r})$ に対する全エネルギーの変分を計算しよう．この際，ε_i, v は $n(\boldsymbol{r})$ によっている．簡単な計算から

$$\sum_i \delta\varepsilon_i = \int d^3r\, \delta v(\boldsymbol{r}) n(\boldsymbol{r}) \tag{2.60}$$

が得られる．(2.60)式を用いると，(2.59)式の $n(\boldsymbol{r})$ についての変分は

$$\begin{aligned}\delta E[n] = \int d^3r\, \delta n(\boldsymbol{r}) \Big\{ & \int d^3r''\frac{\delta v(\boldsymbol{r}'')}{\delta n(\boldsymbol{r})} n(\boldsymbol{r}'') \\ & -v(\boldsymbol{r}) - \int d^3r'' \frac{\delta v(\boldsymbol{r}'')}{\delta n(\boldsymbol{r})} n(\boldsymbol{r}'') + v_{\text{ext}}(\boldsymbol{r}) \\ & + e^2 \int d^3r' \frac{n(\boldsymbol{r}')}{|\boldsymbol{r}-\boldsymbol{r}'|} + \frac{\delta E_{\text{xc}}[n]}{\delta n(\boldsymbol{r})} \Big\} \end{aligned} \tag{2.61}$$

となる．電子数不変の条件

$$\int d^3r\, \delta n(\boldsymbol{r}) = 0$$

のもとで，全ての微小変化 $\delta n(\boldsymbol{r})$ に対して $\delta E[n]=0$ となるためには，$\boldsymbol{r}$ によらない一定値の任意性を除いて

$$v(\boldsymbol{r}) = v_{\text{ext}}(\boldsymbol{r}) + e^2 \int d^3r' \frac{n(\boldsymbol{r}')}{|\boldsymbol{r}-\boldsymbol{r}'|} + \mu_{\text{xc}}(\boldsymbol{r}) \tag{2.62}$$

ただし

$$\mu_{\text{xc}}(\boldsymbol{r}) = \frac{\delta E_{\text{xc}}[n]}{\delta n(\boldsymbol{r})} \tag{2.63}$$

となる．μ_{xc} は**交換相関ポテンシャル**とよばれる．(2.56)，(2.57)，(2.62)式が **Kohn-Sham(KS)方程式**とよばれており，セルフコンシステントに解かれるべき非線形の連立方程式となっている．

多電子系の基底状態の1電子密度 $n(\boldsymbol{r})$ が，有効1電子ポテンシャル $v(\boldsymbol{r})$ をもつ相互作用のない仮想的な系の基底状態の1電子密度と一致させることができるとすれば，KS方程式は何ら近似を含んではいない．しかし，そのような $v(\boldsymbol{r})$ の存在が常に保証されているという証明はなされていないことを注意しておく．

c）Kohn-Sham 方程式の軌道エネルギーの意味

HF 近似での軌道エネルギー ε_i は Koopmans の定理により(2.9)式が示すよう

に軌道 i のイオン化エネルギーの意味をもっている．それに対して，(2.56)式での ε_i の意味は何なのかを考えよう．本来，各レベルの占有数 f_i は 0 または 1 であるが，それを $0 \leqq f_i \leqq 1$ に拡張し，

$$n(\boldsymbol{r}) = \sum_i f_i |\psi_i(\boldsymbol{r})|^2 \tag{2.64}$$

$$T_{\mathrm{s}}[n(\boldsymbol{r}), f_i] = \sum_i f_i \langle \psi_i | -\frac{\hbar^2}{2m} \Delta | \psi_i \rangle \tag{2.65}$$

とすると，

$$\varepsilon_i = \frac{\partial E}{\partial f_i} \tag{2.66}$$

が導かれる．したがって，形式的には軌道 i のイオン化エネルギーは

$$E_{N-1}\Big|_{f_i=0} - E_N\Big|_{f_i=1} = -\int_0^1 \varepsilon_i(f)df \tag{2.67}$$

となる．もしも，ε_i の占有数依存性が無視できれば，(2.67)式は(2.9)式と一致する．軌道 i が広がっておれば，システムサイズを N とすると ε_i の占有数依存性は $1/N$ となり，N が巨視的な数であれば無視できる．しかし，何らかの原因で軌道 i が局在的であれば占有数によって軌道エネルギーは変化する．(2.67)式の右辺を $-\varepsilon_i(0.5)$ と近似するのが Slater による遷移状態の考えであり，原子や分子では有効なことが知られている．

以上では，f_i を全ての軌道に導入して(2.66)式を導いたが，密度汎関数が基底状態についての理論であることを考えると，$f_i < 1$ は軌道 i が最高占有レベルにおいてのみ許されることになる．しかも，最高占有レベルに対しては，厳密な密度汎関数法によれば，ε_i は占有数に依存せず，したがって，$-\varepsilon_i$ は厳密にイオン化エネルギー，あるいは仕事関数に対応することが証明されている (C.-O. Almbladh and U. von Barth: Phys. Rev. **B31** (1985) 3231)．ところで，実際上は，全ての i について(2.66)式が成り立つとし，しかも占有数依存性も小さいとして，ε_i が 1 電子励起エネルギーを近似的に表現すると考えられることが多い．しかし，図 2-2 には，遷移金属のバンド幅についての，実験値

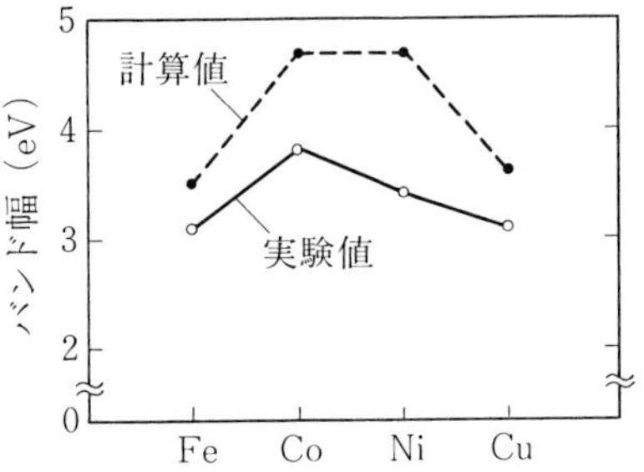

図 2-2 遷移金属の d バンド幅の実験値と計算値．実験値は D. E. Eastman, F. J. Himpsel and J. A. Knapp: Phys. Rev. Lett. 44 (1980) 95.

と計算値の比較がされているが，特に Ni においては大きい食い違いのあることがわかる．計算は，次項で述べる局所密度近似を用いたものであり，この近似による誤差もあるが，そもそも KS 方程式の ε_i を 1 電子励起スペクトルと関係づけることには根本的な問題がある場合もあり，そのことについては第 5 章で詳しく述べることにする．

d） 局所密度近似

KS 方程式によって多電子問題が有効 1 電子問題に書き直されたが，$E_{\rm xc}[n]$ およびその $n(\boldsymbol{r})$ についての汎関数微分 $\mu_{\rm xc}(\boldsymbol{r})=\delta E_{\rm xc}[n]/\delta n(\boldsymbol{r})$ が分からなければ先に進むことができない．しかし，これらが分かるということは多電子問題が一般的に解けたということであるが，もちろんそれは簡単なことではなく，われわれが比較的よく知っているのは一様電子ガスについてである．それについては古くからの解析的理論に加えて，最近では量子モンテカルロ法による数値解析の研究がある．

そこで，空間的に電子密度が変動している場合にも，その変動が緩やかであって，局所的にはその点の電子密度をもった一様電子ガスと見なすことができるものと近似しよう．そうすれば，各点での電子密度に対応する交換相関エネルギー密度 $\varepsilon_{\rm xc}(n(\boldsymbol{r}))$ を用いて，交換相関エネルギー $E_{\rm xc}$ は

$$E_{\rm xc}[n] = \int d^3r\, \varepsilon_{\rm xc}(n(\boldsymbol{r}))n(\boldsymbol{r}) \tag{2.68}$$

となる．したがって，交換相関ポテンシャルは

$$\mu_{\mathrm{xc}}(\boldsymbol{r}) = \varepsilon_{\mathrm{xc}}(n(\boldsymbol{r})) + n(\boldsymbol{r})\left.\frac{d\varepsilon_{\mathrm{xc}}(n)}{dn}\right|_{n=n(\boldsymbol{r})} \tag{2.69}$$

で与えられる．(2.68)式の近似を**局所密度近似**(local density approximation, LDA と略記)という．(2.40)式において，$n^{\sigma}(\boldsymbol{r})=n(\boldsymbol{r})/2$ とすると，$V_{\mathrm{x}}^{\sigma}(\boldsymbol{r})$ は $\mu_{\mathrm{xc}}(\boldsymbol{r})$ における交換相互作用からの寄与の具体的な表式である．上に述べた論理から LDA が正当化されるには，

$$\left|\frac{1}{k_{\mathrm{F}}(\boldsymbol{r})}\frac{\nabla n(\boldsymbol{r})}{n(\boldsymbol{r})}\right| \ll 1 \tag{2.70}$$

が各点 $\boldsymbol{r}$ で成り立っていなければならないと思われる．ここで，$k_{\mathrm{F}}(\boldsymbol{r})$ は(2.37)式で与えられる局所的な Fermi 波数であり，$2\pi/k_{\mathrm{F}}(\boldsymbol{r})$ は点 $\boldsymbol{r}$ での占有状態の波動関数の最小波長である．したがって，この長さの範囲で電子密度の空間変動が小さいことが，LDA が正当化されるための必要条件であると思われる．(2.70)式は実際の系では成立していないことが分かっており，それにもかかわらず，LDA は多くの場合にかなり信頼度の高い結果を与えることが経験的に知られている．その理由について考察を行なっておこう．

導出の詳細は述べないが，$E_{\mathrm{xc}}[n]$ については HF 近似での交換エネルギーの表式(2.23)式に対応する次の厳密な表式が得られる(O. Gunnarsson, M. Jonson and B. I. Lundqvist: Phys. Rev. **B20** (1979) 3136)．

$$E_{\mathrm{xc}}[n(\boldsymbol{r})] = \frac{e^2}{2}\int d^3r\int d^3r'\,\frac{n(\boldsymbol{r})n_{\mathrm{xc}}(\boldsymbol{r},\boldsymbol{r}')}{|\boldsymbol{r}-\boldsymbol{r}'|} \tag{2.71}$$

ここで，$n_{\mathrm{xc}}(\boldsymbol{r},\boldsymbol{r}')$ は電子が $\boldsymbol{r}$ に存在するときの点 $\boldsymbol{r}'$ での交換相関正孔密度で，電子系の 2 体分布関数を用いて

$$n_{\mathrm{xc}}(\boldsymbol{r},\boldsymbol{r}') = n(\boldsymbol{r}')\{\bar{g}(\boldsymbol{r},\boldsymbol{r}')-1\} \tag{2.72}$$

$$\bar{g}(\boldsymbol{r},\boldsymbol{r}') = \int_0^1 d\lambda\, g_{\lambda}(\boldsymbol{r},\boldsymbol{r}') \tag{2.73}$$

と表わされる．(2.73)式での 2 体分布関数 g_{λ} は次のように定義される．電子間 Coulomb 相互作用を λ 倍にスケールし，同時に λ に依存する外部ポテンシャル $v_{\lambda}(\boldsymbol{r})$ を導入して，電子密度 $n(\boldsymbol{r})$ が λ によらないようにする．このよう

な系に対して

$$n(\boldsymbol{r})n(\boldsymbol{r}')g_\lambda(\boldsymbol{r},\boldsymbol{r}') = \langle n(\boldsymbol{r})n(\boldsymbol{r}')\rangle_\lambda - \delta(\boldsymbol{r}-\boldsymbol{r}')n(\boldsymbol{r}) \qquad (2.74)$$

とし，$\langle\cdots\rangle_\lambda$ は与えられた λ での基底状態での期待値を意味する．(2.72)～(2.74)式より交換相関正孔についての総和則

$$\int d^3r'\, n_{\mathrm{xc}}(\boldsymbol{r},\boldsymbol{r}') = -1 \qquad (2.75)$$

が HF 近似での(2.18)式と同様に成り立つ．

現実の系においては2体分布関数が分からないので，交換相関正孔について何らかの近似を導入することになる．LDA では2体分布関数として点 $\boldsymbol{r}$ での電子密度 $n(\boldsymbol{r})$ に対応する一様電子ガスのもの g_{h} を用い，

$$n_{\mathrm{xc}}^{\mathrm{LDA}}(\boldsymbol{r},\boldsymbol{r}') = n(\boldsymbol{r})\{\bar{g}_{\mathrm{h}}(|\boldsymbol{r}-\boldsymbol{r}'|;n(\boldsymbol{r}))-1\} \qquad (2.76)$$

とする．(2.72)式では右辺の第1因子が $n(\boldsymbol{r}')$ であったのに，(2.76)式では $n(\boldsymbol{r})$ になっていることに注意する必要がある．このおかげで，一様電子ガスの2体分布関数が正しく与えられていれば，(2.75)式に対応して

$$\int d^3r'\, n_{\mathrm{xc}}^{\mathrm{LDA}}(\boldsymbol{r},\boldsymbol{r}') = -1 \qquad (2.77)$$

がすべての $\boldsymbol{r}$ に対して保証される．点 $\boldsymbol{r}$ に電子がいるとして，点 $\boldsymbol{r}'$ での交換相関正孔の分布を考えると，厳密な表式(2.72)式によれば，それは点 $\boldsymbol{r}'$ での電子密度に比例している．原子の場合には，電子密度は核のところで大きいので，$\boldsymbol{r}$ の位置にかかわらず，$n_{\mathrm{xc}}(\boldsymbol{r},\boldsymbol{r}')$ は $\boldsymbol{r}'=0$（核の位置）にピークをもつ．一方，(2.76)式の LDA では，交換相関正孔の分布は電子の存在する点 $\boldsymbol{r}$ での電子密度に比例し，$\boldsymbol{r}$ のまわりで球対称となる．図2-3(a)には，交換正孔の分布が示されているのであるが，厳密な結果と LDA の結果とでは大きな差異が見られる．

LDA における交換相関正孔の分布の問題点を，具体的な場合について説明しておこう．1つの孤立原子において，1つの電子を核から遠ざけていくと，その電子の感じるポテンシャルは核からの距離を r として，本来は $-e^2/\boldsymbol{r}$ である．しかし，LDA では交換相関正孔の分布は，その電子の位置での電子密

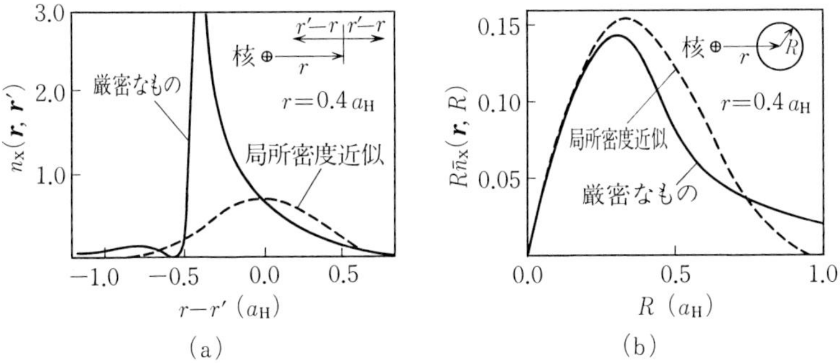

図 2-3 Ne における交換正孔の分布．$\boldsymbol{r}$ は注目する電子の核からの距離．$\boldsymbol{r}'$ の定義は(a)の右上隅に与えられている．(b)は交換正孔分布を電子のまわりで角度平均したもの．a_H は Bohr 半径．(J. P. Perdew and A. Zunger: Phys. Rev. **B23** (1981) 5048.)

度と(2.77)式の総和則によって支配されるので，電子が核から遠ざかるにつれて，その電子を中心として薄く広く空間に広がってしまう．電子密度は核からの距離に対して指数関数的に減少するので，その電子の感じるポテンシャルもまた指数関数的に減少する．この様子は図 2-4 に模式的に示した．1-4 節 b 項において，Na や Cl の原子のエネルギー準位が計算では浅くなってしまうことを指摘したが，その主要な原因はここにある．同じような理由により，LDA では固体表面での鏡像ポテンシャルを正しく記述できない．

ところで(2.71)式の交換相関エネルギーは，

$$\bar{n}_{xc}(\boldsymbol{r}, R) = \int n_{xc}(\boldsymbol{r}, \boldsymbol{r}+\boldsymbol{R})\frac{d\Omega_R}{4\pi} \qquad (2.78)$$

として，$\boldsymbol{r}$ のまわりの角度平均を用いると

$$E_{xc}[n(\boldsymbol{r})] = \frac{e^2}{2}\int d^3r\int d^3R\,\frac{1}{R}n(\boldsymbol{r})\bar{n}_{xc}(\boldsymbol{r}, R) \qquad (2.79)$$

と書ける．すなわち，交換相関エネルギーには交換相関正孔の球対称成分しか効かない．図 2-3(b)には，$\bar{n}_{xc}$ に対応する交換正孔分布が示されているが，角度平均すると LDA がかなりよい結果を与えていることがわかる．加えて，Coulomb 相互作用は長距離的であるので，n_{xc} の分布の詳細よりは，(2.75)

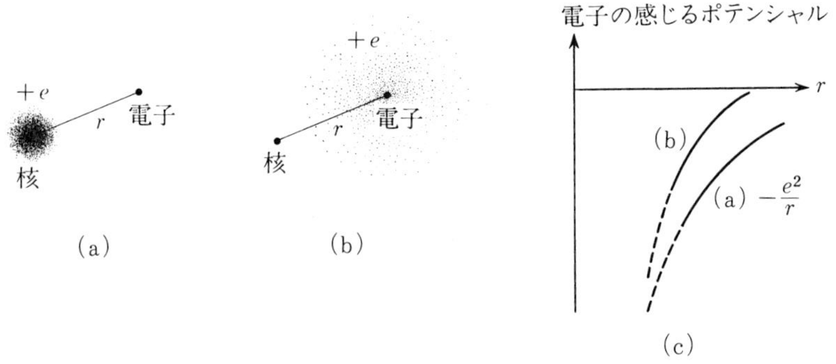

図 2-4 中性原子において，核からかなり離れた領域において電子が感じるポテンシャル．(**a**) 正しくは交換相関正孔は核の近くに局在している．したがって，核から離れたところで電子の感じるポテンシャルは $-e^2/r$ のように振舞う．(**b**) 局所密度近似では，交換相関正孔は電子のまわりに球状に広く分布する．そのために電子の感じるポテンシャルは指数関数的に小さくなる．(**c**)には，(**a**)および(**b**)で期待されるポテンシャルの様子を模式的に示す．

あるいは(2.77)式の総和則が成立することが重要になる．

LDA はこうした事情により全エネルギーについてはかなりよい近似になっている．くわしい解析によれば，LDA が正当化される条件は(2.70)式よりもはるかに緩いものであり

$$\delta = \left\{\frac{\nabla n(\boldsymbol{r})}{6k_{\mathrm{F}}(\boldsymbol{r})n(\boldsymbol{r})}\right\}^2 \ll 1 \tag{2.80}$$

であればよいことになっている．δ は多くの系において 0.1 から 0.2 程度の値をとる．

e) スピン密度汎関数理論

これまでの議論をスピン分極が存在する場合に拡張したのは，von Barth と Hedin である(U. von Barth and L. Hedin: J. Phys. **C5** (1972) 1629)．彼らの理論の詳細は原論文を参照していただくことにして，ここでは磁性体のバンド計算で用いられている**局所スピン密度近似**(LSDA)について簡単に触れておこう．

＋スピン，－スピンの電子密度をそれぞれ $n_+(\boldsymbol{r})$, $n_-(\boldsymbol{r})$ とする．交換相

関エネルギーを

$$E_{xc}[n_+(\boldsymbol{r}), n_-(\boldsymbol{r})] = \int d^3r\{n_+(\boldsymbol{r})+n_-(\boldsymbol{r})\}\varepsilon_{xc}\{n_+(\boldsymbol{r}), n_-(\boldsymbol{r})\} \quad (2.81)$$

とする．$\varepsilon_{xc}(n_+, n_-)$ はスピン分極 $m=n_+-n_-$ のある場合の一様電子ガスの1電子当たりの交換相関エネルギーである．交換相関ポテンシャルはスピンの向きに依存し，例えば，＋スピンに対しては

$$\begin{aligned}\mu_{xc}^+(\boldsymbol{r}) &= \frac{\delta E_{xc}}{\delta n_+(\boldsymbol{r})}\\ &= \varepsilon_{xc}\{n_+(\boldsymbol{r}), n_-(\boldsymbol{r})\}+n(\boldsymbol{r})\left.\frac{\partial\varepsilon_{xc}(n_+, n_-)}{\partial n_+}\right|_{n_+=n_+(\boldsymbol{r}),\, n_-=n_-(\boldsymbol{r})}\end{aligned} \quad (2.82)$$

ただし

$$n(\boldsymbol{r}) = n_+(\boldsymbol{r})+n_-(\boldsymbol{r}) \quad (2.83)$$

となる．$\mu_{xc}^-(\boldsymbol{r})$ も同様にして与えられる．(2.56),(2.57),(2.62)式は

$$\left\{-\frac{\hbar^2}{2m}\Delta+v_\sigma(\boldsymbol{r})\right\}\psi_{i\sigma}(\boldsymbol{r}) = \varepsilon_{i\sigma}\psi_{i\sigma}(\boldsymbol{r}) \quad (2.84)$$

$$v_\sigma(\boldsymbol{r}) = v_{ext}(\boldsymbol{r})+e^2\int d^3r'\frac{n(\boldsymbol{r}')}{|\boldsymbol{r}-\boldsymbol{r}'|}+\mu_{xc}^\sigma(\boldsymbol{r}) \quad (2.85)$$

$$n_\sigma(\boldsymbol{r}) = \sum_i|\psi_{i\sigma}(\boldsymbol{r})|^2 \quad (2.86)$$

となる．ただし，(2.84)～(2.86)式で σ は + あるいは − を示す．

なお，具体的な計算における ε_{xc} の表式としてはいくつかの提案があるが，Ceperley と Alder (D. M. Ceperley and B. J. Alder: Phys. Rev. Lett. 45 (1980) 566) による電子ガスについてのモンテカルロ計算の結果を解析的に表現した Perdew と Wang (J. P. Perdew and Y. Wang: Phys. Rev. **B45** (1992) 13244) による表式が最近はよく用いられる．

f) ΔSCF

最近のバンド計算の多くは2-2節d項で述べたLDAあるいは2-2節e項のLSDAを用いている．これらの扱いは非常にドラスティックな近似であるが，

それにもかかわらず，多くの場合に実験との定量的な比較に耐えるものであることが示された．2-2 節 d 項の解析は LDA あるいは LSDA がこうした予想以上の成功を収める理由の一面を明らかにしたものである．しかしながら，核の深いポテンシャルを感じる内殻領域にまで，一様電子ガスの理論を適用する近似が絶対的に十分な精度があるわけではない．表 2-1 には，いくつかの原子の全エネルギー計算の結果を示してあるが，この表から明らかなように，LDA の誤差は HF 近似のものの約 2 倍あり，Mg でさえ 1.84 Ry（≅25 eV）もの誤差を生じる．それに対して，固体の凝集エネルギーは $1 \sim 10^{-1}$ Ry，化合物の生成熱は $10^{-1} \sim 10^{-2}$ Ry，結晶構造間のエネルギー差は $10^{-2} \sim 10^{-3}$ Ry である．したがって，絶対的に考えれば LDA ではこうしたエネルギーについて信頼度のある結果を与えられないことになる．しかし，実際は LDA や LSDA の誤差の大部分は内殻状態について生じており，ここでの誤差は，孤立原子系と固体の間でほとんど打ち消してしまう．価電子状態についても，LDA や LSDA がもつ系統的な誤差は，2 つの異なった状態間でほぼ共通であり，差をとれば打ち消し合うことが期待される．全エネルギーについていえば，その絶対値は物理的には意味はなく，差だけが意味がある．ΔSCF とは，2 つの SCF 計算（SCF は self-consistent field の略）の差ということであり，LDA あるい

表 2-1 原子の全エネルギーの計算例（単位は Rydberg）．出典については，寺倉清之，浜田典昭：固体物理 20（1985）701 を参照．

	厳密な結果	HF	LDA
He	−5.81	−5.73 （+0.08）	−5.67 （+0.14）
Be	−29.33	−29.14 （+0.19）	−28.88 （+0.45）
Ne	−257.85±0.01	−257.08 （+0.77）	−256.43 （+1.42）
Mg	−400.07±0.01	−399.20 （+0.87）	−398.23 （+1.84）
Ar	−1055.07±0.03	−1053.57 （+1.50）	−1051.79 （+3.28）

はLSDAの全エネルギー計算はΔSCFとして意味があることに注意する必要がある．これは必ずしも全エネルギー計算にのみ限ることではなく，LDAやLSDAによる計算により，特定の1つの系について非常に詳細な定量的議論をするよりは，いくつかの関連の系における傾向を調べる方がより意味があるのも同じ理由である．

2-3 具体的計算手法

LDAあるいはLSDAによってKS方程式に現われる有効1電子ポテンシャルが与えられたとすると，次にはKS方程式を解いて固有値と固有関数を求めなければならない．これは具体的な計算を行なおうとするときに，時間と労力が最も要求される段階である．また，時代とともに扱う系の複雑さが増し，効率的で精度の高い計算手法が要求されるようになっている．計算手法の開発は重要な段階にさしかかっているが，ここでは基礎的なところだけをかいつまんで説明するにとどめたい．現在広く用いられている方法は大きく2つに分けることができる．1つは，(2.62)式あるいは(2.85)式の有効1電子ポテンシャルを内殻電子まで含めてそのまま用いるものであり，他は，それから擬ポテンシャルを導き出して価電子のみを扱うものである．前者を「全電子アプローチ」とよぶことがある．

a) 全電子アプローチ

最も標準的なものは，**KKR**(Korringa-Kohn-Rostoker)法と**APW**(augmented plane wave)法である．KKR法でもAPW法でも，行列要素が求めるべき固有エネルギーεに依存しているので，固有エネルギーを求める式は標準的な永年方程式の形にならず，行列式の零点を探すことになる．そこで，この行列式のε依存性を除く方法として，O. K. Andersenが線形バンド計算法を提案した．KKR法に対応するものとしてLMTO(linear muffin-tin orbital)法，APW法に対応するものとしてLAPW(linear APW)法がある．これらの全ての方法は，マフィン・ティンポテンシャルのように原子核のまわりで球対称なポテンシャルを仮定していたが，対称性の低い化合物や低次元物質などに対してはこの仮定は不都合である．そこでポテンシャルの形状に制限をつけない計算手法が開発された．一般の形状のポテンシャルを full potential とよぶことがあり，そうしたポテンシャルを用いていることを示すために FKKR，FLAPW，FLMTO 法などとよぶことがある．それぞれの計算手法の詳細は原論文か他の文献に譲ることにする（寺倉清之，浜田典昭：固体物理 **19**（1984）457）．

b）擬ポテンシャル法

1-3 節 c 項において，OPW を基底として用いることから擬ポテンシャルを導き出した．そこではまた擬ポテンシャルにはかなりの任意性があることを指摘した．1960 年代には，擬ポテンシャル法が原理的な面においても応用の面においても活発に議論された．しかし，当時の擬ポテンシャル法はどこかで実験データを利用するなど，半経験的なものであった．

LDA に基づく，非経験的擬ポテンシャル法は 1979 年に Hamann らによって提案され，その後ふたたび，擬ポテンシャル法が固体電子論において活躍することとなった（G. B. Bachelet, D. R. Hamann and M. Schlüter: Phys. Rev. **B26**（1982）4199）．特に最近は，次項および 3-5 節で述べる Car と Parrinello による第 1 原理分子動力学法と結びついて重要な役割を演じている．そこで，非経験的擬ポテンシャル法の要点を述べておこう．

（1.15）式から得られる永年方程式の固有状態が内殻を含まないようにするために，1-3 節 c 項では OPW を基底に用いた．APW 法では，内殻の波動関数の振幅の大きい領域では，求めたいエネルギー ε での KS 方程式の数値解を求め，それを外の領域の平面波と接続している．したがって APW 法での補強された平面波（APW）は自動的に内殻の波動関数とは直交している．この意味で，OPW と APW は共通の性質をもっている．

考え方をすこしかえて，図 2-5 に示すように，内殻の外の領域 $r>r_c$（r_c は内殻領域の半径）では価電子状態の真の波動関数に一致し，$r<r_c$ では節をもたないような波動関数を与えるような擬ポテンシャルがあったとしよう．あるポテ

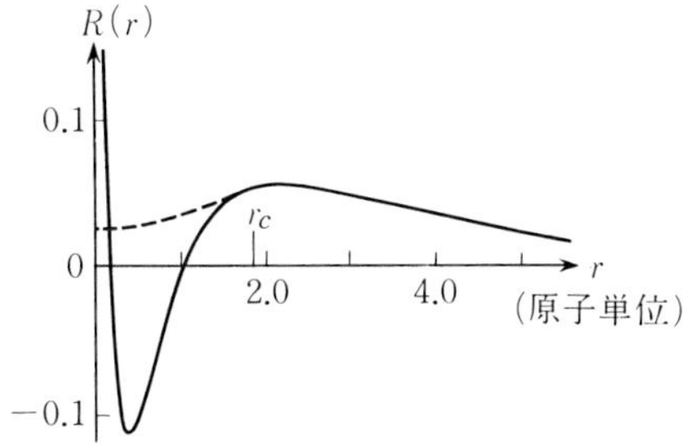

図 2-5 ノルム保存擬ポテンシャルの概念を Na を例として示す. 実線は 3s 状態の真の波動関数. 破線は擬波動関数. イオン芯半径 r_c において擬波動関数は真の波動関数になめらかにつながる. また, $r<r_c$ での擬波動関数のノルムは, 真の波動関数のノルムに等しい.

ンシャルのもとでは節のない波動関数は最低エネルギー状態になるので, そのような擬ポテンシャルを用いて(1.15)式の永年方程式を解けば, 価電子状態が最低エネルギー状態として与えられることになる. また, 一般にこのような擬ポテンシャルは真のポテンシャルに比べて浅いので, 平面波を基底として用いることの効率がよくなる. ところで, 非経験的な電子状態計算を行なうには, 求められた波動関数から電子密度を求め, さらにそれから有効1電子ポテンシャルを求めたときに, それが, $r>r_c$ の領域では真のポテンシャルと一致しなければならない. そのためには, $r<r_c$ での擬波動関数 $\phi_{\rm ps}(\boldsymbol{r})$ のノルムが真の波動関数 $\phi_{\rm t}(\boldsymbol{r})$ のノルムと一致していることが静電ポテンシャルを正しく与えるためには必要な条件となる. したがって, 非経験的擬ポテンシャルは次の条件を満足しなければならない.

(i) 価電子状態の波動関数が $r<r_c$ で節をもたない.

(ii) $r \geqq r_c$ では $\phi_{\rm ps}(\boldsymbol{r}) = \phi_{\rm t}(\boldsymbol{r})$.

(iii) ノルム保存の条件

$$\int_{r<r_c} d^3\boldsymbol{r}\ |\phi_{\rm ps}(\boldsymbol{r})|^2 = \int_{r<r_c} d^3\boldsymbol{r}\ |\phi_{\rm t}(\boldsymbol{r})|^2 \tag{2.87}$$

特に条件(iii)は非経験的な計算を行なうために必要なものであり, OPW では満足されない. この条件が新しい擬ポテンシャル法の特徴であり, ノルム保存擬ポテンシャルとよばれるゆえんである. (2.87)式は以下のように書き直すことができる.

(1.86)式の, 動径波動関数について Schrödinger 方程式を

$$\left\{-\frac{\hbar^2}{2m}\frac{\partial^2}{\partial r^2}+\frac{l(l+1)\hbar^2}{2mr^2}+v(r)\right\}rR_l(r;\varepsilon) = \varepsilon rR_l(r;\varepsilon) \tag{2.88}$$

と書く．この両辺を ε について微分すると

$$\left\{-\frac{\hbar^2}{2m}\frac{\partial^2}{\partial r^2}+\frac{l(l+1)\hbar^2}{2mr^2}+v(r)\right\}r\dot{R}_l(r;\varepsilon) = rR_l(r;\varepsilon)+\varepsilon r\dot{R}_l(r;\varepsilon) \tag{2.89}$$

ただし，$\dot{R}_l(r;\varepsilon)=\frac{\partial}{\partial\varepsilon}R_l(r;\varepsilon)$ が得られる．(2.89)式に左から $rR_l(r;\varepsilon)$ をかけ，それから(2.88)式に左から $r\dot{R}_l(r;\varepsilon)$ をかけたものを引くことにより，

$$\{rR_l(r;\varepsilon)\}^2 = -\frac{\hbar^2}{2m}\left[rR_l(r;\varepsilon)\frac{\partial^2}{\partial r^2}r\dot{R}_l(r;\varepsilon)-r\dot{R}_l(r;\varepsilon)\frac{\partial^2}{\partial r^2}rR_l(r;\varepsilon)\right]$$

となる．この式の両辺を r について 0 から r_c まで積分すると，

$$\int_0^{r_c}dr\,\{rR_l(r;\varepsilon)\}^2 = -\frac{\hbar^2}{2m}\{r_cR_l(r_c;\varepsilon)\}^2\frac{\partial}{\partial\varepsilon}D_l(r_c;\varepsilon) \tag{2.90}$$

ただし，D_l は $r=r_c$ での(1.87)式の対数微分である．対数微分は(1.88)式により位相シフトを決めるので，擬波動関数が前述の条件(ii)と(iii)を満足していれば，擬ポテンシャルは，ある与えられたエネルギー ε での内殻領域からの散乱を正しく記述するばかりでなく，そのエネルギーからはずれたところでもズレの1次のオーダーまでは正しく記述することがわかる．したがって，原子の固有エネルギーのところで決められた擬ポテンシャルは，固体になってすこし異なったエネルギー領域を問題にする場合にも安心して使えることになる．

擬波動関数が(i)，(ii)，(iii)の条件を満足するように，原子の擬ポテンシャルが何らかの処方箋に従って求められたとする．次のステップは，価電子からの Coulomb ポテンシャルと交換相関ポテンシャルを原子の擬ポテンシャルから引き去り，イオンの擬ポテンシャルを求めることである．価電子の振舞いは環境によって大きく左右されるので，孤立原子の擬ポテンシャルをそのまま固体に移すことはできない．しかし，内殻状態は孤立原子でも固体でもほとんど変わらないので，イオンの擬ポテンシャルならば，それが置かれる環境に関係なく同じものを用いることが可能である．このような環境によらないという性質を transferability という．

イオンの擬ポテンシャルは次のようにして求められる．角運動量 l に対する原子の擬ポテンシャルを $v_l^{\mathrm{atom}}(r)$ とする．価電子状態の擬波動関数から得られる電子密度を $n_v(r)$ としよう．イオンの擬ポテンシャル $v_l^{\mathrm{ion}}(r)$ は $v_l^{\mathrm{atom}}(r)$ から $n_v(r)$ からの寄与を差し引けばよい．すなわち，

$$v_l^{\mathrm{ion}}(r) = v_l^{\mathrm{atom}}(r) - e^2 \int d^3r' \frac{n_v(r')}{|\boldsymbol{r}-\boldsymbol{r}'|} - \mu_{\mathrm{xc}}[n_c(r)+n_v(r)] + \mu_{\mathrm{xc}}[n_c(r)] \tag{2.91}$$

で与えられる．ただし，$n_c(r)$ は内殻の電子密度である．μ_{xc} は電子密度について非線形であるが，もしも $n_c(r)$ と $n_v(r)$ が空間的に分離していれば

$$\mu_{\mathrm{xc}}[n_c(r)+n_v(r)] \cong \mu_{\mathrm{xc}}[n_c(r)] + \mu_{\mathrm{xc}}[n_v(r)] \tag{2.92}$$

が成り立つ．少なくともシリコンについてはこの近似は問題を生じないが，アルカリ原子ではよい近似になっていない．イオンの擬ポテンシャルは任意の環境にもちこまれて，新しい価電子密度 $n_v^{\mathrm{s}}(\boldsymbol{r})$ が得られると，価電子によって遮蔽された擬ポテンシャルは

$$v_l^{\mathrm{s}}(\boldsymbol{r}) = v_l^{\mathrm{ion}}(r) + \int d^3r' \frac{n_v^{\mathrm{s}}(\boldsymbol{r}')}{|\boldsymbol{r}-\boldsymbol{r}'|} - \mu_{\mathrm{xc}}[n_c(r)] + \mu_{\mathrm{xc}}[n_c(r)+n_v^{\mathrm{s}}(\boldsymbol{r})] \tag{2.93}$$

で与えられる．

(2.91)，(2.93)式の μ_{xc} において，(2.92)式の近似をすれば内殻の電子密度 $n_c(r)$ はいっさい顔をださない．原理的には $n_c(r)$ が現われても何も問題はないが，平面波を基底として用いる計算では $n_c(r)$ の強い局在性のために収束性という点で問題が生じる．これを克服するのに，部分内殻補正の方法というものが提案されている．その精神は次のようなものである．(2.92)式が成り立たないのは $n_c(r)$ と $n_v(r)$ の空間的重なりのためである．したがって，その重なりの大きい領域においては $n_c(r)$ をできるだけ忠実に再現するが，それより核に近い領域では $n_c(r)$ よりもずっと緩やかに変化するような人為的な $n_{pc}(r)$ を導入する．(2.91)，(2.93)式の $n_c(r)$ を $n_{pc}(r)$ で近似することにより，精度の高い交換相関ポテンシャルが得られるとともに，平面波展開での収束性も改

善される．

上に述べた(i),(ii),(iii)の条件だけでは原子の擬ポテンシャルは一義的には決まらない．これは，1-3節c項において指摘した，擬ポテンシャルにおける任意性と関係している．Hamannらによる，各元素に対する擬ポテンシャルは1つの方法で統一的に計算されたものであるが，それらは実際の計算には必ずしも効率的なものになっていない．OPW法の擬ポテンシャルからも予想されるように，ある元素が角運動量lについては内殻をもたなければ，その角運動量に対する擬ポテンシャルはあまり弱くならない．したがって，第2周期の元素におけるp対称の状態，あるいは3d遷移金属のd対称の状態に対する擬ポテンシャルは，Hamannらによって与えられたものでは平面波展開の効率が悪い．

擬ポテンシャルにおける任意性を調節し，擬波動関数の平面波展開の効率を上げる試みがなされている．そのような擬ポテンシャルは「柔らかい擬ポテンシャル」とよばれる．さらには，擬ポテンシャルを作る段階では，(iii)のノルム保存の条件をはずす方法が考案され，「超柔らかい擬ポテンシャル」が用いられるようになりつつある．このように，擬ポテンシャルの理論はまだ発展途上にあるように思われる．

c) Car-Parrinelloの方法

後の3-5節で構造の最適化，あるいは原子の動的振舞いを調べる手法としてのCar-Parrinelloの方法について補足するが，電子状態の解法としての側面も重要であると思われるのでここで，そのことに限って説明することにしよう(R. Car and M. Parrinello: Phys. Rev. Lett. **55** (1985) 2471).

KS方程式(2.56)式を解くことを考え，1電子状態波動関数$\psi_i(\boldsymbol{r})$をある基底関数$\phi_\xi(\boldsymbol{r})$で次のように展開したとしよう．

$$\psi_i(\boldsymbol{r}) = \sum_\xi \phi_\xi(\boldsymbol{r}) c_{\xi i} \tag{2.94}$$

ただし，簡単のためにϕ_ξは規格直交系であるとする．従来は(2.94)式のような展開で固有状態を求めるのは，KSハミルトニアンをHとすると

$$\sum_{\xi'} H_{\xi\xi'} c_{\xi' i} = \varepsilon_i c_{\xi i} \tag{2.95}$$

なる固有値問題を解くのが標準的な方法であった．これを別の見地から考えてみる．密度汎関数法によれば，与えられた外部ポテンシャルのもとでの電子系の基底状態のエネルギーは正しい基底状態の1電子密度に対して最小値をとる．一方，1電子密度はKS方程式の占有された軌道の波動関数から与えられる．したがって，電子系の全エネルギーは，iを占有されたKS方程式の1電子状態とすると，(2.94)式の展開係数の組$\{c_{\xi i}\}$の関数と考えることができる．それを$E[\{c_{\xi i}\}]$と表わすことにすると，KS方程式を解くことは$E[\{c_{\xi i}\}]$を最小にする$\{c_{\xi i}\}$を求めるという最適化問題と同じになる．(2.95)式は事実このような考えから得られる．すなわち，$\{\psi_i\}$の規格化の条件

$$\sum_{\xi'} c^*_{\xi' i} c_{\xi' i} = 1 \tag{2.96}$$

のもとで，$E[\{c_{\xi i}\}]$を最小にするには，λをLagrangeの未定乗数として，

$$\frac{\partial}{\partial c^*_{\xi i}}\left(E[\{c_{\xi i}\}] - \lambda \sum_{\xi'} c^*_{\xi' i} c_{\xi' i}\right) = \sum_{\xi'} (H_{\xi\xi'} - \lambda\delta_{\xi\xi'}) c_{\xi' i} = 0$$

となり，(2.95)式のKSの式が得られるのである．ただし，

$$\frac{\partial E}{\partial c^*_{\xi i}} = \int d^3r \, \frac{\delta E}{\delta\psi^*_i(\boldsymbol{r}, t)} \cdot \frac{\partial \psi^*_i(\boldsymbol{r}, t)}{\partial c^*_{\xi i}} = \int d^3r \, \phi^*_{\xi}(\boldsymbol{r}) H \psi_i(\boldsymbol{r}, t)$$
$$= \sum_{\xi'} H_{\xi\xi'} c_{\xi' i}$$

を用いた．λはKS方程式の軌道エネルギーとなる．

(2.95)式を解くのに，次のような繰り返し法が考えられる．もしも，

$$\chi_{\xi i} = \sum_{\xi'} (H_{\xi\xi'} - \lambda\delta_{\xi\xi'}) c_{\xi' i} \tag{2.97}$$

がゼロになっていないとすると，$c_{\xi i}$を一般化座標とみなせば，$\chi_{\xi i}$はその空間のなかでのエネルギー曲面の$c_{\xi i}$方向の勾配になっている．したがって，ηを正の小さい量として，$c_{\xi i} - \eta\chi_{\xi i}$を新しい$c_{\xi i}$とすることによってエネルギーが低下し，固有ベクトルの改良された値が得られることになる．この考えは一般

化された最小値問題を，最急降下法で解くことであって，

$$\gamma \dot{c}_{\xi i} = -\sum_{\xi'} H_{\xi\xi'} c_{\xi' i} + \sum_{j} c_{\xi j} \lambda_{ji} \tag{2.98}$$

の微分方程式を解くという形に定式化される．

通常の固有値問題(2.95)式を解くのと，このように繰り返し法で最小値問題を解くのと，計算の具体的ないくつかの側面に関して比較してみよう．基底関数の数を M，求めたい固有状態の数を N とする．擬ポテンシャル法に基づく平面波展開では M/N は 100 程度あるいはそれ以上である．通常の行列の固有値問題の解き方では，

(1) ハミルトニアン行列の次元は M であり，行列要素を収容するのに M^2 の記憶容量が必要であり，対角化のための計算量は M^3 に比例する．M は系の大きさに比例するので，系が大きくなると計算は急激に困難になる．

(2) 構造最適化などで，原子位置を動かすごとに KS 方程式を解く必要がある場合には，非常に計算時間がかかってしまう．

一方，上で述べた繰り返し法ならば，

(1) 基本的には(2.97)式の $\chi_{\xi i}$ の計算を行なえばよいので，記憶容量は MN であり，計算量は M^2N に比例することになる．$N/M = 1/100$ 以下であるので，計算量も記憶容量も大幅に減少する．さらに，平面波を基底とする場合には，高速 Fourier 変換(FFT)が利用でき，計算量は $NM \ln M$ に減少する．

(2) 固有値問題を繰り返し法で解く過程のなかで，KS 方程式の電子密度のセルフコンシステンシーを満たすための繰り返しと，さらには構造最適化での原子位置の更新を全て同時に行なうことができる．

このように，系が大きくなるにつれ，また原子位置を動かすごとに電子状態を解かねばならないような場合には，繰り返し法によるほうが計算の効率があがることが分かる．上では最急降下法による最小値問題の解き方に従って説明したが，与えられた自由度についての最小値問題を解く方法として，その自由度に対する人為的な質量を導入して運動方程式を導き，その自由度の運動エネ

ルギーを徐々に下げていくというやり方がある．圧力一定，あるいはストレス一定の分子動力学法においても，平衡体積や安定構造を求める際にそのような例を見ることができる．そうした考えから，Car と Parrinello は，KS 方程式の軌道に対して次のようなラグランジアンを導入した．

$$L = \mu \sum_i \sum_\xi |\dot{c}_{\xi i}|^2 - E[\{c_{\xi i}\}] + \sum_{ij} \left\{ \sum_\xi c^*_{\xi i} c_{\xi j} - \delta_{ij} \right\} \lambda_{ji} \qquad (2.99)$$

上式で $\dot{c}_{\xi i} = dc_{\xi i}/dt$ であり，右辺第1項は人為的に導入した運動エネルギーで，第2項はポテンシャルエネルギーの役割をしている．第3項は $\{\psi_i\}$ の規格直交性を保証するものである．(2.99)式から $c_{\xi i}$ についての運動方程式を導くことができるが，Euler-Lagrange の運動方程式

$$\frac{d}{dt}\frac{\partial L}{\partial \dot{c}^*_{\xi i}} - \frac{\partial L}{\partial c^*_{\xi i}} = 0 \qquad (2.100)$$

より

$$\mu \ddot{c}_{\xi i} = -\sum_{\xi'} H_{\xi\xi'} c_{\xi' i} + \sum_j c_{\xi j} \lambda_{ji} \qquad (2.101)$$

が得られる．$\{\psi_i\}$ の規格直交性を満足するには

$$\lambda_{ij} = H_{ij} - \mu \sum_\xi \dot{c}^*_{\xi i} \dot{c}_{\xi j} \qquad (2.102)$$

であればよいことを示すことができる．実際は，(2.101)式を Verlet（ベレー）のアルゴリズム

$$c_{\xi i}(t+\Delta t) = -c_{\xi i}(t-\Delta t) + 2c_{\xi i}(t) - \frac{(\Delta t)^2}{\mu} \sum_{\xi'} H_{\xi\xi'} c_{\xi' i}(t) + \frac{(\Delta t)^2}{\mu} \sum_j c_{\xi j}(t) \lambda_{ji} \qquad (2.103)$$

によって解き，時間のキザミ Δt の全ての次数に対して $\{\psi_i\}$ の規格直交性を満足するには λ_{ji} は Ryckaert らの方法に従って求めることになる．以上の扱いでは

$$\mu \sum_i \sum_\xi |\dot{c}_{\xi i}|^2 + E[\{c_{\xi i}\}] \qquad (2.104)$$

が保存量となる．したがって，仮想的な運動エネルギー $\mu\sum_i\sum_\xi|\dot{c}_{\xi i}|^2$ を徐々に小さくすることによって，最終的に落ち着いた所が $E[\{c_{\xi i}\}]$ の最小に対応し，その $\{c_{\xi i}\}$ が KS 軌道を決めることになる．すなわち，(2.101)式より

$$\sum_{\xi'} H_{\xi\xi'} c_{\xi' i} = \sum_j c_{\xi j} \lambda_{ji} \tag{2.105}$$

となる．λ_{ji} が必ずしも対角化されないのは，密度汎関数法での電子系の全エネルギー $E[\{c_{\xi i}\}]$ は電子密度のみの汎関数であり，占有された KS 軌道のユニタリー変換に対して不変になるからである．

もともとの Car と Parrinello の提案は，原子核の運動と連動させて(2.101)式を解くというものであった．もしも，電子状態を解くということに限れば(2.101)式は必ずしも効率のよいものではない．すでに述べた最急降下法が用いられることもあるし，最近では共役勾配法がより有効な方法として用いられることが多い．

3 物質の構造安定性

物質の示す性質は原子配列に強く依存する．同じ炭素からなる物質であってもダイヤモンドとグラファイトでは全く異なった物性を示す．常温常圧でダイヤモンド構造をとるSiは半導体であるが，高圧下で実現されるβ-スズ型のSiは金属であり，しかも超伝導状態になる．原子の集合体としての物質が安定に存在するのはなぜか？ 与えられた原子の組合せの物質が特定の結晶構造をとるのはなぜか？ さらに，未知の物質の安定性をどの程度まで理論的に予測できるようになっているか？ この章では，こうしたことについて議論することになる．

3-1 ビリアル定理

粒子間の相互作用がCoulomb相互作用であると，体積Ωの容器に閉じ込められた粒子群について，**ビリアル(virial)定理**

$$3P\Omega = 2T + U \tag{3.1}$$

の関係が成り立つことが古典力学では知られている．ここで，Tは粒子群の全運動エネルギー，Uは全ポテンシャルエネルギー，Pは粒子群が容器の壁に及ぼす圧力である．量子力学的にも同じ式が成り立つことを次のようにして示すことができる．

L を系の大きさをスケールするパラメタとし，電子座標 $\{\boldsymbol{r}_i\}$，核座標 $\{\boldsymbol{R}_k\}$ を $\boldsymbol{x}_i=L\boldsymbol{r}_i$，$\boldsymbol{X}_k=L\boldsymbol{R}_k$ とスケールする．断熱近似のもとでは核座標は単なるパラメタとして，電子座標について波動関数を考える．

$$\begin{aligned}&|\psi[\{\boldsymbol{r}_i\};\{\boldsymbol{R}_k\}]|^2 d^3r_1 d^3r_2\cdots d^3r_N\\ &\quad=|\psi[\{\boldsymbol{x}_i/L\};\{\boldsymbol{X}_k/L\}]|^2 L^{-3N} d^3x_1 d^3x_2\cdots d^3x_N\\ &\quad=|\boldsymbol{\Phi}_L[\{\boldsymbol{x}_i\};\{\boldsymbol{X}_k\}]|^2 d^3x_1 d^3x_2\cdots d^3x_N\end{aligned}$$

であるから，$\boldsymbol{x}_i, \boldsymbol{X}_k$ を改めて $\boldsymbol{r}_i, \boldsymbol{R}_k$ と書くことにすれば

$$\boldsymbol{\Phi}_L[\{\boldsymbol{r}_i\};\{\boldsymbol{R}_k\}]=L^{-3N/2}\psi[\{\boldsymbol{r}_i/L\};\{\boldsymbol{R}_k/L\}] \tag{3.2}$$

である．系のハミルトニアン

$$\begin{aligned}H=&\sum_i\left\{-\frac{\hbar^2}{2m}\Delta_i\right\}+\frac{1}{2}\sum_{i,i'}\frac{e^2}{|\boldsymbol{r}_i-\boldsymbol{r}_{i'}|}\\ &-\sum_{i,k}\frac{z_k e^2}{|\boldsymbol{r}_i-\boldsymbol{R}_k|}+\frac{1}{2}\sum_{k,k'}\frac{z_k z_{k'} e^2}{|\boldsymbol{R}_k-\boldsymbol{R}_{k'}|}\end{aligned} \tag{3.3}$$

の $\boldsymbol{\Phi}_L[\{\boldsymbol{r}_i\};\{\boldsymbol{R}_k\}]$ についての期待値を計算しよう．

$$\begin{aligned}E&=\langle\boldsymbol{\Phi}_L|H|\boldsymbol{\Phi}_L\rangle\\ &=L^{-3N}\int\psi^*[\{\boldsymbol{r}_i/L\};\{\boldsymbol{R}_k/L\}]H[\{\boldsymbol{r}_i\};\{\boldsymbol{R}_k\}]\psi[\{\boldsymbol{r}_i/L\};\{\boldsymbol{R}_k/L\}]\\ &\qquad\times d^3r_1 d^3r_2\cdots d^3r_N\end{aligned}$$

である．ここで，電子座標については積分されるので，$\boldsymbol{r}_i/L$ を改めて $\boldsymbol{r}_i$ と書くことにすると

$$E=\int\psi^*[\{\boldsymbol{r}_i\};\{\boldsymbol{R}_k/L\}]H[\{L\boldsymbol{r}_i\};\{\boldsymbol{R}_k\}]\psi[\{\boldsymbol{r}_i\};\{\boldsymbol{R}_k/L\}]d^3r_1 d^3r_2\cdots d^3r_N \tag{3.4}$$

となる．したがって運動エネルギーは

$$T = L^{-2}\int \psi^*[\{\boldsymbol{r}_i\};\{\boldsymbol{R}_k/L\}]\left(\sum_i\left\{-\frac{\hbar^2}{2m}\Delta_i\right\}\right)\psi[\{\boldsymbol{r}_i\};\{\boldsymbol{R}_k/L\}]d^3r_1d^3r_2\cdots d^3r_N$$
$$= L^{-2}F_1[\{\boldsymbol{R}_k/L\}] \tag{3.5}$$

と表わすことができる．また，$H[\{L\boldsymbol{r}_i\};\{\boldsymbol{R}_k\}]$ のポテンシャルエネルギーの部分は

$$\frac{1}{2L}\sum_{i,i'}\frac{e^2}{|\boldsymbol{r}_i-\boldsymbol{r}_{i'}|}-\frac{1}{L}\sum_{i,k}\frac{z_ke^2}{|\boldsymbol{r}_i-\boldsymbol{R}_k/L|}+\frac{1}{2L}\sum_{k,k'}\frac{z_kz_{k'}e^2}{|\boldsymbol{R}_k/L-\boldsymbol{R}_{k'}/L|}$$

と書けることに注意すれば，E のうちのポテンシャルエネルギー U は

$$U = L^{-1}F_2[\{\boldsymbol{R}_k/L\}] \tag{3.6}$$

と表わすことができる．したがって，

$$E = L^{-2}F_1[\{\boldsymbol{R}_k/L\}]+L^{-1}F_2[\{\boldsymbol{R}_k/L\}] \tag{3.7}$$

である．

ところで，与えられた $\{\boldsymbol{R}_k\}$ に対して，$\psi[\{\boldsymbol{r}_i\};\{\boldsymbol{R}_k\}]$ が基底状態の正しい波動関数であれば，(3.7)式は波動関数の中に導入したパラメタ L については $L=1$ で最小になる．したがって，

$$\left.\frac{\partial E}{\partial L}\right|_{L=1} = 0$$

である．(3.7)式を用いれば，上式から

$$\sum_k \boldsymbol{R}_k\cdot\nabla_k E = -2T-U \tag{3.8}$$

が得られる．$-\nabla_k E$ は系の中の他の構成要素から及ぼされる，k 番目の核に働く力である．系を釣り合わせるためには外力 $\boldsymbol{F}_k=\nabla_k E$ を加えなくてはならない．したがって，

$$\sum_k \boldsymbol{R}_k\cdot\boldsymbol{F}_k = -2T-U$$

となる．左辺はビリアルとよばれる量であり，それは $-3P\Omega$ となる．結局，(3.1)式が成り立つ．この式から物質の凝集に関しての重要な結果が得られる．まず，孤立原子系を考えると，$P=0$ であるから

$$2T_{\mathrm{a}}+U_{\mathrm{a}}=0 \tag{3.9}$$

が成り立つ．一方，固体においても平衡状態では $P=0$ であり

$$2T_{\mathrm{s}}+U_{\mathrm{s}}=0 \tag{3.10}$$

である．(3.9)式の添字 a は原子を，(3.10)式の添字 s は固体を表わす．(3.9),(3.10)式を用いると，全エネルギーの差は

$$\begin{aligned}\Delta E &= E_{\mathrm{s}}-E_{\mathrm{a}}\\ &= (T_{\mathrm{s}}+U_{\mathrm{s}})-(T_{\mathrm{a}}+U_{\mathrm{a}})\\ &= -T_{\mathrm{s}}+T_{\mathrm{a}}=\frac{1}{2}(U_{\mathrm{s}}-U_{\mathrm{a}})\end{aligned} \tag{3.11}$$

となる．固体が安定して存在する場合は $\Delta E<0$ であり，したがって，

$$T_{\mathrm{s}} > T_{\mathrm{a}} \tag{3.12}$$

$$U_{\mathrm{s}} < U_{\mathrm{a}} \tag{3.13}$$

が結論される．すなわち，固体の安定化はポテンシャルエネルギーの低下によるものであり，運動エネルギーは増大する．この一般的な結論は，イオン結合でも金属結合でも成り立つことに注意する必要がある．

金属結合でのポテンシャルエネルギーの低下は，核からの引力ポテンシャルが原子と原子の間で低下し，その部分での金属結合電子密度の増加による．一方，運動エネルギーの増加は何に起因するのだろうか？ 単純に考えれば，金属では電子の波動関数が空間的に拡がり，運動エネルギーは低下するのではないかと考えられる．しかし，この考えには，価電子の波動関数が核の近傍で激しく変化すること，すなわち，内殻をもつ場合はそれと直交する効果などが考慮されていない．原子が集合して固体を作った場合に，第0近似としては固体での電子密度は原子の電子密度の重ね合せで表わされる．したがって，核の近傍あるいは内殻領域の価電子密度は孤立原子の場合に比べて増大することになる．このために，内殻状態との直交性，あるいは内殻のない場合でも核の近傍の波動関数の激しい変化からくる運動エネルギーの増大を引き起こすと考えられる．こうした事情は，共有結合性をもつ物質の凝集においても同様に成り立つ．単純金属では，同じ sp 電子がポテンシャルエネルギーの低下と運動エネ

ルギーの増大に寄与するが，遷移金属では，自由電子的な sp 電子と，原子軌道の性質を残した d 電子という異なった性格の価電子からなっており，それらが固体の凝集においても別々の役割を果たす．その意味において遷移金属の凝集の問題を考えることは教訓的である．

なお，密度汎関数法における KS 方程式とビリアル定理についてはすこし注意する必要がある．KS 方程式に現われる運動エネルギーは，有効 1 電子ポテンシャル場での相互作用のない仮想的な系のものであって，実際の電子系のものではない．実際の電子は互いに避け合いながら運動しており，運動エネルギーの中には相関効果が含まれる．しかし，KS 方程式においては，相関効果はすべて交換相関エネルギー E_{xc} に含まれている．したがって，E_{xc} のなかには，本来は運動エネルギーであるべきものが含まれていることになる．このことを具体的に示すために，LDA の範囲で調べてみよう(A. R. Williams, J. Kübler and C. D. Gelatt, Jr.: Phys. Rev. **B19** (1979) 6094)．電子密度 $n(\boldsymbol{r})$ は長さのスケール L に対して，L^{-3} の依存性をもつことは明らかである．したがって，(2.68)式において $\varepsilon_{\mathrm{xc}}(n)$ が $n^{1/3}$ に比例しておれば，E_{xc} は L^{-1} 依存性をもち，運動エネルギーの寄与を含まないことになる．すなわち，$\varepsilon_{\mathrm{xc}}(n)$ から $n^{1/3}$ に比例する部分 $\varepsilon_{\mathrm{xc}}^{\mathrm{u}}$ を引き去れば，残りが運動エネルギーの寄与 t_{xc} になる．それは次の式で与えられる．

$$\varepsilon_{\mathrm{xc}}(n) = \varepsilon_{\mathrm{xc}}^{\mathrm{u}}(n) + t_{\mathrm{xc}}(n) \tag{3.14}$$

$$t_{\mathrm{xc}}(n) = 3n\frac{d\varepsilon_{\mathrm{xc}}(n)}{dn} - \varepsilon_{\mathrm{xc}}(n) \tag{3.15}$$

(3.14)式を(3.15)式に代入し，$\varepsilon_{\mathrm{xc}}^{\mathrm{u}}$ が $n^{1/3}$ に比例することを用いると，t_{xc} の満たす

$$t_{\mathrm{xc}}(n) = \frac{3n}{2}\frac{dt_{\mathrm{xc}}(n)}{dn} \tag{3.16}$$

が得られる．この式から，$t_{\mathrm{xc}}(n)$ が $n^{2/3}$ に比例すること，すなわち，L^{-2} に比例するので運動エネルギー密度として確かにふさわしいことが分かる．(2.69)式の交換相関ポテンシャル μ_{xc} を用いると，(3.15)式は

$$t_{\mathrm{xc}}(n)=3\mu_{\mathrm{xc}}(n)-4\varepsilon_{\mathrm{xc}}(n) \tag{3.17}$$

となる．交換相関エネルギーからの運動エネルギーへの寄与は

$$\delta T_{\mathrm{xc}}=\int d^3r\, t_{\mathrm{xc}}(n(\boldsymbol{r}))n(\boldsymbol{r}) \tag{3.18}$$

で与えられる．KS 方程式での 1 電子的運動エネルギーの和を T とし，全エネルギーにおけるその他の寄与を U とかくことにすると，ビリアル定理は，(3.1)式の代わりに

$$3P\Omega=2T+U+\delta T_{\mathrm{xc}} \tag{3.19}$$

となる．δT_{xc} は非常に小さい量である．（補章 I 参照．）

3-2 局所力の定理

物質の安定構造についての議論をするうえで，O. K. Andersen による**局所力の定理**(local force theorem)は，議論の基礎を与えてくれるので重要である．この定理の導出は Jacobsen らによる導出が簡潔であるので，ここではそれに従うことにしよう(K. W. Jacobsen, J. K. Nørskov and M. J. Puska: Phys. Rev. **B35** (1987) 7423)．そのためには，局所力の定理にはいる前にすこし準備が必要である．

密度汎関数法では，1 電子密度のみが変数であり，全エネルギーは

$$E_{\mathrm{HK}}[n]=T_{\mathrm{HK}}[n]+F[n]$$

$$T_{\mathrm{HK}}[n]=\sum\varepsilon_i[v[n]]-\int d^3r\, v[n]n$$

と表わされる．添字 HK は Hohenberg-Kohn の略である．ε_i は KS 方程式の軌道エネルギーであるが，それは密度 n から決まる有効 1 電子ポテンシャルが与えられると決まることを $\varepsilon_i[v[n]]$ として表わしている．一方，有効 1 電子ポテンシャル v をも n と並べて独立変数とすると

$$T[n,v]=\sum\varepsilon_i[v]-\int d^3r\, vn$$

となる．基底状態での n_0, v_0 のまわりで展開すると，

$$\sum_i \delta\varepsilon_i = \int d^3r\, n_0 \delta v$$

に注意して

$$\delta T[n,v]\Big|_{n_0, v_0} = -\int d^3r\, v_0 \delta n = \delta T_{\mathrm{HK}}[n]\Big|_{n_0}$$

が成り立つ．すなわち，v を独立変数に加えても，運動エネルギーの変分は δv を含まず，n だけを独立変数とみなした場合と同じになる．$F[n]$ は n だけの汎関数であるから，全エネルギー

$$E[n,v] = T[n,v]+F[n]$$

に対して

$$E[n_0+\delta n, v_0+\delta v] = E[n_0, v_0]+O(\delta n^2, \delta v^2, \delta n\delta v) \qquad (3.20)$$

となることが結論される．

ところで，局所力の定理というのは何かというと，図 3-1 に模式的に示したように，系のある部分(B)を微小変位 δR させたときの系のエネルギー変化 δE を δR の 1 次までの近似で与える表式のことである．$\delta E/\delta R$ は一般的な力であるからこの名前がついている．この問題を扱う際に(3.20)式がどのように関係するかというと，領域 A, B での電子密度と有効 1 電子ポテンシャルの変化を δR の 1 次で考慮したとしても，その変化は全エネルギーには δR の 2 次以上の寄与しかしないことを示していることである．すなわち，ここでの問題では領域 A, B での電子密度と有効 1 電子ポテンシャルの変化は考えなくてもよい

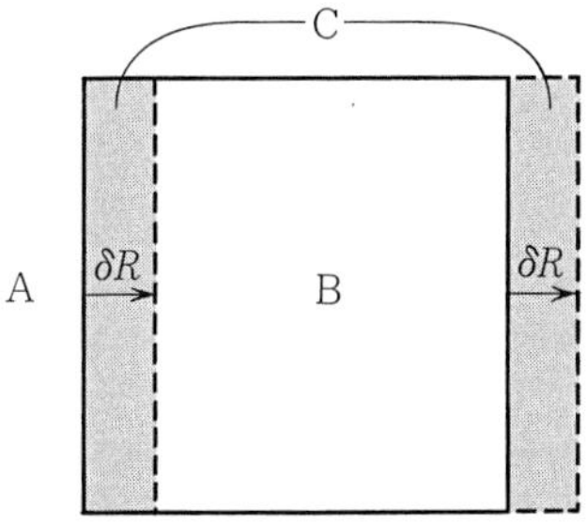

図 3-1 実線で囲まれた系の一部を，矢印のように微小変位させる．

ことを保証している．

これだけの準備をしておけば，Bの変位によるエネルギー変化を求めるのは容易である．

(i) 運動エネルギーの変化：領域A, Bではv, nは不変としてよいので，

$$\delta T = \delta\left\{\sum_i \varepsilon_i\right\} - \int_{r\in \mathrm{C}} d^3r\, vn \tag{3.21}$$

で与えられる．しかも領域Cの大きさ自身がδRのオーダーであるので，被積分関数のvnは領域A, Bをつなぐというゼロ次の近似でよい．すなわち，nは領域A, Bのカットの所でのもともとの値を用い，vとしては

$$v = \phi_{\mathrm{A+B}} + \mu_{\mathrm{xc}}(n) \tag{3.22}$$

とすればよい．ただし，$\phi_{\mathrm{A+B}}$はA, B領域から及ぼされる領域Cでの静電ポテンシャルである．

(ii) 静電エネルギーの変化：A内およびB内では不変であり，A-B間の変化分およびA+BとCとの静電相互作用の寄与がある．すなわち，

$$\delta E^{\mathrm{es}} = \delta E^{\mathrm{es}}_{\mathrm{A\text{-}B}} + \int_{r\in \mathrm{C}} d^3r\, \phi_{\mathrm{A+B}}\, n \tag{3.23}$$

となる．

(iii) 交換相関エネルギーの変化：交換相関エネルギーはA内およびB内では不変である．領域C内からの寄与として

$$\delta E^{\mathrm{xc}} = \int_{r\in \mathrm{C}} d^3r\, n\varepsilon_{\mathrm{xc}}(n) \tag{3.24}$$

となる．

(3.21)～(3.24)式をまとめると

$$\delta E = \delta\left\{\sum_i \varepsilon_i\right\} + \delta E^{\mathrm{es}}_{\mathrm{A\text{-}B}} + \int_{r\in \mathrm{C}} d^3r\, n\{\varepsilon_{\mathrm{xc}}(n) - \mu_{\mathrm{xc}}(n)\} \tag{3.25}$$

となる．(3.25)式が最終的表現である．この式の応用は以下のいくつかの節で行なう．

3-3 遷移金属の凝集性質

a) Friedel の理論

3-1 節で展開した理論に基づく定量的な議論はすこし先にのばして，まず遷移金属の凝集エネルギーに対する定性的な議論をしておこう．図 3-2 には 3d, 4d および 5d 遷移金属の凝集エネルギーが示されている．価電子数を z とすると，そのうちの約 1 個は sp バンドに属しており，残りの $z-1$ 個が d 電子と考えてよい．したがって，Cu と Ag では d 電子数が 10 となり，d バンドを完全に埋めることになる．d 電子数を n_{d} とすると，図 3-2 より，凝集エネルギーは，n_{d} の関数として $n_{\mathrm{d}}=5$ を中心とした放物線的振舞いをしていることがわかる．（$n_{\mathrm{d}}=5, 6$ での凝集エネルギーの減少は，主として原子の状態の安定性を反映している．）この振舞いは Friedel によって次のように説明された．

原子での d 状態の準位を ε_0 とすると，固体になることによりエネルギー準位は ε_0 のまわりに幅 w のバンドを作る．固体になったことによるエネルギーの得分（凝集エネルギー）は

$$E_{\mathrm{c}} = -\int^{\varepsilon_{\mathrm{F}}} n(\varepsilon)(\varepsilon-\varepsilon_0)d\varepsilon \qquad (3.26)$$

で与えられる．ただし Fermi エネルギー ε_{F} は

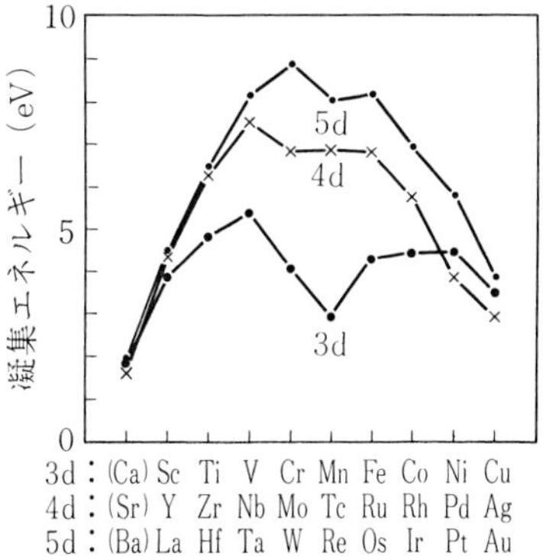

図 3-2 3d, 4d, 5d 遷移金属の凝集エネルギー．

$$n_{\mathrm{d}} = \int^{\varepsilon_{\mathrm{F}}} n(\varepsilon) d\varepsilon \tag{3.27}$$

から決まる．状態密度 $n(\varepsilon)$ が幅 w の矩形で近似できるとすると

$$E_{\mathrm{c}} = \frac{w}{20} n_{\mathrm{d}}(10 - n_{\mathrm{d}}) \tag{3.28}$$

となる．(3.28)式は明らかに $n_{\mathrm{d}}=5$ を頂点とした放物線になっており，実験データを定性的に説明している．E_{c} を実験データに合わせるように w を決めると，3d, 4d, 5d 遷移金属ではそれぞれ 5 eV, 6 eV, 7 eV となり，LDA によるバンド計算で得られる d バンド幅とよく合っている．

以上の議論から分かるように，遷移金属の凝集エネルギーの大部分は d バンドの形成によるものであり，このことから原子同士を引き寄せる原因も d バンドであろうと推察される．それでは sp 電子の役割は何なのか？ 次にこれらについてより詳しい説明を与えよう．

b） 圧力に対する電子論的解析

3-1 節でのビリアル定理から出発し，バンド計算に基づいて固体の圧力を電子論的に解析する試みがある．バンド計算の結果，l 波の動径波動関数 $R_l(r;\varepsilon)$ や状態密度 $n_l(\varepsilon)$ が得られると，圧力は次式によって計算することができる．

$$\begin{aligned} 4\pi S^2 P = \sum_l \int^{\varepsilon_{\mathrm{F}}} d\varepsilon\, n_l(\varepsilon) R_l{}^2(S;\varepsilon)[\{\varepsilon - v(S) + \mu_{\mathrm{xc}}(S) - \varepsilon_{\mathrm{xc}}(S)\}S^2 \\ +(L_l - l)(L_l + l + 1)] \end{aligned} \tag{3.29}$$

この式で S は Wigner-Seitz 球（原子球）の半径であり，対数微分 L_l は(1.87)式の D_l に S をかけて

$$L_l = S\left[\frac{\partial}{\partial r} R_l(r;\varepsilon) \Big/ R_l(r;\varepsilon)\right]_{r=S} \tag{3.30}$$

で定義されている．$v(S)$ は(2.62)式の有効 1 電子ポテンシャルの $r=S$ での値である．$\mu_{\mathrm{xc}}(S)$, $\varepsilon_{\mathrm{xc}}(S)$ は $r=S$ での電子密度に対する値であることを示す．なお，単元素からなる物質では，原子球近似を用いると，電荷の中性条件から $v(S)=\mu_{\mathrm{xc}}(S)$ である．(3.29)式は，上に述べたようにビリアル定理から求め

られたが，局所力の定理からも容易に得ることができる．それらの詳細はPettiforによる原論文に譲ることにする(D. G. Pettifor: Commun. Phys. 1 (1976) 141)．(3.29)式の右辺は角運動量 l についての和になっている．したがって，その各項を，l 波の状態からの圧力への寄与(分圧)と見なすことができる．圧力の計算は次のように解析するとわかりやすい．

圧力 P は全エネルギー E を体積 Ω で微分して得られる．すなわち，

$$P = -\frac{\partial E}{\partial \Omega} \tag{3.31}$$

格子定数を a とすると，$\Omega \propto a^3$ であるから

$$3P\Omega = -3\Omega\frac{\partial E}{\partial \Omega} = -3\frac{\partial E}{\partial \ln \Omega} = -\frac{\partial E}{\partial \ln(a/a_0)} \tag{3.32}$$

ただし a_0 は $P=0$ での格子定数とする．$x=\ln(a/a_0)$ とすると，(3.32)式を x について積分して

$$\int_x^\infty 3P\Omega dx = E(x)-E(\infty) \tag{3.33}$$

となる．$E(\infty)$ は孤立原子のエネルギーであるから，右辺は凝集エネルギーとなっている．すなわち，図3-3において斜線部分の面積が凝集エネルギーを与えるのである．図3-4にMoとCuについての計算結果を示した．Moの場合，4d状態($l=2$)からの分圧と，s($l=0$)，p($l=1$)，f($l=3$)の分圧の和とに分けて示してある．この図から分かることは，

(i) spf状態からの凝集エネルギーへの寄与は，格子定数の大きい所の寄

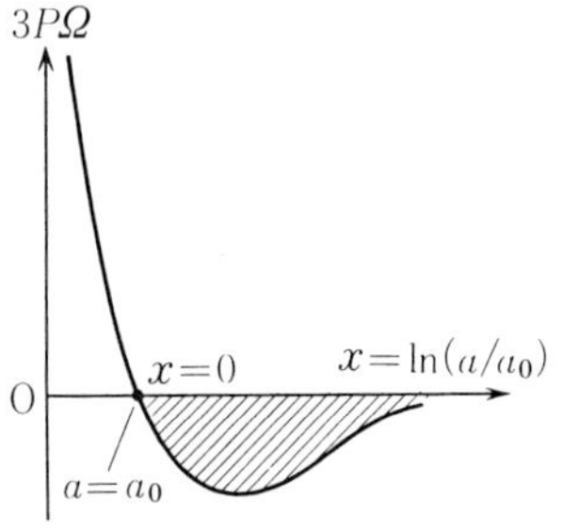

図3-3 $3P\Omega$ 対 $\ln(a/a_0)$ の模式図．斜線部分の面積が凝集エネルギーになる．

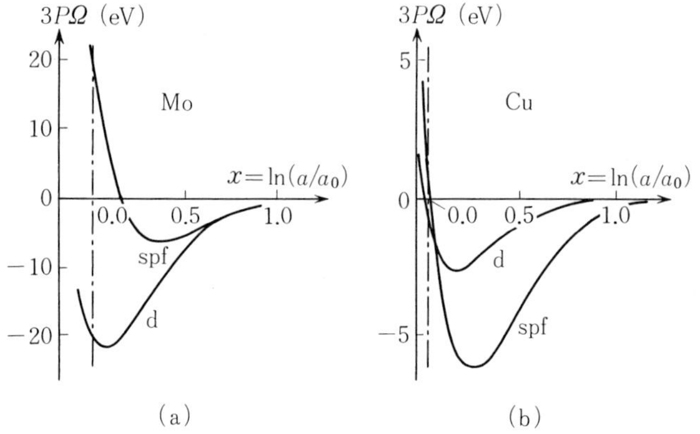

図 3-4 (a) Mo および (b) Cu における，$3P\Omega$ 対 $\ln(a/a_0)$ の計算結果．d 状態からの寄与とそれ以外の s, p, f 状態からの寄与に分けてある．(A. R. Williams, C. D. Gelatt, Jr. and J. F. Janak: *Theory of Alloy Phase Formation*, ed. by L. H. Benett (The Metallurgical Society of AIME, 1980) p. 40.)

与と，小さい所の寄与が正負で打ち消し合っているので小さい．

(ii) 凝集エネルギーはほとんど 4d 状態で決まっている．

(iii) 平衡格子定数($\ln(a/a_0)=0$)の所では，4d からの強い引力に対して，spf からの強い斥力が釣り合っている．

である．Cu についての結果はまず縦軸のスケールが Mo のときの 1/4 の大きさになっていることに注目する必要がある．その上で，凝集エネルギーへの寄与は 3d 状態よりもむしろ spf 状態が主であることがわかる．それにもかかわらず，平衡格子定数では 3d 状態の引力と spf の斥力が釣り合っている．Cu の 3d バンドはつまっているのであるが，s-d 混成により d 状態が ε_F より上に存在していることが，3d 状態からの凝集エネルギーへの寄与と，平衡格子定数での負の圧力の原因となっている．

Friedel の理論からも推測されるように，$n_d \cong 5$ の遷移金属では d バンドによる凝集力が非常に強く，原子同士を強く引きつけて体積を小さくしている．そのために spf 状態の波動関数は強く圧縮されて，運動エネルギーが高まり斥力を及ぼすことになる．

固体におけるこうした凝集機構そのものを，実験的に検証することは容易ではないが，固体表面において間接的ではあるが，その妥当性を示す事実が存在することは興味深い．固体内部ではd電子により原子が互いに強く引きつけられると，spf電子は強制的に狭い空間に押し込められる．しかし，片側が真空になっている固体表面においては，原子に局在していないspf電子は真空側に逃げることができ，その結果として原子同士はより近づくことが可能になる．したがって，2つのことが実験的に観測されるはずである．1つは，表面近くでは面間距離が固体内部に比べて短くなっていること．次に，真空側にしみ出したspf電子の分布である．前者については，dバンドが半分詰まりdバンド凝集の強い場合には，表面での面間距離が10%近くも短くなっていることを指摘するにとどめる．後者は仕事関数に関係している．仕事関数とは，固体内の電子を真空中に引き出すのに必要な最小エネルギーのことであり，それはバルクの固体で決まるFermiエネルギーと，固体表面での電気2重層に起因する静電ポテンシャルとで決まる．イオンの電荷分布を簡単のために一様にならしてしまい，それが切れているところが固体表面であるとする．価電子は，イオンの電荷分布と完全には重なり合わず，真空側にしみ出す．その結果，固体表面には固体側に＋，真空側に－の電荷の層ができる．これが電気2重層である．電子を固体から真空に引き出すとき，この電気2重層による静電ポテンシャルの障壁を越すことになる．実験で得られた仕事関数と，計算で得られたFermiエネルギーを用いて，表面での電気2重層によるポテンシャル障壁の大きさを見積もった結果が図3-5に示されている．ここに見られるd電子数

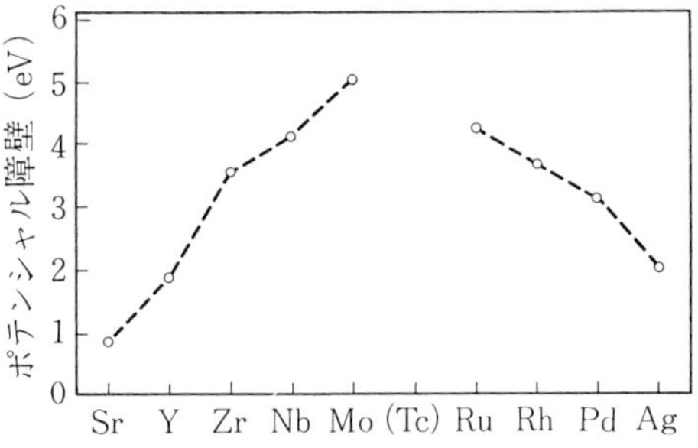

図3-5 固体表面での電気2重層によるポテンシャル障壁の高さ．

依存性は，凝集エネルギーの場合と同じように放物線的振舞いを示す．d バンド凝集が強いほど，表面電気 2 重層によるポテンシャル障壁が大きいということは，遷移金属の凝集における d 電子，spf 電子の役割についての理論的解析からの予測とよく符合している．

c） 結晶構造

遷移金属の結晶構造は図 3-6 に示したとおりである．3d での磁性が関わる場合を除くと，d 電子数の増加とともに hcp→bcc→hcp→fcc と変化していくことがわかる．bcc，fcc，hcp などの原子が密につまった結晶構造では，相互の間の原子の並びの本質的な違いはわずかだと考えることができる．したがって，3-2 節での局所力の定理での変位 δR を抽象化して，これらの結晶構造の違いを表わすと考え，(3.25)式の δE を結晶構造間のエネルギー差と見なす．これらの稠密構造では Wigner-Seitz 胞をそれと同体積の球(Wigner-Seitz 球あるいは原子球)で近似し，結晶のポテンシャルおよび電子密度分布を球対称とする近似がよく成り立つ．原子球が空間を隙間なく埋めるとすると，領域 C は存在しないことになり，(3.25)式の第 3 項は消える．また，各原子球は中性でありしかもその中での電子密度分布が球対称であるから，原子球間の小さい重なりを無視することにすれば第 2 項も消える．したがって，第 1 項の 1 電子エネルギーの寄与だけが残ることになる．

価電子数	3	4	5	6	7	8	9	10	11
3d	Sc hcp	Ti hcp	V bcc	Cr bcc	Mn (bcc)	Fe bcc	Co hcp	Ni fcc	Cu fcc
4d	Y hcp	Zr hcp	Nb bcc	Mo bcc	Tc hcp	Ru hcp	Rh fcc	Pd fcc	Ag fcc
5d	La hcp	Hf hcp	Ta bcc	W bcc	Re hcp	Os hcp	Ir fcc	Pt fcc	Au fcc

図 3-6 常温，常圧での遷移金属の結晶構造．Mn については 4-1 節 e 項を参照のこと．

以上の考察から，稠密な結晶構造間のエネルギー的安定性を議論するには次のようにすればよいことになる．例えば，fcc 構造を仮定して LDA によるセルフコンシステントなバンド計算を行ない，原子球内の有効 1 電子ポテンシャルを求める．同一の原子球体積をもった bcc や hcp などの別の構造に対して，fcc 構造で得られた有効 1 電子ポテンシャルを用いてバンド計算を行ない，構造の違いによる 1 電子エネルギーの差を求める．この手順による計算結果を図 3-7 に示すが，大部分の遷移金属に対して正しい結果となっていることがわかる．こうした計算は必ずしもこのような手順による必要はなく，各結晶構造について，完全にセルフコンシステントな計算を行ない，全エネルギーを直接に比較することも容易に行なうことができる．ただし，局所力の定理に基づいて 1 電子エネルギーの差だけで議論できる方が結果の解析が容易である．

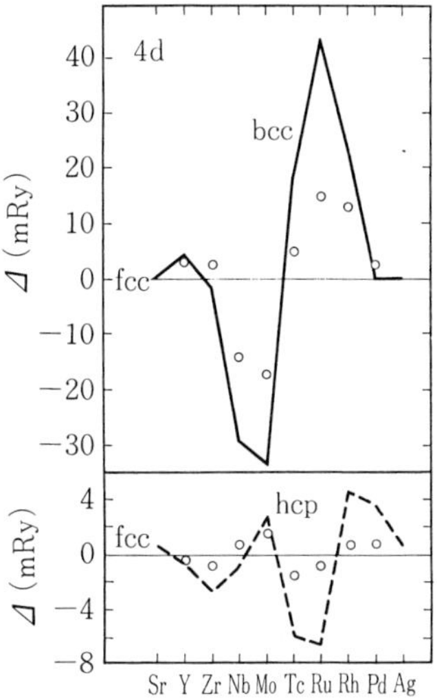

図 3-7 fcc 構造のエネルギーを基準とした，bcc および hcp 構造のエネルギー．局所力の定理に基づき，fcc 構造で得られたセルフコンシステントな有効 1 電子ポテンシャルを，bcc および hcp 構造の計算にも用いた．白丸は実験データ．(H. L. Skriver: Phys. Rev. **B31** (1985) 1909.)

そのことを説明する前に，周期表の右端の方にある遷移金属についての注意を述べておこう．原子球内での球対称なポテンシャルの仮定，あるいは 1-5 節で示したマフィン・ティンポテンシャルの仮定に基づく計算では，周期表の右端の方にある遷移金属が fcc であるべきにもかかわらず bcc が安定になってしまうことが多い．d 電子の数が 10 に近づくにつれて d バンドによる凝集エネルギーが小さくなり，それに伴って結晶構造間のエネルギー差も小さくなる．したがって，電子密度分布および有効 1 電子ポテンシャルの形をより正確に扱うことが必要となってくる．例えば，マフィン・ティンポテンシャルを用いると，Au が bcc 構造になってしまうが，FLAPW 法による詳しい計算を行なうと正しく fcc 構造の安定性を導き出すことができる．

いくつかの例外的な場合を除けば，結晶構造による全エネルギーの差は 1 電子エネルギーの差でよく近似できることがわかった．また全エネルギーへの 1 電子エネルギーの寄与(これを**バンドエネルギー**とよぶ)は，状態密度 $n^{\alpha}(\varepsilon)$ を用いて

$$E_{\mathrm{b}}^{\alpha} = \sum_{i:\mathrm{occup}} \varepsilon_i^{\alpha} = \int^{\varepsilon_{\mathrm{F}}^{\alpha}} \varepsilon n^{\alpha}(\varepsilon) d\varepsilon \tag{3.34}$$

となる．ただし，α は結晶構造を指定する．どのような状態密度の場合に E_{b} が小さくなるかをごく定性的に調べてみよう．

図 3-8(a)に模式的に示したように，1 つの結晶構造(1)では Fermi レベル近くで状態密度が平坦であり，(2)の構造ではへこみがあるとしよう．2 つの構造での E_{b} の違いを考えると，(1)の場合のロの部分の寄与が(2)の場合のイの

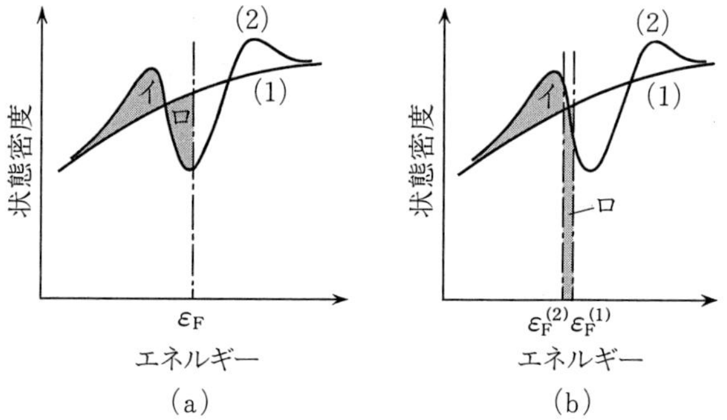

図 3-8 Fermi レベル近傍での状態密度における構造と，結晶構造の安定性の関係．(a)および(b)のいずれの場合も，図中の(2)の状態密度を与える結晶構造が，(1)に対応する結晶構造より安定になる．

部分に移されたと見なすことができる．したがって，明らかに(2)の場合の方がエネルギーが低くなる．もうすこし電子数が減少して図 3-8(b)のようになった場合には，2 つの構造で ε_F が違う．図 3-8(b)でもイとロの面積が等しくなくてはならない．そうすれば図 3-8(a)と同じように考えて，やはり(2)の場合の方がエネルギーが低くなる．以上の議論からわかるように，Fermi レベ

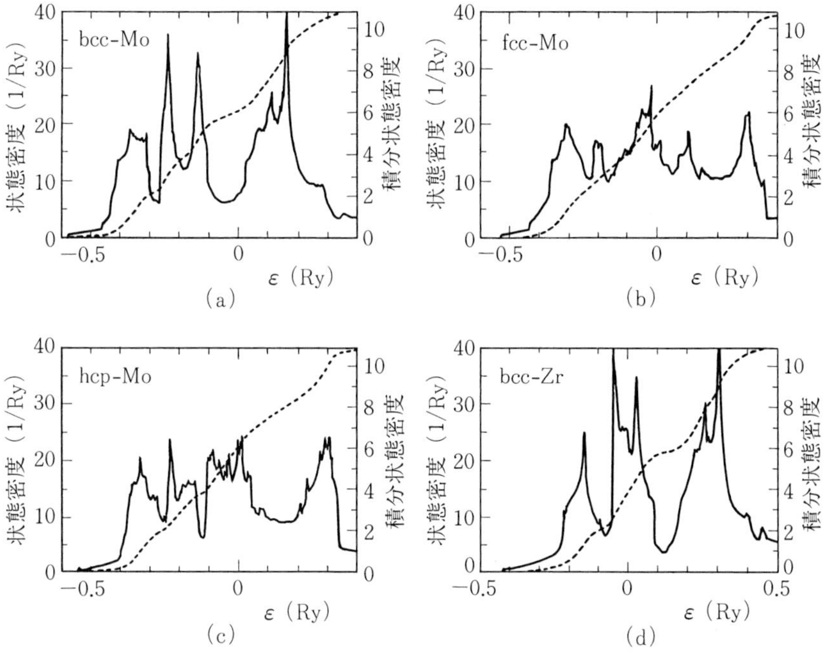

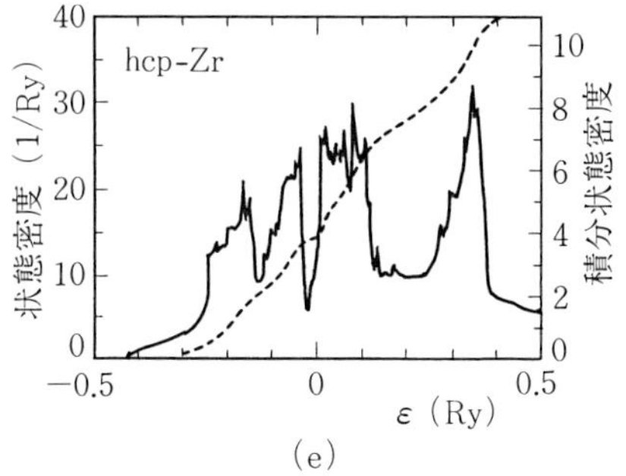

図 3-9 Mo のポテンシャルによる，(a) bcc，(b) fcc，(c) hcp の状態密度(実線)と積分状態密度(点線)，および，Zr のポテンシャルによる，(d) bcc，(e) hcp の対応する量．(浅田寿生氏の好意による.)

ルの近傍で状態密度に顕著なへこみがあれば，必ずしもFermiレベルがそのへこみにかかっていなくともバンドエネルギーが小さくなる傾向がある．

bcc，fcc，hcpの遷移金属の状態密度を図3-9に示した．(a)～(c)はMoのポテンシャルを用いたものである．価電子数が4辺りでのhcp，7～8のhcpおよび5～6のbccに対しては，Fermiレベルの近くに状態密度のへこみがあることが明らかに見てとれる．しかしながら，価電子数が4辺りではbcc構造にも状態密度に顕著なへこみがあり，hcpとbccの相対的安定性が直ちに理解できるというわけにはいかない．ところで，(d)と(e)にはZrを用いた場合のbccとhcpの状態密度が示されている．興味深いことは，Zrの場合には明らかに，価電子数が4辺りではhcpでの状態密度のくぼみがより顕著になり，bccではくぼみが消えてしまうことが見て取れる．さらにまた，Zrの場合のbccでは，価電子数が5～6での状態密度のくぼみは弱められている．一般に，遷移金属のdバンドの形は元素にあまりよらないので，Moのポテンシャルを用いた(a)～(c)だけから定性的なことは説明できるが，それぞれの物質が固有の構造となるには，元素の個性が効いていることも上の議論から明らかである．いずれにせよ，遷移金属のように状態密度が大きく，著しい構造をもつ場合には，結晶構造間のエネルギー差も大きく，結晶構造の安定性が状態密度の様子と密接に関連している．

3-4 典型元素単体の結晶構造

単純金属ともよばれるアルカリ金属やAlから，共有結合性の強いIV～VI族からなる単元素物質の安定構造もLDAに基づく全エネルギー計算でほぼ正しく再現することができる．例えば，Siについての擬ポテンシャルによる構造安定性の計算は，そうした計算の典型的な例であり，図3-10に示した．この計算では，常圧下ではいくつかの構造のうちダイヤモンド構造が最も安定であり，平衡格子定数は0.4%の誤差，体積弾性率は1.0%の誤差で与えられている．また，体積を小さくしていくとβ-スズ構造が安定となり，ダイヤモンド

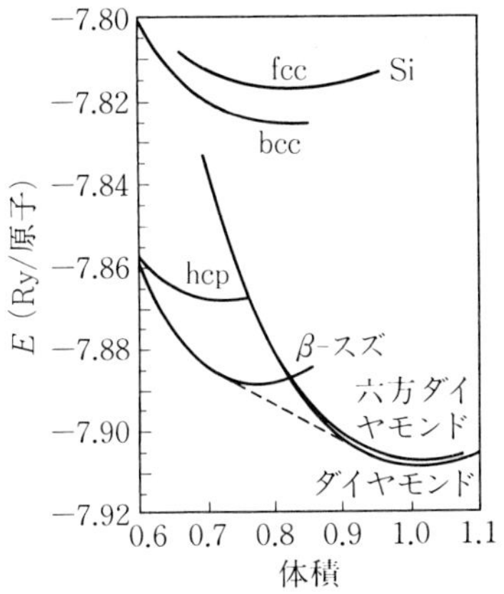

図 3-10 種々の結晶構造での Si のエネルギーの計算結果.（M. T. Yin and M. L. Cohen: Phys. Rev. **B 26** (1982) 5668.）

構造の場合の $E(V)$ 曲線との共通接線から得られる，圧力誘起構造相転移の臨界圧力が 9.9 GPa と与えられる．その実験値は 12.5 GPa である．この計算は安定構造に対して，LDA の計算が十分に高い信頼度の結果を与えてくれることを示す例としてよく引用される．

ところで，遷移金属の凝集性質に対して，いろいろな観点から物理的内容を探ったが，その他の場合には擬ポテンシャルによる摂動理論によって統一的な議論が展開されてきた．まず全エネルギーを

$$E = E_0 + E_{\mathrm{E}} + E_{\mathrm{bs}} \tag{3.35}$$

と 3 つの寄与に分ける．ここで，E_0 は結晶構造によらず，主として平衡格子定数を決める項である．E_{E} は Ewald 項とよばれ，一様電子ガスの中に点イオンが配置されている場合(ただし全体として電気的に中性)の静電エネルギーであり，E_{bs} は擬ポテンシャルの 2 次摂動からくる項でバンド構造を反映するものである．E_{E} と E_{bs} は結晶構造に依存する．各項の中味を順に説明していくことにする．

a) E_0：結晶構造によらない寄与

E_0 としては一様電子ガスの中に擬ポテンシャルをもちこみ，その 1 次摂動までを考慮する．自由電子ガスでの運動エネルギー，電子間相互作用，イオンからのポテンシャルの 3 つの寄与がある．

（i） 運動エネルギー

$\varepsilon_k=\dfrac{\hbar^2}{2m}k^2$ として，これを Fermi 準位まで加えると 1 電子当たりの運動エネルギーは

$$E_{\mathrm{kin}}=\frac{1}{N}\sum_{k\leqq k_{\mathrm{F}}}\varepsilon_k=\frac{3}{5}\varepsilon_{\mathrm{F}} \tag{3.36}$$

ただし $\varepsilon_{\mathrm{F}}=\dfrac{\hbar^2}{2m}k_{\mathrm{F}}{}^2$ は Fermi エネルギーである．

（ii） イオンからのポテンシャルエネルギー

イオンからの擬ポテンシャルとしては，Animaru と Heine のモデルポテンシャルを用いよう（A. O. E. Animaru and V. Heine: Phil. Mag. 12（1965）1249）．それは図 1-6 に破線で示した Ashcroft の空内殻ポテンシャルにおいて，内殻領域（$r<r_c$）でのポテンシャルをゼロではなく $-A_0$ として，新しい調節パラメタ A_0 を導入したものである．それを用いると，1 次摂動での 1 電子当たりのポテンシャルエネルギーは

$$\begin{aligned}V_{\mathrm{ion}}&=\frac{1}{(4\pi/3)S^3}\int_0^S v_{\mathrm{ps}}^{\mathrm{ion}}(r)\cdot 4\pi r^2dr\\&=-\frac{3ze^2}{2S}+\frac{3ze^2r_c{}^2}{2S^3}-A_0\frac{r_c{}^3}{S^3}\end{aligned} \tag{3.37}$$

で与えられる．ただし S は原子球の半径である．

（iii） 電子間相互作用

電子間の静電エネルギーを見積もるのに次のように考える．一様電子ガス中にイオン芯が配置されており，全体として電気的に中性であるとする．Wigner-Seitz 胞を原子球で近似し，各原子球内でも電気的に中性であれば，原子球間の Coulomb 相互作用は消える．したがって，電子間の静電エネルギーも原子球内でだけ求めればよい．半径 S の球内に z 個の電子が一様に分布しているとき，電子の感じる Coulomb ポテンシャルは

$$\varphi_{\mathrm{e}}(r)=\frac{3ze^2}{2S}\left\{1-\frac{1}{3}\left(\frac{r}{S}\right)^2\right\}\qquad(r<S) \tag{3.38}$$

で与えられる．したがって，電子間の相互作用静電エネルギーは

$$V_{\text{e-e}} = \frac{1}{2}\cdot\frac{1}{(4\pi/3)S^3}\int_0^S \varphi_{\text{e}}(r)\cdot 4\pi r^2 dr = \frac{3ze^2}{5S} \tag{3.39}$$

となる．

以上の静電エネルギーの他に，(2.44)式で与えられる交換エネルギー，さらに相関エネルギー U_{c} を考慮する．これら全ての寄与を Rydberg 原子単位で表わすと，1電子当たり

$$E_0 = \frac{2.21}{r_s{}^2} - \frac{0.916}{r_s} + U_{\text{c}}(r_s) - \frac{1.8z}{S} + \frac{3z}{S}\left(\frac{r_c}{S}\right)^2 - A_0\left(\frac{r_c}{S}\right)^3 \tag{3.40}$$

となる．ただし，第1項は(3.36)式からの寄与であり，S と r_s の間には Bohr 半径 a_{H} を用いて

$$r_s a_{\text{H}} = z^{-1/3} S \tag{3.41}$$

の関係がある．$U_{\text{c}}(r_s)$ としては例えば，Nozières と Pines による

$$U_{\text{c}}(r_s) = -0.115 + 0.031 \ln r_s$$

を用いればよい．原子球の半径は

$$\frac{\partial E_0}{\partial S} = 0 \tag{3.42}$$

から求められる．以上の近似理論は明らかに自由電子近似の成り立つ単純金属でしか正当化されない．

ここでの近似理論で得られた S の値と実験値との比較は 表3-1 に示してある．近似の単純さにもかかわらず，全体的な一致はかなり満足できるものである．

表 3-1 (3.40)式，(3.42)式から求められた Wigner-Seitz 球半径とその実験値(単位は Bohr 半径)．(V. Heine and D. Weaire: *Solid State Physics*, ed. by H. Ehrenreich, F. Seitz and D. Turnbull, vol. 24 (Academic Press, 1970) p. 250 より.)

	Li	Na	Mg	Al	K	Zn	Ga	Ca
計算値	3.76	4.24	3.70	3.26	5.36	3.09	3.09	4.48
実験値	3.26	3.93	3.34	2.98	4.86	2.90	3.15	4.12

b） E_{E} **: Ewald エネルギー**

一様電子ガスのなかにイオン芯が配置されている場合の静電エネルギーを計算する際に，これまではWigner-Seitz胞を球で近似してきた．そのときの静電エネルギーは(3.37)式第1項と(3.39)式の和で与えられ，それが(3.40)式右辺第4項の $-1.8z/S$ である．bcc，fcc，hcp構造でのWigner-Seitz胞はかなり球に近いので，上記の静電エネルギーを $-\alpha z/S$ と書くと α の値は1.8に非常に近いが少しずれている．各結晶構造での α の値は1.79186（bcc），1.79175（fcc），1.79168（hcp）などである．典型的な稠密構造での α の値の差は 10^{-4} のオーダーであるから，Ewaldエネルギーからくる結晶構造間のエネルギー差は0.1 mRy程度である．前節で議論した遷移金属の場合にはこの程度の値は無視して差しつかえないのであるが，アルカリ金属などでは決定的な役割を果たすことがある．K, Rb, Csがbcc構造をとるのはEwaldエネルギーによるとする説もある．

c） E_{bs} **: バンド構造の効果**

擬ポテンシャルの摂動論で考えれば，原子間の相互の位置関係は2次摂動以上から考慮されることになる．つまり，ある原子で散乱された電子が別の原子でふたたび散乱される効果がはいるので，この2つの原子の相対的な位置関係が問題になるわけである．E_{bs} を求める方法には，$\boldsymbol{k}$ 空間で取り扱うものと，実空間で取り扱うものがあるが，後者の方が物理的直感に訴えると思われるので，ここではその方法に従う．

自由電子ガス中の原点に1つのイオンポテンシャル $v_{\mathrm{ps}}^{\mathrm{ion}}(\boldsymbol{r})$ を置く．それを遮蔽するために電子ガス中に電子密度のゆらぎ $\delta n(\boldsymbol{r})$ が生じる．$\boldsymbol{R}$ の位置に置かれた第2のイオンが $\delta n(\boldsymbol{r})$ による遮蔽ポテンシャル $v_{\mathrm{sc}}(\boldsymbol{r})$ を感じることによって，第1のイオンと第2のイオンが相互作用する．イオンの擬ポテンシャルのFourier成分を $v_{\mathrm{ps}}^{\mathrm{ion}}(q)$ とし，

$$v_{\mathrm{ps}}^{\mathrm{ion}}(q) = -\frac{4\pi e^2}{q^2}z(q) \tag{3.43}$$

により，イオンの有効電荷密度 $z(q)$ を定義する．上述の第1のイオンと第2

のイオンの相互作用エネルギーは

$$\Phi_{\mathrm{bs}}(R) = -\int d^3r\, v_{\mathrm{sc}}(\boldsymbol{r}) z(\boldsymbol{r}-\boldsymbol{R})$$
$$= -\frac{\Omega}{N}\sum_q v_{\mathrm{sc}}(q) z(q) e^{i\boldsymbol{q}\cdot\boldsymbol{R}} \tag{3.44}$$

となる．ただし，右辺のマイナス符号は，ポテンシャルは電子が感じるものとしてあるからである．Ω は単位胞の体積，N は系のもつイオンの数である．Fourier 変換は

$$z(q) = \frac{1}{\Omega}\int d^3r\, e^{i\boldsymbol{q}\cdot\boldsymbol{r}} z(\boldsymbol{r})$$

$$v_{\mathrm{sc}}(q) = v_{\mathrm{sc}}(-q) = \frac{1}{\Omega}\int d^3r\, e^{-i\boldsymbol{q}\cdot\boldsymbol{r}} v_{\mathrm{sc}}(\boldsymbol{r})$$

で定義されている．v_{sc} は，$v_{\mathrm{ps}}^{\mathrm{ion}}$ と，それが自由電子に遮蔽された v_{ps} とは

$$v_{\mathrm{ps}}(q) = v_{\mathrm{sc}}(q) + v_{\mathrm{ps}}^{\mathrm{ion}}(q) \tag{3.45}$$

の関係で結ばれる．電子密度のゆらぎ δn は v_{ps} によってセルフコンシステントに誘起されるとして，摂動計算から

$$\delta n(q) = \chi(q) v_{\mathrm{ps}}(q) \tag{3.46}$$

が得られる．ただし，$\chi(q)$ は分極率であって自由電子ガスでは

$$\chi(q) = -\frac{3n}{2\varepsilon_{\mathrm{F}}}\left\{\frac{1}{2} + \frac{4k_{\mathrm{F}}^2 - q^2}{8qk_{\mathrm{F}}}\ln\left|\frac{2k_{\mathrm{F}}+q}{2k_{\mathrm{F}}-q}\right|\right\} \tag{3.47}$$

となる．(1.46)式の誘電率は

$$\epsilon(q) = 1 - \frac{4\pi e^2}{q^2}\chi(q) \tag{3.48}$$

で与えられる．(3.46)式の遮蔽電子密度による遮蔽ポテンシャルは

$$v_{\mathrm{sc}}(q) = \frac{4\pi e^2}{q^2}\chi(q) v_{\mathrm{ps}}(q) \tag{3.49}$$

となる．(3.43)，(3.49)式を用いると(3.44)式は

$$\boldsymbol{\Phi}_{\mathrm{bs}}(R) = \frac{\Omega}{N}\sum_{q}\chi(q)v_{\mathrm{ps}}^{\mathrm{ion}}(q)v_{\mathrm{ps}}(q)e^{i\boldsymbol{q}\cdot\boldsymbol{R}}$$

$$= \frac{\Omega}{N}\sum_{q}\epsilon(q)\chi(q)|v_{\mathrm{ps}}(q)|^2 e^{i\boldsymbol{q}\cdot\boldsymbol{R}} \tag{3.50}$$

で与えられる．E_{bs} は $\boldsymbol{\Phi}_{\mathrm{bs}}$ を全てのイオン対についての和をとることにより

$$E_{\mathrm{bs}} = \frac{1}{2N}\sum_{l\neq l'}\boldsymbol{\Phi}_{\mathrm{bs}}(\boldsymbol{R}_l - \boldsymbol{R}_{l'}) \tag{3.51}$$

で与えられる．構造因子 $S(\boldsymbol{q})$ を

$$S(\boldsymbol{q}) = \frac{1}{N}\sum_{l} e^{i\boldsymbol{q}\cdot\boldsymbol{R}_l} \tag{3.52}$$

で定義すると，(3.51)式は

$$E_{\mathrm{bs}} = \frac{\Omega}{2}\sum_{\boldsymbol{q}}\epsilon(q)\chi(q)|v_{\mathrm{ps}}(q)|^2|S(\boldsymbol{q})|^2 \tag{3.53}$$

となる．これは(3.51)式での $l=l'$ の項を含むがその項は原子配置によらない．

対相互作用の(3.50)式をもうすこし詳しく調べることにしよう．$v_{\mathrm{ps}}(q)$ に(1.45)式を用い，

$$v_{\mathrm{ps}}^{\mathrm{ion}}(q) = \frac{4\pi z e^2}{\Omega q^2}M(q) \tag{3.54}$$

とおいて(3.50)式に代入し，さらに $\boldsymbol{q}$ についての和を積分におきかえると

$$\boldsymbol{\Phi}_{\mathrm{bs}}(R) = \frac{8z^2e^4}{R}\int_0^\infty dq\,\frac{\chi(q)}{\epsilon(q)}|M(q)|^2\frac{\sin qR}{q^3} \tag{3.55}$$

が得られる．$v_{\mathrm{ps}}^{\mathrm{ion}}$ として Ashcroft の空内殻モデルを用いれば(3.54)式の $M(q)$ は(1.44)式より $M(q)=-\cos qr_c$ である．また，$\epsilon(q)$ としては(3.48)式に交換相関の効果を補正したものとして

$$\epsilon(q) = 1-\frac{4\pi e^2}{q^2}\{1-f(q)\}\chi(q) \tag{3.56}$$

とし，$f(q)$ としては一丸と内海の結果を用いることにする(S. Ichimaru and K. Utsumi: Phys. Rev. **B24** (1981) 7385)．

d) 具体例

3-4 節 a 項では，イオンの擬ポテンシャルを 1 次摂動として取り入れた電子ガスの全エネルギーから，結晶の平衡体積が近似的には与えられることを示した．Ewald エネルギー $E_{\rm E}$ も，バンド構造によるエネルギー $E_{\rm bs}$ も平衡体積によっているので，これら全てを加えたエネルギーを最小にするようにすれば，より改良された平衡体積が得られる．このようにして，あるいは別の方法によって，平衡体積が決まっているとして，結晶構造がどのように決まるかをもうすこし詳しく議論しよう．

(3.55)式にイオン間の直接の Coulomb 相互作用を加えて

$$\boldsymbol{\Phi}(R) = \frac{z^2e^2}{R}+\boldsymbol{\Phi}_{\rm bs}(R) = \frac{z^2e^2}{2R}\boldsymbol{\Phi}_{\rm red}(R) \tag{3.57}$$

によって $\boldsymbol{\Phi}_{\rm red}(R)$ を定義し，この振舞いを調べよう．ここで重要になるパラメタは電子密度に関係する(3.41)式の r_s と，イオンの擬ポテンシャルを特徴づける内殻の半径 r_c である．$\boldsymbol{\Phi}_{\rm red}(R)$ の R が大きい所での漸近的振舞いは

$$\boldsymbol{\Phi}(R) \propto \{\cos(2k_{\rm F}r_c)\}^2\frac{\cos 2k_{\rm F}R}{(2k_{\rm F}R)^3} \tag{3.58}$$

で与えられる．$2k_{\rm F}$ の振動は Friedel 振動と呼ばれるものであり，Fermi 面の存在を反映したものである．第 1 因子は擬ポテンシャルの $q=2k_{\rm F}$ の Fourier 成分の寄与である．イオン間距離 R は無次元化して

$$x = 2k_{\rm F}R/2\pi$$

で測ることにする．まず，$\boldsymbol{\Phi}_{\rm red}(x)$ が r_s と r_c にどのように依存するかを見てみよう．

図 3-11 は，r_s を固定して，r_c/r_s を 0.42, 0.50, 0.58 と変えたときの $\boldsymbol{\Phi}_{\rm red}(x)$ の振舞いの違いを，いくつかの r_s について示したものである．(長さの単位を Bohr 半径 $a_{\rm H}$ としている.) この図で $r_c/r_s=0.58$ の場合(実線)に，r_s を変化させた場合を比べてみると，r_s が大きいときは $x\sim1.4$ に鋭い谷をもっているが，r_s が小さくなるにつれてその谷は浅くなり，斥力の部分のすそに埋没してしまうことがわかる．r_s を固定して r_c/r_s を変化させた場合に，r_c/r_s が 0.58 から

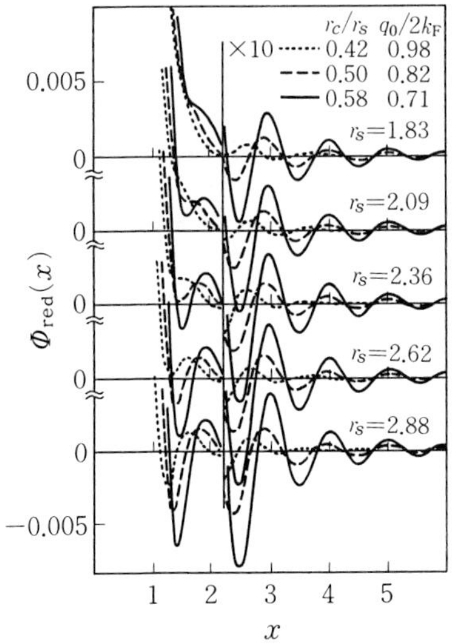

図 3-11 異なった r_c/r_s および r_s に対する $\boldsymbol{\Phi}_{\rm red}(x)$．なお，1-3節c項より $q_0=\pi/2r_c$ であるので $q_0/2k_{\rm F}=0.409\,r_s/r_c$ である．(J. Hafner and V. Heine: J. Phys. **F13** (1983) 2479.)

0.42 に近づくにつれて，

（i） $\boldsymbol{\Phi}_{\rm red}(x)$ の振動は x の小さい方へ移動する．

（ii） $\boldsymbol{\Phi}_{\rm red}(x)$ の振動の振幅が減少する．

（i）のために，$r_s \leqq 2.36$ では x のいちばん小さい所での谷は $r_c/r_s=0.42$ に対しては斥力ポテンシャルのすそに埋没して消えてしまう．上記(ii)については(3.58)式から理解できる．$k_{\rm F}$ は r_s とは

$$k_{\rm F} = \left(\frac{9\pi}{4}\right)^{1/3}\frac{1}{r_s} \tag{3.59}$$

の関係があるので，(3.58)式での Friedel 振動が消える条件は

$$2k_{\rm F}r_c = 2\left(\frac{9\pi}{4}\right)^{1/3}\frac{r_c}{r_s} = \frac{\pi}{2}$$

である．すなわち，

$$\frac{r_c}{r_s} = \frac{\pi}{4}\left(\frac{4}{9\pi}\right)^{1/3} = 0.409$$

となる．したがって，図 3-11 での $r_c/r_s=0.42$ は Friedel 振動がほとんど消える場合に対応している．

周期表の第3周期にある Na～P までの擬ポテンシャルに対して r_c を決め，実際の結晶構造から r_s を評価して $\Phi_{\mathrm{red}}(x)$ を求めたものが図 3-12 に示してある．図の横に r_s と r_c/r_s の値も示しておいた．したがって，この図におけるそれぞれの物質についての $\Phi_{\mathrm{red}}(x)$ の振舞いは図 3-11 とよく対応していることがわかるであろう．さて，この図から次のような興味深いことを読み取ることができる．図中の横軸に沿っての縦棒は fcc や hcp 構造での第1，第2，第3，… 近接原子の位置を示しており，その上の数字はそれぞれの近接原子の数を示す．また，それぞれの曲線の○印は，最稠密構造での第1近接原子の位置に対応する．まず，Na から Al までは最稠密構造での第1近接原子の位置は原子間相互作用エネルギーの第1の谷にちょうど一致しており，実際に，最稠密構造が実現されていることとよく符合している．Mg について fcc と hcp を比較

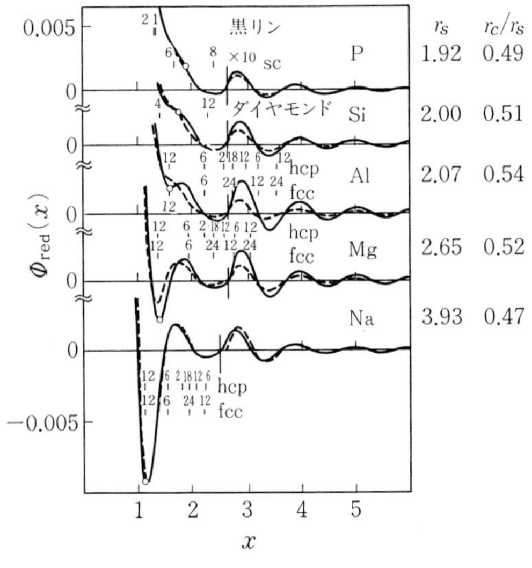

図 3-12 実線は Na～P に対する $\Phi_{\mathrm{red}}(x)$．破線は $r_c/r_s=0.48$ と固定した場合．横軸に沿っての短い縦棒は，sc（単純立方格子），fcc（面心立方格子），hcp（六方最密格子）における近接格子点の位置であり，その上の数字はそれぞれの近接格子点の数．各物質の r_s と r_c の値も示されている．（J. Hafner and V. Heine: J. Phys. **F13** (1983) 2479.）

するのは面白い．fcc では第 4 と第 5 近接原子の位置が $\Phi_{\mathrm{red}}(x)$ の 2 つ目のピークにかかっている．hcp ではその辺りの原子の分布を散らばらすことによって，このピークにかかる原子の数を減らしている．したがって，Mg では hcp が fcc より安定であることが理解できる．Na でも fcc での第 3 近接原子の分布が hcp では散らばっており，そのことによって第 1 のピークにかかる割合を減らし，第 2 の谷に落ち込む割合を増すことによって hcp が安定化される．一方，Al では，第 2 のピークのところでの分布を見れば，fcc が安定化されるのがわかる．Si になると，最稠密構造での第 1 近接原子は $\Phi_{\mathrm{red}}(x)$ のむしろふくらみのところに位置してしまう．したがって，全体の体積を一定に保つためにいくつかの原子はより近づき，残りは離れることによってエネルギーが低下できる．このとき，$\Phi_{\mathrm{red}}(x)$ が x の小さいところ($x\sim1.4$)で急激に立ちあがりはじめるので，そこが原子が近づける限界になっている．このようにして，最稠密構造よりも，もっと原子分布がオープンなダイヤモンド構造が実現される．P の場合も，同様に最稠密構造が不安定である．まずは fcc や hcp よりも sc(単純立方格子)の方が安定なことは図から読み取れる．黒リンは sc から導かれる特殊な構造であり，第 1 近接の原子間距離は 2.224 Å で配位数が 2，第 2 近接は 2.244 Å でほとんど第 1 近接と同じ距離であり，配位数は 3 である．Si や P のように共有結合性の強い物質を，ここで述べてきたような擬ポテンシャルの 2 次摂動理論で扱いきれるわけではないが，第 1 近似としては特徴的な部分がみごとに説明できるのは興味深い．

3-5 Car-Parrinello の方法

2-3 節 c 項で，電子状態の解法としての Car-Parrinello の方法の意義を説明したが，この方法の本来の意義は，原子の位置を動かしながら同時に電子状態を解く効率のよいアルゴリズムになっているところにある(R. Car and M. Parrinello: Phys. Rev. Lett. **55** (1985) 2471)．

前節までの安定結晶構造の議論においては，典型的な結晶構造の間のエネルギーの大小関係を調べることを行なった．しかし，こうした方法には限界がある．結晶構造が複雑になり，原子位置を決める自由度が増えてくると，その自由度それぞれについて最適化しなければならない．そのような計算において，系の全エネルギーだけを計算していたのでは，自由度の数が3を越すと実際上は実行不可能になる．もしも原子に働く力が求められれば，力の方向に原子を動かしながら平衡位置を探すことができて計算の能力がよくなる．しかし，計算で得られた力に応じて変位の大きさを人間がコントロールしていたのでは自由度の数が増すとたちまち実行不可能になるであろう．また，原子を変位させるたびに原子に働く力の計算にあまり時間がかかったのではまた実行不可能である．1985年にCarとParrinelloによって提案された方法は，密度汎関数法に基づく電子状態の計算から原子に働く力を導き出し，原子の運動を分子動力学法に従って追いかけることを目的として，

（i） 電子系が，与えられた原子位置のもとでの基底状態に十分近いように保ち，

（ii） 原子に働く力を効率よく計算する，

ための1つのアルゴリズムを提案したものである．この方法の具体的な説明にはいる前に，準備として原子に働く力の計算について説明することにしよう．

a） Hellmann-Feynmanの力

原子の配置が任意に与えられたときに，電子系は常に基底状態にあるとする仮定のもとで，原子に働く力がどのように与えられるかを調べてみよう．電子系のエネルギーを $E[\{\psi_i\},\lambda]$ と表わす．$\{\psi_i\}$ はKS方程式の1電子軌道であり，λ は系に含まれる一般的なパラメタである．λ が原子の位置なら $-\partial E/\partial\lambda$ はその原子に働く力である．全エネルギーを λ で微分すると

$$\frac{d}{d\lambda}E[\{\psi_i\},\lambda]=\left[\frac{\partial E}{\partial\lambda}\right]_\psi+\sum_{i:\mathrm{occup}}\int d^3r\left\{\frac{\delta E}{\delta\psi_i(\boldsymbol{r})}\frac{d\psi_i(\boldsymbol{r})}{d\lambda}+\frac{\delta E}{\delta\psi_i^*(\boldsymbol{r})}\frac{d\psi_i^*(\boldsymbol{r})}{d\lambda}\right\} \tag{3.60}$$

となる．右辺第1項はKS方程式のハミルトニアンの λ 依存性に起因する力であって，**Hellmann-Feynman力**とよばれる．第2項以後はKS方程式を

通しての間接的な ψ_i の λ 依存性，あるいは基底関数の λ 依存性を通しての ψ_i の直接的な λ 依存性からくる．H を KS 方程式のハミルトニアンとすると

$$\frac{\delta E}{\delta \psi_i^*(\boldsymbol{r})} = H\psi_i(\boldsymbol{r}) \tag{3.61}$$

が成り立つので

$$\frac{d}{d\lambda}E[\{\psi_i\},\lambda] = \left[\frac{\partial E}{\partial \lambda}\right]_\psi + \sum_{i:\mathrm{occup}}\left\{\langle\psi_i|H|\frac{d\psi_i}{d\lambda}\rangle + \langle\frac{d\psi_i}{d\lambda}|H|\psi_i\rangle\right\} \tag{3.62}$$

と与えられる．もしも ψ_i が H の正確な固有状態になっていれば

$$\langle\psi_i|H|\frac{d\psi_i}{d\lambda}\rangle + \langle\frac{d\psi_i}{d\lambda}|H|\psi_i\rangle = \varepsilon_i\frac{d}{d\lambda}\langle\psi_i|\psi_i\rangle = 0$$

となるので，Hellmann-Feynman 力のみが残る．しかし，一般には ψ_i はある基底関数の組 $\{\phi_\xi\}$ で展開して得られるが，その基底が十分でなければ(3.62)式の第 2 項の寄与は有限で残ることになる．

$$\psi_i = \sum_\xi \phi_\xi c_{\xi i} \tag{3.63}$$

と展開すると，固有エネルギー ε_i は

$$\sum_{\xi'} H_{\xi\xi'}c_{\xi' i} = \varepsilon_i \sum S_{\xi\xi'}c_{\xi' i} \tag{3.64}$$

なる固有値方程式から決まることになる．ただし，

$$H_{\xi\xi'} = \langle\phi_\xi|H|\phi_{\xi'}\rangle, \qquad S_{\xi\xi'} = \langle\phi_\xi|\phi_{\xi'}\rangle$$

である．議論を一般的にするために，ϕ_ξ が非直交系であるとしている．ψ_i は規格化されているので，

$$\langle\psi_i|\psi_i\rangle = \sum_{\xi,\xi'} c_{\xi' i}c_{\xi i}^* S_{\xi\xi'} = 1 \tag{3.65}$$

が成り立つ．(3.63)～(3.65)式を用いると

$$\langle\psi_i|H|\frac{d\psi_i}{d\lambda}\rangle + \langle\frac{d\psi_i}{d\lambda}|H|\psi_i\rangle = \sum_{\xi,\xi'} c_{\xi' i}c_{\xi i}^*\left\{\langle\frac{d\phi_\xi}{d\lambda}|H-\varepsilon_i|\phi_{\xi'}\rangle + \langle\phi_\xi|H-\varepsilon_i|\frac{d\phi_{\xi'}}{d\lambda}\rangle\right\} \tag{3.66}$$

が得られる．この寄与を**Pulay補正**ということがある．このPulay補正が消えるには，

(i) 基底関数がλによらない，

(ii) 基底関数が完全系を作っている，

のいずれかであればよい．例えば，λを原子の位置座標とすれば，平面波を基底にしておけば，Pulay補正はない．一方，原子を中心とした原子軌道を基底にしていれば，ϕ_ξがλによっており完全系を用いないかぎり，一般にはPulay補正が残ることになる．

さらに，有効1電子ポテンシャル$v(\boldsymbol{r})$に対して，KS方程式の固有値問題が正しく解けていても，求められた波動関数と$v(\boldsymbol{r})$がセルフコンシステントになっていない場合には，たとえ平面波を基底関数として用いていても，Hellmann-Feynman力に次のような補正項がつく．

$$\frac{d}{d\lambda}E[\{\psi_i\},\lambda]\text{ への補正項} = \int d^3r\left[\int\frac{n^{(j)}(\boldsymbol{r}')-n^{(j-1)}(\boldsymbol{r}')}{|\boldsymbol{r}-\boldsymbol{r}'|}d^3r' + \{\mu_{\mathrm{xc}}^{(j)}(\boldsymbol{r})-\mu_{\mathrm{xc}}^{(j-1)}(\boldsymbol{r})\}\right]\frac{d}{d\lambda}n^{(j)}(\boldsymbol{r}) \quad (3.67)$$

ただし，$n^{(j)}(\boldsymbol{r})$はj番目の反復によって得られた電子密度であり，$\mu_{\mathrm{xc}}^{(j)}(\boldsymbol{r})$はその電子密度に対する交換相関ポテンシャルである．

b) イオン-電子結合系の第1原理分子動力学法

原子の運動を追いかける方法としては分子動力学法がよく知られている．分子動力学法そのものには，すでに確立された種々のアルゴリズムが準備されているが，現実の系に適用する場合の根本的な問題は，原子に働く力をどのようにして求めるかという点にある．これまでの多くの計算においては原子に働く力は，経験的に求められることが多かった．しかし，信頼度の高い計算を遂行するには，電子状態の計算から原子に働く力を求めながら，原子の運動についての分子動力学計算を実行することが望まれる．一般に，そのような手法を**第1原理分子動力学(FPMD)法**とよぶことにする．

電子状態計算を基にしてイオンの運動を追いかけるための方法として，Car

と Parrinello は，(2.99)式のラグランジアンにイオンの運動エネルギーを加え，電子系の全エネルギー $E[\{c_{\xi i}\}]$ の代わりにイオン系の Coulomb 相互作用エネルギーも加えた全エネルギー $E[\{c_{\xi i}\},\{\boldsymbol{R}_n\}]$ を用いた．すなわち，全系のラグランジアンは

$$L = \mu\sum_i\sum_\xi|\dot{c}_{\xi i}|^2+\frac{1}{2}\sum_n M_n|\dot{\boldsymbol{R}}_n|^2 \\ -E[\{c_{\xi i}\},\{\boldsymbol{R}_n\}]+\sum_{ij}\left\{\sum_\xi c_{\xi i}^* c_{\xi j}-\delta_{ij}\right\}\lambda_{ji} \tag{3.68}$$

である．ただし，ここでは 2-3 節 c 項でのように，(3.63)式での ϕ_ξ は規格直交系であるとした．また，(2.94)式あるいは(3.63)式の展開において，基底関数 $\phi_\xi(\boldsymbol{r})$ としては平面波のように原子位置に依存しないものを用いていることを前提としている．与えられた原子配置 $\{\boldsymbol{R}_n\}$ のもとで KS 方程式を解けば，展開係数 $\{c_{\xi i}\}$ は原子配置に間接的に依存することになる．しかし，(3.68)式のラグランジアンにおいては，$\{c_{\xi i}\}$ と $\{\boldsymbol{R}_n\}$ が独立であるとしている．したがって，電子系の自由度についての運動方程式(2.101)式に加えて，イオンの運動方程式

$$M_n\ddot{\boldsymbol{R}}_n = -\nabla_n E[\{c_{\xi i}\},\{\boldsymbol{R}_n\}] \tag{3.69}$$

を解く際には，(3.67)式の補正も考慮しないことになる．もちろんこのことは，そのようにして計算される原子に働く力が近似的なものであることを意味するだけのことであり，正しい力を得るには電子状態をできるだけ正確に求めておくことが要求される．

Car と Parrinello の方法を用いて，物質の安定構造または準安定構造を求める場合についてまず述べておこう．2-3 節 c 項の(2.104)式に対応して，イオン系の運動の自由度を考えている今の場合は

$$\mu\sum_i\sum_\xi|\dot{c}_{\xi i}|^2+\frac{1}{2}\sum_n M_n|\dot{\boldsymbol{R}}_n|^2+E[\{c_{\xi i}\},\{\boldsymbol{R}_n\}] \tag{3.70}$$

が保存量となっている．初期座標 $\{\boldsymbol{R}_n^1\}$ を固定しておいて，2-3 節 c 項で述べたようにして電子系の基底状態を求める．それは図 3-13 でいえば，0 から 1 へのプロセスに対応する．点 1 では(3.70)式で全ての運動エネルギーは零であ

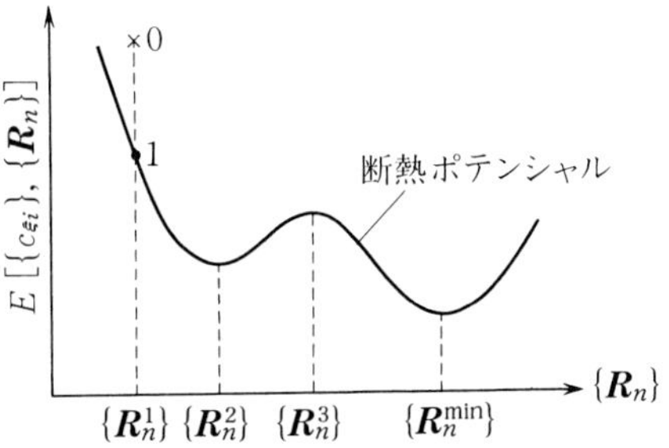

図 3-13 Car-Parrinello法によって，電子状態と安定原子配置を求める過程の模式図.

る．点1にたどり着いたところで，(2.101)式と(3.69)式を連立させて，$c_{\xi i}(t)$ と $\boldsymbol{R}_n(t)$ を追いかけることになる．μ を十分に小さくしておけば，通常の断熱近似と同じように，電子系は $\{\boldsymbol{R}_n(t)\}$ での基底状態からわずかにずれるだけで，イオンの運動はほぼ断熱ポテンシャル面をたどることになる．イオン系の運動エネルギーを徐々に減少させていくことによって，最終的には $\{\boldsymbol{R}_n^{\min}\}$ にたどり着く．ただし，場合によると，点1での系の全エネルギー(3.70)式が $\{\boldsymbol{R}_n^3\}$ での値より小さくて，$\{\boldsymbol{R}_n^{\min}\}$ にたどり着かないで $\{\boldsymbol{R}_n^2\}$ に収束してしまう可能性もある．これは一般的な最適化問題で常に問題となることであって，大域的最小点を探すことの困難さに対応している．ここでは，一般化された分子動力学法を最適化問題に適用したことになっている.

電子状態計算に基づいての物質の構造安定性の問題を $\{\psi_i\}$ あるいは $\{c_{\xi i}\}$ と $\{\boldsymbol{R}_n\}$ の空間での最適化問題としてとらえるという視点を明確にしたことは，CarとParrinelloの重要な貢献である．この視点から，最適化問題を扱うための種々の手法が試みられており，より効率のよいアルゴリズムが模索されている．FPMD法をイオンの動的振舞いを調べるために用いることも行なわれるようになりつつある．これらは今後の重要な課題であるが，現在は急激な進展の渦中にあるので，解説記事などの参考文献を挙げるにとどめて，本書ではこれ以上は立ち入らないことにする.

4 典型的な物質のバンド構造と物性

この章では，バンド計算が具体的な物質の物性をどのように説明するかをいくつかの典型的な系について調べる．まず第1に扱う3d遷移金属は，単体としても種々の磁気的性質を示すことで特徴的な系である．それらの強磁性あるいは反強磁性秩序の出現を電子論的に解明する．次に，炭素系物質の性質を調べよう．炭素からなる物質で通常知られているものはグラファイトとダイヤモンドであるが，最近はエキゾティック物質としてC_{60}やナノチューブが注目を集めている．

4-1 3d遷移金属の磁性

第1章で述べたように，遷移金属のdバンドはバンド幅が数eVの狭い共鳴バンドを作っている．貴金属のCu, Ag, AuではFermi準位(ε_F)はdバンドの上に位置するので，ε_Fでの状態密度$D(\varepsilon_F)$は単純金属のものと大差はない．一方，ScからNi，およびそれらに対応する4d, 5dの遷移金属ではε_Fがdバンドの中に位置するために，$D(\varepsilon_F)$は単純金属のものの10倍のオーダーになる．このことが遷移金属が種々の興味ある物性を示す第1の原因であるといっても過言ではない．この節ではそれらのうちで，磁性について議論する．

表 4-1 には，3d 遷移金属の中で磁気的秩序をもつ Cr から Ni までについて，その磁気秩序や転移温度などをまとめてある．価電子数のうち，0.6～1.0 程度は sp 電子であるので，d 電子の数は Cr で約 5 個，Ni で約 9 個と考えればよい．d バンドは 10 個の電子を収容できるので，Cr の場合は d バンドがほぼ半分占有されており，Ni の場合は d バンドに 1 個たらずの正孔が存在することになる．表 4-1 において，Cr のスピン密度波状態においては，基本的には磁気モーメントは反強磁性的に配列しているが，磁気モーメントの大きさが c 軸方向に 1 格子面進むごとにすこしずつ変化し，約 22 格子定数だけ進むと元に戻るようになっている．Mn については，常温常圧で安定なのは αMn であるが，単位胞に 58 個もの原子を含む複雑な構造である．磁気構造は非常に複雑ではあるが，基本的には反強磁性である．より高温で現われる他の構造については後の 4-1 節 e 項で議論する．表 4-1 から読みとる最も重要な点は，d バンドが半分占有されている場合には反強磁性的な秩序を作る傾向があり，d バンドが埋まるにつれて強磁性的な秩序になるということである．この傾向を理解するために，非磁性的状態から出発し，その状態がどのような秩序状態に対して不安定になりやすいかを調べてみよう．

表 4-1　磁気秩序をもつ 3d 遷移金属の磁気的性質

	磁気秩序	転移温度(K)	結晶構造	価電子数
Cr	スピン密度波	312	bcc	6
αMn*	複雑な反強磁性	95	複雑	7
Fe	強磁性	1043	bcc	8
Co	強磁性	1388	hcp	9
Ni	強磁性	627	fcc	10

* Mn は α 以外に β, γ, δ の構造がある．詳しくは 4-1 節 e 項を参照．

a) 非磁性状態の不安定性

簡単のために軌道角運動量の寄与を無視して，電子スピンによる磁気モーメントのみを考えることにしよう．また，電子の電荷は負であるので，電子スピンとそれによる磁気モーメントとは反平行になるのが正しいが，これについても簡単のために平行であるとして話を進める．話の本質は影響を受けないし，正しい符号への翻訳はすぐに行なえる．スピン磁気モーメント $\boldsymbol{s}$ と外部磁場 $\boldsymbol{h}$ との相互作用エネルギー(**Zeeman エネルギー**)は

$$H_{\mathrm{Z}} = -2\mu_{\mathrm{B}}\boldsymbol{s}\cdot\boldsymbol{h} \tag{4.1}$$

である．μ_{B} は **Bohr 磁子**(Bohr magneton)とよばれ

$$\mu_{\mathrm{B}} = \frac{|e|\hbar}{2mc} \tag{4.2}$$

で与えられる．磁場を z 軸に平行にとると Zeeman エネルギーは $-2\mu_{\mathrm{B}}s_z h$ となるので，

$$H_{\mathrm{Z}} = \begin{cases} -\mu_{\mathrm{B}}h & (s_z=1/2) \\ +\mu_{\mathrm{B}}h & (s_z=-1/2) \end{cases} \tag{4.3}$$

となり，$s_z=1/2$ の状態のエネルギーが $s_z=-1/2$ よりも $2\mu_{\mathrm{B}}h$ だけ低下する．したがって，平衡状態では $s_z=1/2$ の状態の電子数が増加する．t 番目の原子での電子数を

$$\begin{aligned} N_{t+} &= \frac{1}{2}(N_t^0+M_t) \qquad (s_z=1/2) \\ N_{t-} &= \frac{1}{2}(N_t^0-M_t) \qquad (s_z=-1/2) \end{aligned} \tag{4.4}$$

と表わすことにしよう．ただし，N_t^0 は $h=0$ のときの電子数であり，M_t はスピン分極である．(4.4)式の 2 つの式をまとめて，

$$N_{t\sigma} = \frac{1}{2}N_t^0+\delta N_{t\sigma} \tag{4.5a}$$

$$\delta N_{t\sigma} = \sigma\frac{1}{2}M_t \tag{4.5b}$$

と表わすことにする．(4.5b)式右辺の σ は，+ スピンに対しては +1，− スピンに対しては −1をとるものとする．単一バンドの Anderson モデルや Hubbard モデルで仮定されるように，電子間相互作用が各サイトにおいて

$$I\hat{N}_{t+}\hat{N}_{t-} \tag{4.6}$$

で与えられるとする．$\hat{N}_{t\sigma}$は電子数演算子である．(4.6)式に関して注意すべきことを述べておこう．(4.6)式を

$$I\hat{N}_{t+}\hat{N}_{t-} = \frac{I}{4}(\hat{N}_{t+}+\hat{N}_{t-})^2 - \frac{I}{4}(\hat{N}_{t+}-\hat{N}_{t-})^2 \tag{4.7}$$

と書き直すと，右辺第1項は電荷の分極に関するエネルギー変化を表わし，第2項はスピン分極に関するエネルギー変化を表わす．単一軌道のモデルでは，(2.6)式における Coulomb 積分も交換積分も $i=j$ で同一のものしか存在しない．しかし，現実の系ではいくつもの軌道が関与できる．遷移金属では d 軌道だけでも 5 個の軌道がある．この場合には，Coulomb 積分や交換積分にはいくつかの異なったものがあり，一般には電荷の分極とスピンの分極ではエネルギー変化が違う．ここでは簡単のために単一バンドモデルを用いているが，現実の多重バンドの状況を実質的に考慮するために，電荷の分極とスピンの分極を区別しておこう．したがって，(4.7)式の右辺第1項の I のかわりに U とし，第2項での I は J と書くことにする．J は主として(2.6)式での交換積分で決まるので，単に交換積分とよばれる．ここでの議論においては電荷の分極は無く，スピンの分極だけが問題となるので，そのことをはっきりさせるために以下では I のかわりに J と書くことにする．平均場近似では

$$\hat{N}_{t+}\hat{N}_{t-} \Longrightarrow N_{t-}\hat{N}_{t+} + N_{t+}\hat{N}_{t-} - N_{t+}N_{t-}$$

のように分解し，$JN_{t-\sigma}\hat{N}_{t\sigma}$ は σ スピンの電子の 1 電子レベルを $JN_{t-\sigma}$ だけ変化させるものとして取り込まれる．したがって，(4.4)式のように分極があれば，σ スピン電子の 1 電子レベルは

$$\delta\varepsilon_{t\sigma} = -\sigma\frac{1}{2}JM_t \tag{4.8}$$

だけ変化する．ただし，磁場によらない両スピンに共通の項の寄与は省いた．外部磁場として，z 方向に平行で，波数ベクトル $\boldsymbol{q}$ で変動する $h\cos(\boldsymbol{q}\cdot\boldsymbol{R}_t)$ を考えることにしよう．そうすると，σ スピン電子のエネルギー変化は(4.3)式の Zeeman エネルギーと，分極からくる(4.8)式の寄与を合わせて

$$V_{t\sigma} = -\sigma\left\{\mu_B h \cos(\boldsymbol{q}\cdot\boldsymbol{R}_t)+\frac{1}{2}JM_t\right\} \tag{4.9}$$

で与えられる．この摂動が加わってサイト t では(4.5)式のような分極が生じ，その M_t が(4.9)式の右辺に入っている．したがって，M_t をセルフコンシステントに決めなくてはならない．ここでもふたたび実空間での扱いをすることにしよう．

そのためには Green 関数を用いるのが便利である．一般に系のハミルトニアン H を非摂動の部分 H^0 と摂動 H' に分ける．

$$H = H^0+H'$$

H に対する Green 関数を演算子として

$$G = (\varepsilon-H)^{-1} \tag{4.10}$$

で定義する．同様に H^0 に対応するものは

$$G^0 = (\varepsilon-H^0)^{-1} \tag{4.11}$$

である．G と G^0 が Dyson 方程式

$$G = G^0+G^0H'G \tag{4.12}$$

で結ばれることは容易に示すことができる．ここでは摂動に対して 1 次までしか考慮しないことにするので，右辺の G は G^0 で近似されることになる．エネルギーパラメタ ε に微小の虚数部をつけて $\varepsilon+i\delta$ $(\delta>0)$ とすると，サイト t でのスピン状態 σ の軌道に射影された部分状態密度 $D_t^\sigma(\varepsilon)$ は

$$D_t^\sigma(\varepsilon) = -\frac{1}{\pi}\,\mathrm{Im}\,G_{tt}^\sigma \tag{4.13}$$

で与えられる．ただし G_{tt}^σ はサイト t の軌道を $\phi_{t\sigma}(\boldsymbol{r})$ とすると

$$G_{tt}^\sigma = \int d^3rd^3r'\,\phi_{t\sigma}^*(\boldsymbol{r})G(\boldsymbol{r},\boldsymbol{r}')\phi_{t\sigma}(\boldsymbol{r}') \tag{4.14}$$

で定義される．t サイトでは H' が $V_{t\sigma}$ をとるとすると，

$$G_{tt}^\sigma = G_{tt}^0+\sum_{t'}G_{tt'}^0V_{t'\sigma}G_{t't}^0 \tag{4.15}$$

となる．ただし，G^0 は σ によらないので添字を省いてある．サイト t での分

極は

$$\delta N_{t\sigma} = \int^{\varepsilon_F}\left(-\frac{1}{\pi}\right)\mathrm{Im}\{G_{tt}^{\sigma} - G_{tt}^{0}\}d\varepsilon$$
$$= -\sum_{t'}\chi_{tt'}V_{t'\sigma} \tag{4.16}$$

となる．ただし，

$$\chi_{tt'} = \frac{1}{\pi}\int^{\varepsilon_F}\mathrm{Im}\{G_{tt'}^{0}(\varepsilon)G_{t't}^{0}(\varepsilon)\}d\varepsilon \tag{4.17}$$

で与えられる．(4.16)式で非摂動系の ε_F を用いても，今の問題では + スピンと − スピンの電子数には変化が生じるが，h の 1 次では電子数の和は不変に保たれる．(4.16)式に(4.5b)，(4.9)式を代入すると

$$M_t = 2\mu_B h\sum_{t'}\chi_{tt'}\cos(\boldsymbol{q}\cdot\boldsymbol{R}_{t'}) + J\sum_{t'}\chi_{tt'}M_{t'} \tag{4.18}$$

が得られる．この式を M_t について解くには

$$M_t = M\cos(\boldsymbol{q}\cdot\boldsymbol{R}_t) \tag{4.19}$$

とおけばよい．

$$\chi(\boldsymbol{q}) = \sum_{t'}\chi_{tt'}\cos\{\boldsymbol{q}\cdot(\boldsymbol{R}_t - \boldsymbol{R}_{t'})\} \tag{4.20}$$

を定義すると

$$M = \frac{2\chi(\boldsymbol{q})}{1 - J\chi(\boldsymbol{q})}\mu_B h \tag{4.21}$$

となる．したがって，

$$J\chi(\boldsymbol{q}) = 1 \tag{4.22}$$

が，非磁性状態が波数 $\boldsymbol{q}$ の磁気モーメントのゆらぎに対して不安定となる条件である(Stoner 条件)．

特別の場合として，強磁性($\boldsymbol{q}=0$)への不安定性を考えよう．このときは

$$\chi(0) = \sum_{t'}\chi_{tt'}$$
$$= \frac{1}{\pi}\int^{\varepsilon_F}\mathrm{Im}\left\{\sum_{t'}G_{tt'}^{0}(\varepsilon)G_{t't}^{0}(\varepsilon)\right\}d\varepsilon \tag{4.23}$$

である．ところで，(4.11)式より演算子の関係として

$$\frac{\partial}{\partial \varepsilon}G^0 = -G^0 \cdot G^0$$

が成り立つので

$$\chi(0) = -\frac{1}{\pi}\,\mathrm{Im}\int^{\varepsilon_F}\frac{\partial}{\partial \varepsilon}G^0_{tt}(\varepsilon)d\varepsilon = -\frac{1}{\pi}\,\mathrm{Im}\,G^0_{tt}(\varepsilon_F)$$
$$= D(\varepsilon_F) \tag{4.24}$$

となる．ただし，すべてのサイトが同等として状態密度からは添字 t を省いた．また，状態密度はスピン状態当たりになっている．したがって，強磁性への不安定性は

$$JD(\varepsilon_F) = 1 \tag{4.25}$$

で与えられる．したがって，J が大きく，$D(\varepsilon_F)$ が大きければ強磁性的磁気秩序が発生しやすいことがわかる．

(4.25)式はまた次のようにエネルギーのバランスからも簡単に得ることができる．図 4-1 のように，ε_F 近傍の $\delta\varepsilon$ 間にある状態を $-$ スピン状態から $+$ スピン状態に移す．各スピン状態での電子数の変化は

$$\delta N_\sigma = \sigma D(\varepsilon_F)\delta\varepsilon$$

で与えられる．この分極によるバンドエネルギーの増加は

$$\delta\varepsilon \cdot D(\varepsilon_F)\delta\varepsilon = D(\varepsilon_F)(\delta\varepsilon)^2$$

である．一方，(4.6)式の電子間相互作用を仮定すると，分極によるエネルギー変化は

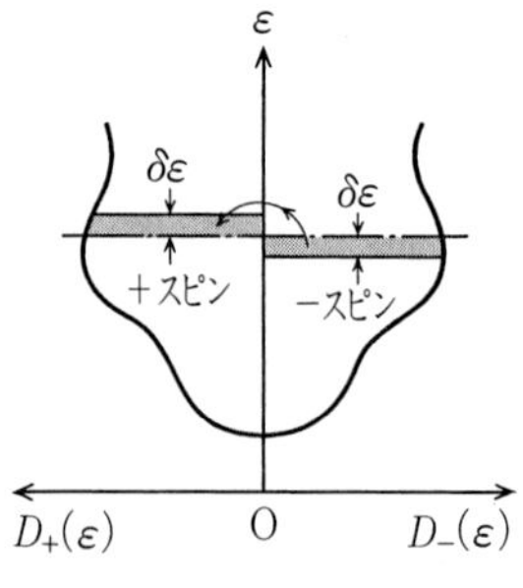

図 4-1　スピン分極のない状態から，スピン分極を作るときの模式図．

$$J\left(\frac{1}{2}N+\delta N\right)\left(\frac{1}{2}N-\delta N\right)-J\left(\frac{1}{2}N\right)^2 = -J(\delta N)^2 = -J\{D(\varepsilon_F)\delta\varepsilon\}^2$$

となる．したがって，全体のエネルギー変化は

$$\varDelta E = \{1-JD(\varepsilon_F)\}D(\varepsilon_F)(\delta\varepsilon)^2 \tag{4.26}$$

であるから，(4.25)式が非磁性状態の強磁性への不安定性の条件になっていることがわかる．

b）$\boldsymbol{\chi}(\boldsymbol{q})$ の性質

(4.17)式の $\chi_{tt'}$ を用いると，電子間相互作用のない系においては，t' サイトのみに磁場 h をかけたときに t サイトで誘起されるスピン分極 M_t は，

$$M_t = 2\mu_B\chi_{tt'}h \tag{4.27}$$

で与えられる．この意味において，$\chi_{tt'}$ は $t=t'$ なら局所磁化率，$t\neq t'$ なら非局所磁化率とよばれる．上式で定義された $\chi_{tt'}$ を積分の上限 ε_F の関数とみなすと，

$$\int_{-\infty}^{\infty}\chi_{00}(\varepsilon)d\varepsilon = \int_{-\infty}^{\infty}D(\varepsilon)d\varepsilon = Q \tag{4.28}$$

$$\int_{-\infty}^{\infty}\chi_{0t}(\varepsilon)d\varepsilon = 0 \qquad (t\neq 0) \tag{4.29}$$

が成り立つ．ただし，Q はスピン当たり，かつ原子当たりのバンドの収容可能電子数である．ここでは単一バンドを扱っているので $Q=1$ である．(4.20)，(4.28)，(4.29)式より

$$\int_{-\infty}^{\infty}\chi(q;\varepsilon)d\varepsilon = Q \tag{4.30}$$

が成り立つ．また，(4.23)，(4.24)式より

$$\sum_t \chi_{0t}(\varepsilon) = D(\varepsilon) \tag{4.31}$$

の関係も重要である．磁化率の振舞いをよりよく理解するために，簡単な系について具体的な計算をしてみよう．$D(\varepsilon)$ として，次のような矩形の分布を考える．すなわち

$$D(\varepsilon) = -\frac{1}{\pi}\operatorname{Im} G^0_{00}(\varepsilon) = \begin{cases} \dfrac{1}{2W} & (-W \leqq \varepsilon \leqq W) \\ 0 & (|\varepsilon| > W) \end{cases} \tag{4.32}$$

である．Green 関数の実部は

$$\operatorname{Re} G^0_{00}(\varepsilon) = -\frac{P}{\pi}\int_{-\infty}^{\infty} \frac{\operatorname{Im} G^0_{00}(\varepsilon')}{\varepsilon-\varepsilon'} d\varepsilon' \tag{4.33}$$

で与えられ，比較的簡単な計算によって

$$\begin{aligned} \chi_{00}(\varepsilon_{\mathrm{F}}) &= \frac{1}{\pi}\int^{\varepsilon_{\mathrm{F}}} \operatorname{Im}\{G^0_{00}(\varepsilon)\}^2 d\varepsilon = \frac{2}{\pi}\int^{\varepsilon_{\mathrm{F}}} \operatorname{Re} G^0_{00}(\varepsilon)\cdot \operatorname{Im} G^0_{00}(\varepsilon) d\varepsilon \\ &= -\frac{1}{W}\left\{\frac{\varepsilon_{\mathrm{F}}+W}{2W} \ln\frac{\varepsilon_{\mathrm{F}}+W}{2W} + \frac{W-\varepsilon_{\mathrm{F}}}{2W} \ln\frac{W-\varepsilon_{\mathrm{F}}}{2W}\right\} \end{aligned} \tag{4.34}$$

が得られる．$W=1$ として，$D(\varepsilon)$ と $\chi_{00}(\varepsilon)$ を図 4-2 に示した．一般に χ_{0t} は t が原点 0 から離れるに従ってかなり急速に減少していく．したがって，ごく粗い近似では(4.31)式において t として最近接の格子点($t=\rho$)までだけを考慮すればよいことにしよう．配位数を z として，(4.31)式を

$$\chi_{00}(\varepsilon) + z\chi_{0\rho}(\varepsilon) = D(\varepsilon)$$

と近似すると，$z\chi_{0\rho}(\varepsilon)$ の振舞いは図の破線で示したものとなる．(4.27)式とこの図から，次のような定性的な振舞いが予想される．ε_{F} がバンドの端の方に位置していると，あるサイトに磁場をかけたときにその近傍のサイトでは磁場と平行方向の磁化が誘起される．一方，ε_{F} がバンドの中央付近にあれば，誘起される磁化は磁場と反平行になる．したがって，この章のはじめに述べた

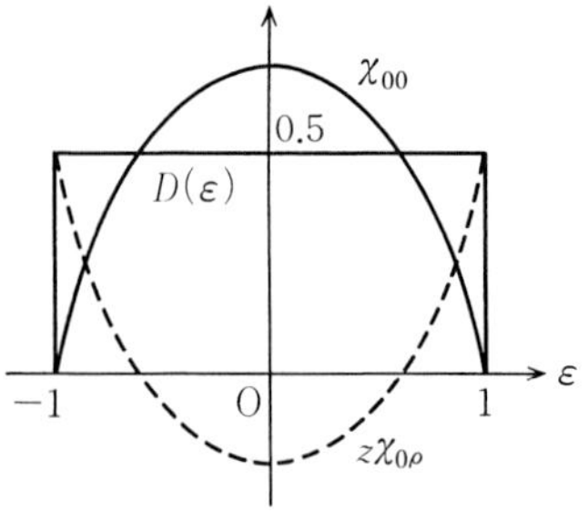

図 4-2　矩形の状態密度 $D(\varepsilon)$ と，その場合の局所磁化率((4.34)式)．破線は本文中の $z\chi_{0\rho}(\varepsilon)$ に対応する．

ように，d バンドが半分占有されている Cr, Mn では反強磁性となり，d バンドがほとんど占有されている Fe, Co, Ni では強磁性になるという傾向は，ここで述べた簡単なモデルでも説明される．

c) 現実の系での $\chi_{tt'}$

現実の系での局所・非局所磁化率の例として Fe についての計算結果を図 4-3 に示した．t' サイトでの原子球内の角運動量 L' の状態に磁場 h をかけたときに，t サイトでの原子球内の L の状態に誘起されるスピン分極 M_{tL} を

$$M_{tL} = 2\mu_B \chi_{tL,t'L'} h \tag{4.35}$$

と表わすときの $\chi_{tL,t'L'}$ が計算されている．図 4-3(a)では，実線が d 状態の状態密度，破線は $\chi_{0d,0d}$，点線は $\sum_{L'}\sum_{t'} n_{t'}\chi_{0d,t'L'}$ であり，t' についての和は第 7 番目の近接原子までの寄与を含めている．$n_{t'}$ は第 t' 近接原子の数である．(4.31)式と同様に，L' と t' のすべてについて和をとれば d 状態の状態密度にならなければならないが，そのことが計算のうえでも確かめられている．図 4-3(b)では，$n_{t'}\chi_{0d,t'd}$ が $t'=1$(第 1 近接)，$t'=2$(第 2 近接)，$t'=3$(第 3 近

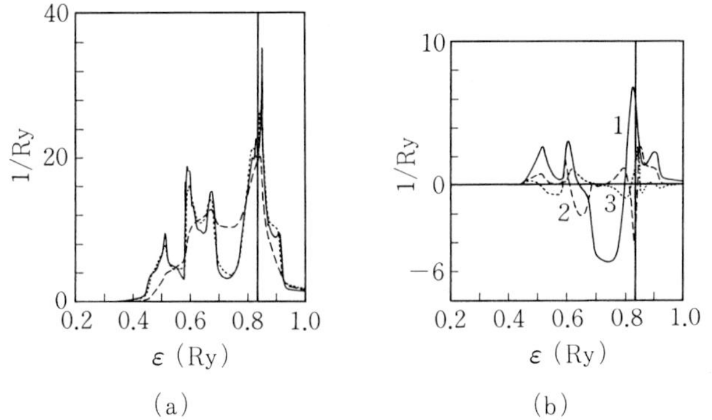

図 4-3 bcc Fe の局所・非局所磁化率．(a) 実線は d 状態の状態密度，破線は局所磁化率の Fermi エネルギー依存性，点線は $\sum_{L'}\sum_{t'} n_{t'}\chi_{0d,t'L'}$ において，t' の和を第 7 近接格子点までとったもの．(b) $n_{t'}\chi_{0d,t'd}$ を示す．ただし，図中の番号 1〜3 は t' に対応し，第 1, 2, 3 近接格子点の寄与をそれぞれ表わしている．$n_{t'}$ は第 t' 近接格子点の数である．0.83 Ry での縦線は非磁性 Fe の Fermi 準位を示す．(K. Terakura, N. Hamada, T. Oguchi and T. Asada: J. Phys. **F12** (1982) 1661.)

接)についてそれぞれ示されている．なお，0.83 Ry での縦線は非磁性 bcc Fe の ε_F である．

以上の結果においていくつかの注目すべき点を指摘しておこう．モデル計算のときと同様に，局所磁化率 $\chi_{0d,0d}$ は状態密度の構造をややならしたような ε_F 依存性を示している．それでも bcc Fe では ε_F において $\chi_{0d,0d}$ にはピークが残っており，Janak による計算結果 $J=0.068$ Ry を用いると $J\chi_{0d,0d}=1.31$ となる．(J. Janak: Phys. Rev. **B16** (1977) 255. この論文では，(4.25)式で両スピン当たりの状態密度を用いているために，J の値は本書でのものの半分になっている.)

$$J\chi_{0d,0d}>1 \tag{4.36}$$

は，局所的磁気モーメントが自発的に生じる条件であり，bcc Fe での磁気モーメントは自発的に生じていることがわかる．一方，fcc Ni での同様の解析によると，$J\chi_{0d,0d}<1$ であるから，Ni の磁気モーメントは周囲の協力関係によって維持されていることがわかる．図 4-3(b)に示されている非局所磁化率に関しては，第 1 近接からの寄与の振舞いは図 4-2 に示したモデルのものと定性的に同じである．遠くからの寄与になるほど振動が多くなり振幅は減少する．ただし，図に示した量には上述の原子の数 $n_{l'}$ がかかっているので，第 3 近接からの寄与が強調されている．

d) 交換積分 *J* の計算

磁化率についてのこれまでの議論によって，ε_F が d バンドの端に位置するとその物質は強磁性になる傾向が強く，ε_F が d バンドの中央にあれば反強磁性になる傾向が強いことが理解できた．しかし，実際に強磁性を示すのは 3d 遷移金属の Fe, Co, Ni のように，ε_F が d バンドの上端近くにある場合であり，Sc, Ti, V のように，ε_F が d バンドの下端近くにある場合は常磁性状態が安定である．また，4d, 5d 遷移金属では強磁性も反強磁性も示さない．この理由は，(4.22)式の非磁性状態の不安定性の条件における J と $\chi(\boldsymbol{q})$ の両方に依存する．同じ 3d 遷移金属でも d 電子数の少ない Sc, Ti, V においては，核のポテンシャルが浅いために d の波動関数が比較的広がっている．このことは 1 つには d

バンド幅を広くすることによって $\chi(\boldsymbol{q})$ を小さくする．また，広がった波動関数では J もまた小さくなる．3d に比べて 4d, 5d の波動関数は広がっているので，同様の理由で，4d, 5d 遷移金属には磁気秩序が見られないことになっている．Gunnarsson は，局所スピン密度近似に基づいて交換積分 J の表式を求めた．その表式を用いて，J の元素依存性をより詳しく理解することを試みることにしよう．

Gunnarsson による J の具体的な表式は

$$J=\frac{4}{9\pi\alpha}S\int_0^1\left(\frac{r_s}{r}\right)^2\eta(r_s)\{\Phi(r,\varepsilon_F)\}^4 d\left(\frac{r}{S}\right) \tag{4.37}$$

である．S は Wigner-Seitz(WS)球の半径であり，WS 球内で規格化された d 波の動径波動関数を $R_d(r,\varepsilon)$ として $\Phi(r,\varepsilon)=rR_d(r,\varepsilon)$ である．$\eta(r_s)$ はスピン分極を引き起こす交換効果に対する電子相関による補正であり，r_s の広い範囲でほぼ 0.8 程度とすることができる．上式で $(r_s/r)^2$ および $\{\Phi(r,\varepsilon_F)\}^4$ の振舞いを V, Ni, Pd, Pt について図 4-4 に示した．

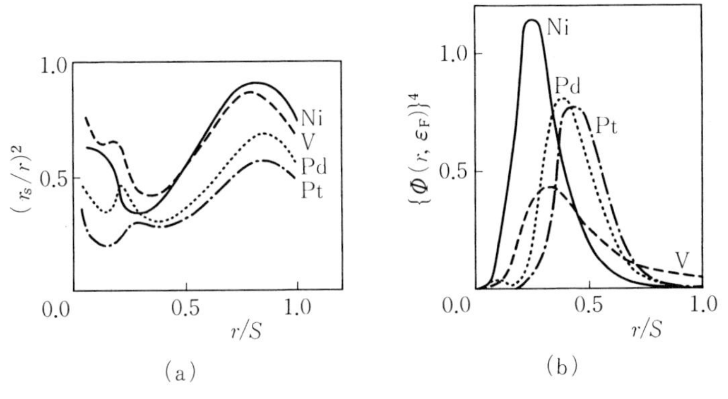

図 4-4 (a) r_s パラメタの核からの距離依存性と，(b) $\{\Phi(r,\varepsilon_F)\}^4=r^4\{R_d(r,\varepsilon_F)\}^4$．(O. Gunnarsson: J. Phys. **F6** (1976) 587.)

まず，3d 遷移金属の中で，V と Ni について比較しよう．V から Ni に移ると原子番号が大きくなり，3d 軌道の広がりが小さくなる効果が $(r_s/r)^2$ に現われているが，この効果はそれほどは大きくない．V と Ni の差異は $\{\Phi(r,\varepsilon_F)\}^4$

に顕著に現われている．その主な原因はdバンドにおけるε_Fの位置である．Vではε_Fはdバンドのほぼ中央に位置しているが，Niではdバンドの上端近くに位置している．dバンドの上端に近づくにつれて状態は反結合的になるので波動関数は局在化の傾向が強くなる．$\{\Phi(r,\varepsilon_F)\}^2$は$r$が0から$S$までの積分で1になることを考慮すると，局在化が強くなるにつれて$\{\Phi(r,\varepsilon_F)\}^4$の$0<r<S$での積分が大きくなることは簡単な考察から理解できる．

Niから Pd, Ptに移るときの傾向を見てみよう．まず，全電子数は4d, 5dになるにつれて増加するためにr_sが小さくなっている．つぎに，3d→4d→5dになるにつれてd軌道の節が増加して，空間的に広がる傾向がある．これが$\{\Phi(r,\varepsilon_F)\}^4$の振舞いに見られる．いずれの因子もNi→Pd→PtとなるにつれてJを小さくする．Niは強磁性体であるが，Pd, Ptは非磁性体である．しかし，Pdは強磁性の不安定性に非常に近い状態にあり，例えば，Feを不純物として加えるとFeは磁気モーメントをもち，その周囲のPdにも磁気モーメントを誘起する．このため，Fe原子当たり$10\mu_B$以上の磁気モーメントが生じる(巨大磁気モーメントという)．さらに，Feの濃度がわずかに0.2%を越すと全体が強磁性体になることが知られている．Ptも似た振舞いを示すが，強磁性への不安定性はPdほどには強くない．

(4.37)式を直接に用いてはいないが，Jの系統的な計算がJanakによって行なわれた．その結果を図4-5に示した．この図ですこし奇異に思われるのは，原子番号の小さい所，およびアルカリ金属でJがかなり大きいことである．こ

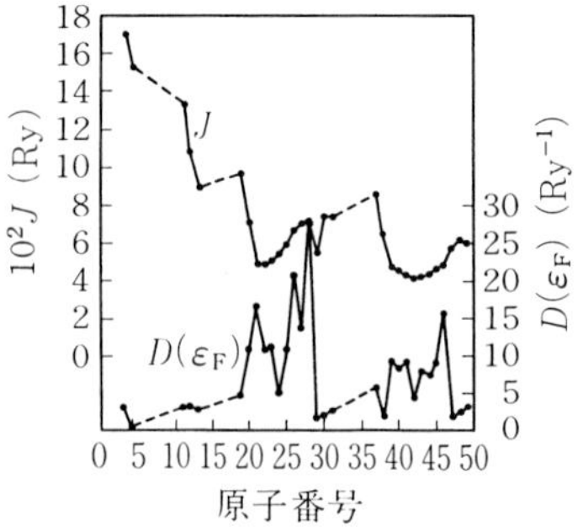

図4-5 交換積分JおよびFermi準位でスピン当たりの状態密度(状態数/原子/スピン/Ry)．(J. Janak: Phys. Rev. **B16** (1977) 255.)

れは(4.37)式で見ると，r_s が大きいことによる．しかし，それらの物質では，バンド幅が広く，$\chi(\boldsymbol{q})$ が小さくなっており，非磁性状態の不安定性は生じない．3d および 4d 遷移金属の中で d バンドが埋まるにつれて J が増加するのは，$\boldsymbol{\Phi}(\boldsymbol{r}, \varepsilon_F)$ の局在化で説明できる．Janak の計算によれば，Fe と Ni では確かに非磁性状態は強磁性に対して不安定である．Co については，本当は hcp 構造であるのに fcc 構造を仮定して計算しているので $JD(\varepsilon_F) \approx 0.972$ に留まっているが，非常に強磁性に近いことにはなっている．

e) 磁気秩序状態のバンド構造

密度汎関数法での局所スピン密度近似(LSDA)により，セルフコンシステントに磁気秩序状態のバンド計算を行なうことは今日ではそれほど困難ではない．LSDA は，与えられた結晶構造のもとでの磁気状態についてはかなり信頼できる結果を与える．ここでは強磁性状態の Fe と Ni，反強磁性状態の γMn に対する計算結果を示し，それぞれの秩序状態の基本的な特徴を説明する．ただし，結晶構造と磁気秩序状態の安定性については，LSDA には重大な欠陥があることも知られており，それらに対する最近の研究については次章で紹介することにしたい．

(i) Fe と Ni

図 4-6 には，bcc Fe と fcc Ni についての強磁性状態での状態密度が示されている．＋ スピン状態と － スピン状態は，第 1 近似としてはバンド構造をリジッドに，交換分裂 $\Delta\varepsilon_x$ だけ移動させたと見なすことができる．

(4.26)式の導出の際に指摘したように，磁気状態ではバンドエネルギーの増加が電子間相互作用エネルギーの減少と釣り合っている．強磁性状態においては，バンドエネルギーの増加分の評価が容易に行なえるので，交換分裂 $\Delta\varepsilon_x$ が状態密度 $D(\varepsilon)$ と交換積分 J を用いて，以下のように簡単に表わすことができる．原子当たりで，かつ，スピン当たりのバンドエネルギーは

$$E_b' = \int^{\varepsilon_F} \varepsilon D(\varepsilon) d\varepsilon \tag{4.38}$$

である．ここで，

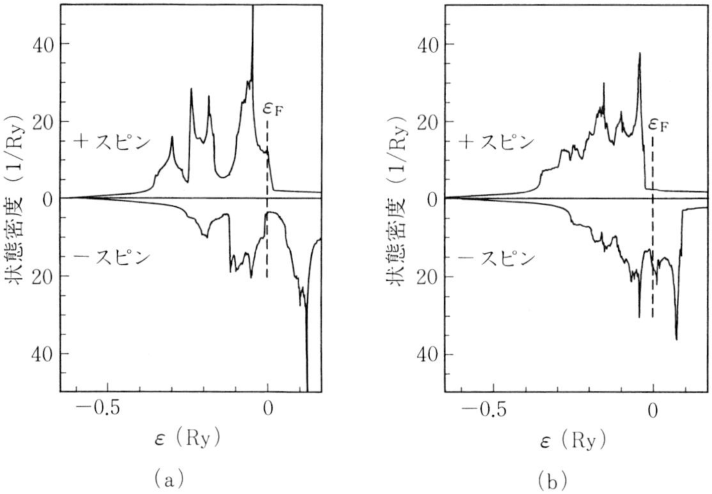

図 4-6 強磁性状態の状態密度. (a) Fe, (b) Ni.

$$\int^{\varepsilon(n)} D(\varepsilon)d\varepsilon = n \tag{4.39}$$

によって $\varepsilon(n)$ を定義する. (4.38)式での積分変数を ε から n に変えると,

$$E'_b = \int^{N} \varepsilon(n)dn \tag{4.40}$$

となる. ただし, ε_F までの状態の数を N とした.

強磁性状態では

$$N_\sigma = \frac{1}{2}(N+\sigma M)$$

となっているので, 両スピンバンドからのバンドエネルギーへの寄与は

$$E_b = \int^{(N+M)/2} \varepsilon(n)dn + \int^{(N-M)/2} \varepsilon(n)dn \tag{4.41}$$

で与えられる. 一方, 電子間相互作用のエネルギーは

$$E_{ee} = JN_+N_- = \frac{J}{4}(N^2-M^2) \tag{4.42}$$

である．全エネルギーが

$$E_{\mathrm{t}} = E_{\mathrm{b}} + E_{\mathrm{ee}}$$

として，

$$\frac{\partial E_{\mathrm{t}}}{\partial M} = \frac{1}{2}\Delta\varepsilon(M)\{1-J\bar{D}(M)\} \tag{4.43}$$

ただし，

$$\Delta\varepsilon(M) = \varepsilon\left(\frac{N+M}{2}\right)-\varepsilon\left(\frac{N-M}{2}\right) \tag{4.44}$$

$$\bar{D}(M) = \frac{M}{\Delta\varepsilon(M)} \tag{4.45}$$

を導くことができる．(4.43)式より，安定状態での M は

$$J\bar{D}(M) = 1 \tag{4.46}$$

によって決まる．なお，(4.46)式が満足されているとき，

$$\frac{\partial^2 E_{\mathrm{t}}}{\partial M^2} = -\frac{1}{2}J\Delta\varepsilon(M)\frac{\partial\bar{D}(M)}{\partial M}\bigg|_{\bar{D}(M)=J^{-1}} \tag{4.47}$$

も容易に示すことができる．したがって，(4.46)式の M が安定状態のものであるためには，

$$\frac{\partial\bar{D}(M)}{\partial M}\bigg|_{\bar{D}(M)=J^{-1}} < 0 \tag{4.48}$$

をも満足しなければならない．(4.46)式の意味は，図 4-7(a)により簡単に理解できる．電子間相互作用を無視して，$-$ スピンバンドから $M/2$ 個の電子を $+$ スピンバンドに移すと，σ スピンバンドの Fermi レベルは

$$\varepsilon_{\mathrm{F}\sigma} = \varepsilon\left(\frac{N+\sigma M}{2}\right) \tag{4.49}$$

となる．一方，(4.8)式より，上記のスピン分極によって σ スピン状態の平均場は

$$-\sigma J\frac{M}{2} \tag{4.50}$$

となる．平衡状態では，両スピンバンドの Fermi レベルが一致しなければならないので，

$$\varepsilon_{F+} - \frac{1}{2}JM = \varepsilon_{F-} + \frac{1}{2}JM \tag{4.51}$$

が成り立つ．(4.51)式は(4.46)式と同じものである．また，

$$M = \int_{\varepsilon\left(\frac{N-M}{2}\right)}^{\varepsilon\left(\frac{N+M}{2}\right)} D(\varepsilon)d\varepsilon \tag{4.52}$$

であるから，$\bar{D}(M)$ は図 4-7(a)での灰色のアミかけ部分の状態密度の平均値である．図 4-7(b)には $\bar{D}(M)$ の模式図を示す．水平な破線は J^{-1} であり，$\bar{D}(M)$ との交点から M の値が得られる．なお，(4.46)式は(4.25)式と同じ形をしているが，M を無限小にすると(4.46)式は(4.25)式になる．

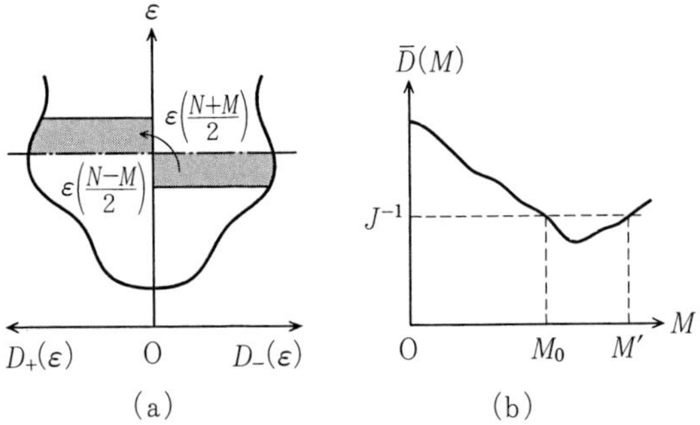

図 4-7 (a) スピン分極 M を作りだしたときの ＋，－ スピンバンドでの電子間相互作用を無視した場合の Fermi 準位．(b) 平均状態密度 $\bar{D}(M)$((4.45)式)と J^{-1} の交点から，安定状態でのスピン分極 M_0 が得られる．M' は(4.48)式を満足しないので，安定状態のスピン分極ではない．

最後に，磁性と凝集性質についてコメントしておこう．すでに述べたように，磁気状態ではバンドエネルギーが高くなっている．そのために，強磁性，反強磁性にかかわらず，磁気状態では非磁気状態と比べて結晶の体積が膨張する．この現象は一般には磁気体積効果として知られている．例えば，同じ bcc 構造でも，非磁性の場合と強磁性の場合では，計算で得られる平衡体積は約 10

%も後者のほうが大きい．磁気状態は安定結晶構造とも強い相関がある．4d, 5d 遷移金属は磁気秩序をもたないが，その場合には図 3-6 に示したように，Fe の列の Ru と Os では，安定結晶構造が hcp である．強磁性の Fe が bcc 構造をとるのは Fe のもつ比較的大きい磁気モーメントのせいである．図 4-6(a) から分かるように，強磁性状態の Fe における − スピン状態のバンドでは，Fermi 準位がちょうど状態密度の谷に位置している．これは図 3-8 で説明したように，まさに bcc 構造を有利にする．一方，非磁性状態の bcc Fe では Fermi 準位は状態密度のピークにかかっている(図 4-3 参照)．ただし，本節の冒頭で述べたように，LSDA では磁性と安定結晶構造の関係を正しくは記述できない．この問題については第 5 章で改めて触れることにする．

(ii)　γMn

Mn には，$\alpha, \beta, \gamma, \delta$ の 4 つの異なった相がある．α 相は低温から 1073 K まで安定に存在し，次いで β 相が 1373 K まで，γ 相が 1407 K まで，δ 相が融解温度の 1518 K までと順に現われる．このうち α 相と β 相は構造が複雑で，単位胞に含まれる原子の数はそれぞれ 58 と 20 である．α 相は特に複雑で，4 種類以上の異なった磁気モーメントが存在し，$1.9\mu_B$ から $0.25\mu_B$ まで分布している．しかも，磁気モーメントは互いに平行とか反平行というのではなく，もっと一般的な角度をもっている．β 相は急冷によって低温においても実現することができる．1.4 K の低温まで磁気秩序は存在せず常磁性を示すが，最近の中性子散乱の実験によって，反強磁性の強いゆらぎをもっていることが確認されている．δ 相は高温でしか存在しないので，その磁気的性質はよく分かっていないのに対して，γ 相は少量の不純物(Cu, Ni, Pd あるいは Fe など)を混入し，急冷することによって常温でも得ることができる．このように，Mn は多彩な興味深い磁気的性質を示し，現在もなお研究が進められている．本節では反強磁性体のバンド構造の典型として，γMn のバンド構造を調べてみよう．

γMn では Mn 原子は基本的には fcc 構造をとっており，磁気モーメントは図 4-8 に示すように c 軸方向に原子面ごとに反転する．仮に格子点が立方晶の Bravais 格子を作っていても，磁気モーメントの分布まで考えると，結晶の対

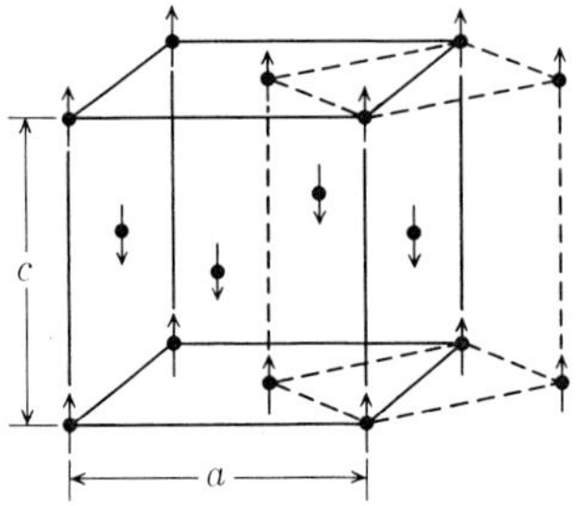

図 4-8 γMn の反強磁性状態での磁気モーメントの配列．破線で示されたものは単位胞である．

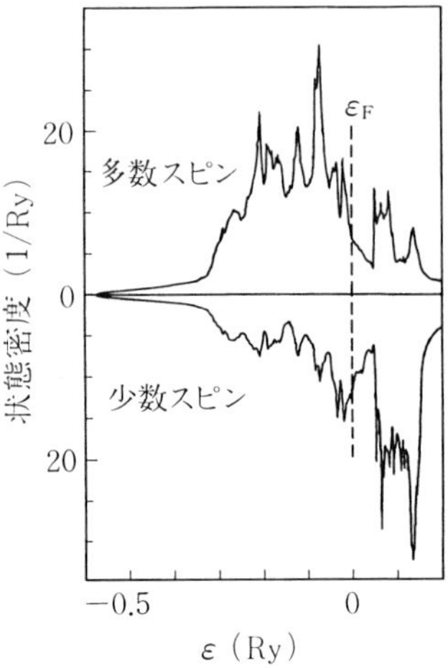

図 4-9 γMn の反強磁性状態での状態密度．（浅田寿生氏の好意による．）

称性は正方晶となるが，実際には c/a も 0.94 程度となっている．Mn 当たりの磁気モーメントは $2.3\mu_B$ であり，Néel 温度は 540 K である．γMn の反強磁性状態での状態密度を図 4-9 に示した．この状態密度をどのように解釈するかを説明しよう．図 4-8 での磁気モーメントが上向きの格子点（A 副格子）のみからなる仮想的な構造を考えてみよう．この仮想的な系は強磁性体であるので，その状態密度は模式的には図 4-10 の左図の実線のようになっている．次に磁気モーメントが下向きの格子点（B 副格子）からなる系を考える．ここでは A 副格子の場合のスピンの向きを入れかえることになるので，その状態密度は図 4-10 の右図の実線のようになる．それでは A 副格子と B 副格子が共存するとどうなるのであろうか？ A 副格子での＋スピン状態は B 副格子での＋スピン状態と混成する．A 副格子の＋スピン状態には B 副格子の＋スピン状態が混ざることによって，状態密度は高いエネルギー領域に裾をひくことになる．B 副格子の＋スピン状態についても同様にして，状態密度は低いエネルギー領域に裾をひく．次に，2 準位問題から予測できるように，A 副格子の状態と B 副格子の状態との混成は，それぞれのエネルギー準位間の反発を引き

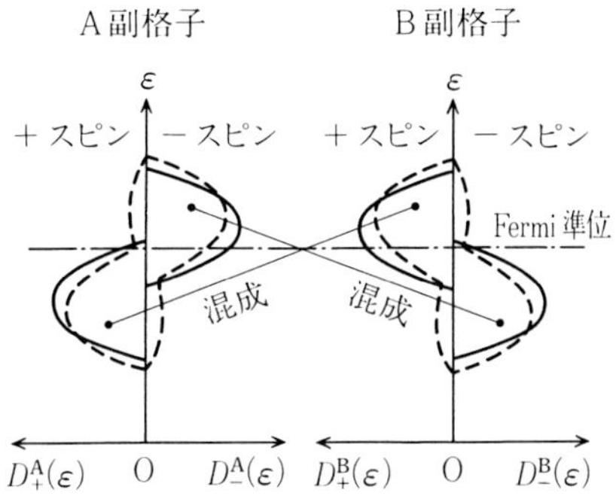

図 4-10 実線は A, B 副格子間の混成がないとした仮想的な系の状態密度．破線は A, B 副格子間の混成を考慮した場合．両副格子の同じスピン状態の間でのみ混成がある．

おこす．以上の 2 つの効果によって状態密度は破線のように変形することになる．もしも，B 副格子が A 副格子と全く同じ（強磁性状態に対応）であれば，A 副格子と B 副格子との混成は，＋スピン状態と－スピン状態それぞれの実線で示されるバンド幅を単に広げるだけである．

反強磁性状態での 2 つの副格子間の状態の混成によるエネルギー準位の反発は，多数スピン状態のエネルギーを下げる．Mn の d 電子数はほぼ 6 であり，Fermi レベルは少数スピンバンドにはわずかに食い込んでいるだけである．したがって，副格子間の距離を近くして副格子間の混成を強くすると，この混成に関しての結合状態である多数スピン状態のエネルギーの下がりが効いて，バンドエネルギーを下げることになる．しかし，図 4-10 からわかるように，副格子間の混成は原子当たりの磁気モーメントを減らす効果がある．このことはスピン分極による交換相互作用の得分を減らすことになる．γMn で c/a が 1 より小さくなるのは，前者の効果が後者の効果よりも勝ったためであると考えられる．Fe の場合に同じことを調べてみると，c/a は 1 より大きくなることが分かった．Fe の d 電子数はほぼ 7 であり，Fermi レベルは少数スピンバンドをほぼ半分埋めることになる．したがって，少数スピンバンドの広がりもまたバンドエネルギーの損得に効いてくる．同じような磁気構造であっても，

c/a の1からのずれはd電子数に依存している．

4-2 炭素が作る多彩な物質

物質の性質が，その組成だけではなく，構造に敏感に依存することを示す例として，炭素が作る多彩な物質を調べることにしよう．炭素からなる物質としてよく知られているものには，グラファイト(黒鉛)とダイヤモンドがある．通常の温度と圧力においては，グラファイトの方がダイヤモンドより1原子当たり0.02 eVだけ，エネルギー的に安定である．そのためにダイヤモンドがあまり存在しないので，希少価値があることになっている．炭素はその他にも種々の準安定構造が知られているが，最近特に注目されているものとして，フラーレン(C_{60})とナノチューブがある．C_{60}はグラファイトのアーク放電によって作られる煤の中に見いだされるが，見事にサッカーボールの形をした美しい分子である．このような分子が存在することだけでも驚きであるが，それが1つの原子であるかのようにfcc格子をつくり，さらにはアルカリ金属元素を加えると超伝導を示すようになるということで，現在多角的に研究が進められている．C_{60}はグラファイトと同じ6員環とそれとは異なる5員環をもっており，グラファイト的性質とダイヤモンド的性質が混在しているが，前者が支配的であると考えてよい．一方，ナノチューブはグラファイトを筒にまるめたもので，そうした筒が何重にも重なって存在することがある．同心円になっている筒の半径の差は，ほぼグラファイトの層間の距離に等しい(S. Iijima: Nature 354 (1991) 56)．筒の直径がナノメートルのオーダーであるので，ナノチューブとよばれる．ナノチューブの性質は本質的にグラファイトを基礎にして考えればよい．

a) ダイヤモンドの電子状態

ダイヤモンドの結晶構造は図4-11(a)に示されているが，そのBravais格子はfccであり，2つのfcc格子が[111]方向に，格子定数を a として $\frac{a}{4}(1,1,1)$ だけずれて重なっていると見なすことができる．したがって，単位胞内の原子

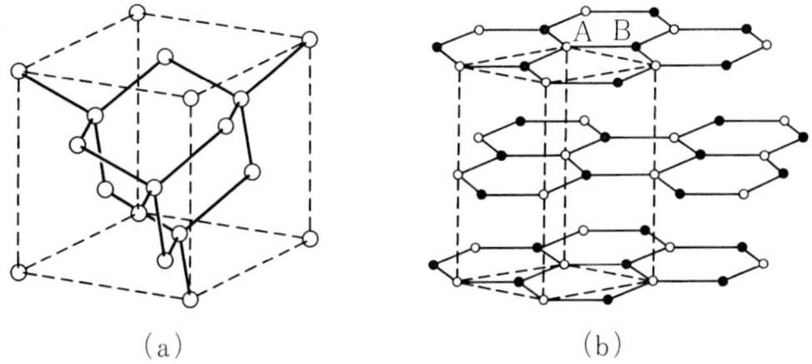

図 4-11 (a) ダイヤモンドおよび (b) グラファイトの結晶構造.

数は 2 であり，Brillouin 域は fcc のものと同じである.

ダイヤモンドのバンド構造が図 4-12 に示されている. Γ 点から X 点にいたる Δ 軸に沿ってのバンドに注目すると，いちばんエネルギーの低い Δ_1 分枝は主に s 軌道からなっている. 次の $\Delta_{2'}$ 分枝と Δ_5 分枝は主に p 軌道からなっている. ただし，Δ_5 分枝は 2 重縮退している. ここまでの状態が価電子帯であって，2 個の炭素原子からの 8 個の価電子によって完全に占有されている. ついで，バンドギャップに隔てられた伝導帯がある. バンドギャップの大きさは，実験では 5.48 eV であるが，LDA によるバンド計算ではその約 2/3 程度にしかならない. 計算でのバンドギャップの過小評価の問題は第 5 章で議論することにして，ここでは，バンド構造の 2 つの特徴に注意しておこう.

まず第 1 に重要な点は，伝導帯の底が Γ 点ではなく X 点からすこし離れた Δ 軸上にあることである. 一方，価電子帯の頂上は Γ 点にある. このような場合のバンドギャップを**間接遷移型**という. その意味は次のようなことである.

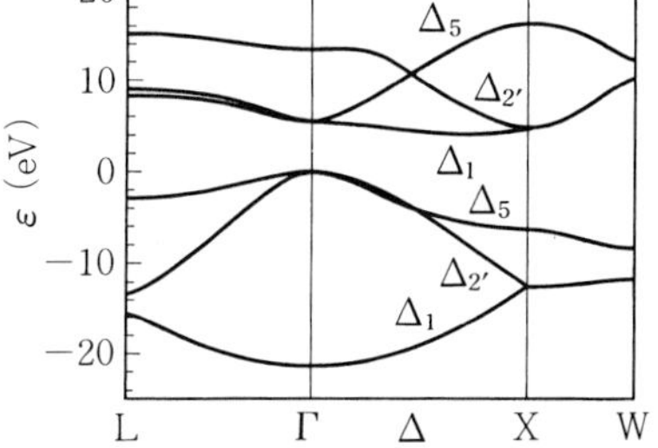

図 4-12 ダイヤモンドのバンド構造.

光によって電子を励起するときには，光子の運動量の大きさは，Brillouin 域の長さのスケールと比較するとほとんど無視できるほどに小さいので，電子はその波数ベクトルを保存するとみなしてもよい．したがって，間接遷移型のバンドギャップをもつ系では，価電子帯の頂上から伝導帯の底へ，光だけで電子を励起することはできない．実際は，フォノンの助けを借りての弱い励起が生じる．逆に，何らかの手段で，伝導帯の底の状態に電子が励起されていたとする．その電子は光を放出して価電子帯に落ち込むことができない．伝導帯の底の状態と同じ波数ベクトルをもつ価電子帯の状態のエネルギーは低いので，その状態が空いていることはないし，価電子帯の頂上の状態への遷移は，波数ベクトルの保存の条件を満足しないために許されないからである．この事情は，Si においても全く同じであり，Ge においても伝導帯の底が L 点にあるという違いを除いて，本質的に同じである．したがって，結晶状態の Si や Ge は発光素子としては役に立たない．

第 2 の点は，Δ_1 の分枝と $\Delta_{2'}$ の分枝とが X 点で縮退していることである．簡単のために，価電子帯に注目することにすると，Δ_1 と $\Delta_{2'}$ は本質的には，自由電子の状態が Brillouin 域境界で折り返されたものと見ることができる．単純な fcc 格子においては，結晶ポテンシャルの効果によって，X 点においてエネルギー分裂が生じることは第 1 章で述べたとおりである．fcc 格子では，下から 2 番目の分枝の対称性はいちばん下の分枝のものと同じ Δ_1 である．同一の対称性の状態は混成するために，X 点で結合状態と反結合状態に分離する．それに対して，ダイヤモンド格子では，下から 2 番目の分枝の対称性は $\Delta_{2'}$ であり，いちばん下のものとは異なっている．したがって，これら 2 つの分枝は混成しないので X 点で同じエネルギーをもつことができる．こうした問題は群論によって扱われるが，その詳細は他の文献に譲ることにする．

局所的に原子配置を眺めれば，個々の原子は 4 つの最近接原子が作る正 4 面体の中心に位置している．最近接原子同士は，それぞれの原子から 1 つずつ供給された 2 つの電子を共有して強い共有結合を作っている．1 つの原子から見れば，テトラポットのように，4 本の結合の手を出している．4 価の原子が正

4 面体的原子配置をしているときの電子配置は sp^3 であるといわれるが，そのときの 4 本の結合の手を表わす電子軌道は次のように書ける．簡単のために，炭素の 2s 軌道を単に s，3 つの 2p 軌道を (p_x, p_y, p_z) と書くと，[111] 方向に延びた軌道は

$$\varphi_{[111]} = (1/2)(s+p_x+p_y+p_z) \qquad (4.53)$$

である．同様に，$[1\bar{1}\bar{1}]$, $[\bar{1}1\bar{1}]$, $[\bar{1}\bar{1}1]$ 方向にそれぞれ延びた軌道は

$$\varphi_{[1\bar{1}\bar{1}]} = (1/2)(s+p_x-p_y-p_z) \qquad (4.54)$$

$$\varphi_{[\bar{1}1\bar{1}]} = (1/2)(s-p_x+p_y-p_z) \qquad (4.55)$$

$$\varphi_{[\bar{1}\bar{1}1]} = (1/2)(s-p_x-p_y+p_z) \qquad (4.56)$$

となる．価電子帯の状態は，隣りあう原子間でこれらの軌道が結合的な組合せになったものである．特に，結合軸のまわりで軌道は回転対称性をもっているので，これらの結合軌道は σ 軌道であり，それらから作られる結合を σ 結合という．原子をふくむ (110) 面内での価電子密度分布が図 4-13(a)に示されている．比較のために，図 4-13(b)には，同じダイヤモンド構造の Si についての価電子密度分布を示した．結合状態であることを反映して，原子と原子との間での電子密度は，孤立原子の電子密度の単なる重ね合せと比較すると高くなる．このように，原子間で増加した電子密度を**結合電荷**とよぶ．Si や Ge では

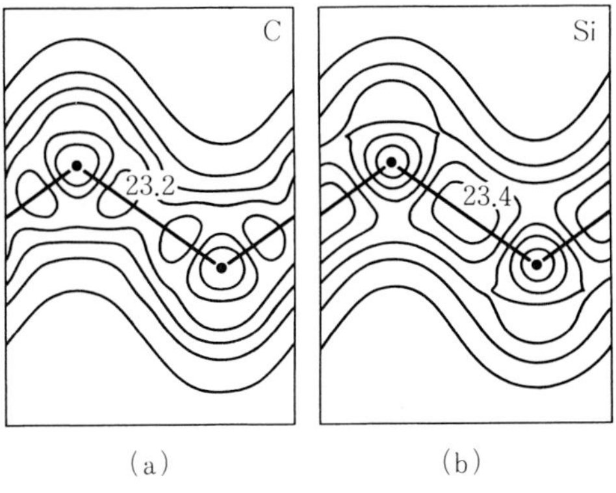

図 4-13 (110) 面内での価電子密度分布．(a) ダイヤモンド，(b) Si．(M. L. Cohen: Science **234** (1986) 549.)

この結合電荷は顕著であり，図 4-13(b)に見られるように，価電子密度分布が原子間でピークをもつ．一方，C の場合は価電子密度分布は原子間で 2 つの小さいピークに分裂している．

b）グラファイトの電子状態

グラファイトの結晶構造は，図 4-11(b)に示すように層状の物質である．1 枚の層を取り出せば，蜂の巣格子になっており，すべての原子は等価である．層を重ねるとき，隣りあう層同士はすこしずれている．ある 1 つの層内の原子位置としては，真上あるいは真下に原子が存在する位置と，上下の層の 6 角形の中心に当たる位置の 2 種類がある．したがって，3 次元のグラファイト結晶には，非等価な 2 種類の炭素原子が存在している．層内での最近接原子間距離は 1.421 Å であり，ダイヤモンドでの値 1.545 Å よりもかなり短い．一方，層間の距離は 3.337 Å と大きく，層間の結合は van der Waals 結合である．層内では，1 つの原子は 3 個の最近接原子をもっており，電子配置 sp^2 に対応して，それら最近接原子との間に 3 つの σ 結合が作られる．もう 1 つの p 軌道は層面に垂直に延びた p_z 軌道（π 軌道ともよばれる）であり，隣りあう原子間で π 結合を作る．

さて，3 次元のグラファイトの電子状態を議論する前に，1 層だけを取り出してその電子状態の解析をしてみよう．図 4-14(a)には，その場合の単位胞が破線で示されているが，単位胞には等価な 2 つの炭素原子がある．対応する

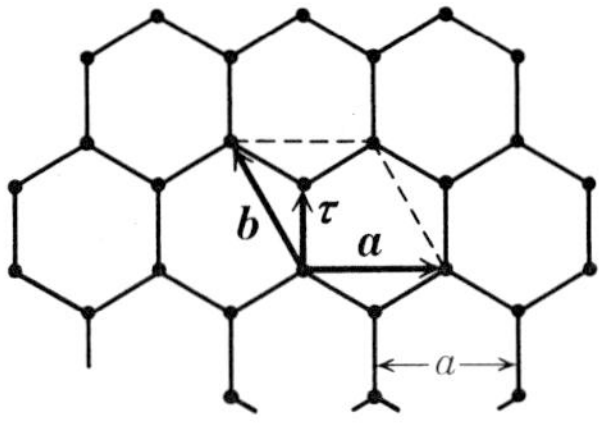

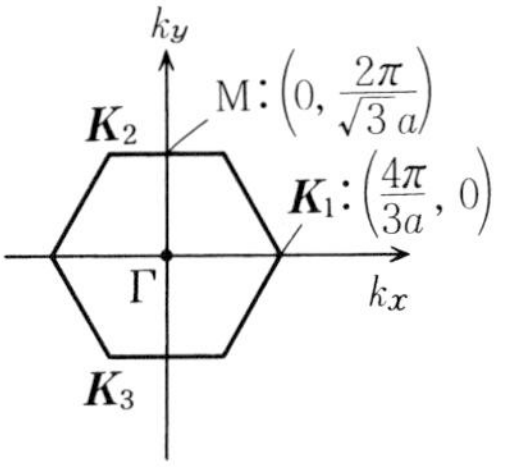

図 4-14 (a) グラファイト 1 層の格子．(b) 第 1 Brillouin 域．$\boldsymbol{a}$ と $\boldsymbol{b}$ は基本並進ベクトル．(a)において $\boldsymbol{a}, \boldsymbol{b}$ および破線で囲まれているのが単位胞である．a=2.5489 Å.

Brillouin 域は同図(b)に示してある．1層だけの場合には，上で述べた σ 軌道と π 軌道は，層面に関する鏡映対称性が違うために，Brillouin 域内のすべての $\boldsymbol{k}$ ベクトルについて混成することはない．

グラファイト1層のバンド構造を図4-15に示した．3つの σ 軌道は，隣り合う原子間で結合状態と反結合状態を作り，その結合状態に対応する3本のバンドが低いエネルギーのところにできる．それらのバンドには，スピンの自由度を考慮して6個の電子が収容される．これらの電子はエネルギーが低いために，グラファイトに特有の伝導性に関する物性には寄与しない．しかし，蜂の巣格子の強い安定性には重要な寄与をしている．

一方，π 軌道から作られる結合 π バンド(図中の π_1)と反結合 π^* バンド(図中の π_2)は，グラファイト特有の興味深い状況を作る．図4-15に見られるように，K点で2つのバンドが縮退しており，電子2個を収容している結合 π バンドはバンドギャップがゼロで空の反結合 π^* バンドに接している．K点でのバンドの様子は，グラファイトの物性を決めている要因であるので，以下で，バンドの縮退についての1通りの説明を与えておこう．格子位置を $\boldsymbol{R}_n$ とし，原子Aと等価な位置にある p_z 軌道から作られる Bloch 波を

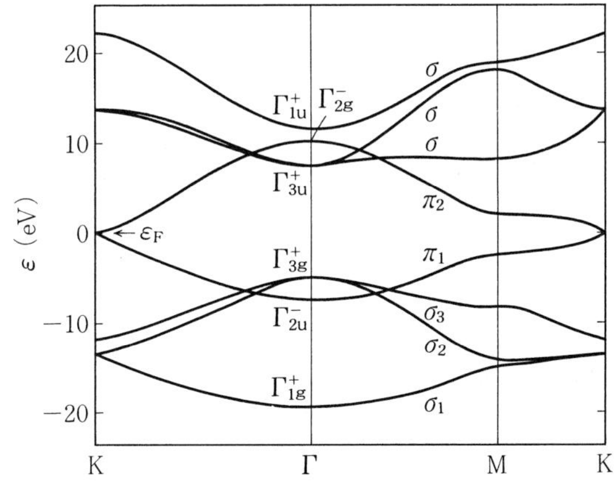

図4-15 グラファイト1層の場合のバンド構造．(G. S. Painter and D. E. Ellis: Phys. Rev. **B1** (1970) 4747.)

$$\Psi_{\mathrm{A}} = \frac{1}{\sqrt{N}} \sum_n e^{i\boldsymbol{k}\cdot\boldsymbol{R}_n} \varphi(\boldsymbol{r}-\boldsymbol{R}_n) \tag{4.57}$$

とする．同様に，原子Bに対応して

$$\Psi_{\mathrm{B}} = \frac{1}{\sqrt{N}} \sum_n e^{i\boldsymbol{k}\cdot(\boldsymbol{R}_n+\boldsymbol{\tau})} \varphi(\boldsymbol{r}-\boldsymbol{R}_n-\boldsymbol{\tau}) \tag{4.58}$$

を考える．Ψ_{A} と Ψ_{B} の組合せで，結合 π バンドと反結合 π^* バンドが作られるので，K点でそれが縮退するには

$$\langle \Psi_{\mathrm{A}} | H | \Psi_{\mathrm{B}} \rangle |_{\mathrm{K}} = 0 \tag{4.59}$$

でなければならない．K点としては，3回対称でつながる次の3点を考える．

$$\boldsymbol{K}_1:\ 2\pi\left(\frac{2}{3a}, 0\right), \quad \boldsymbol{K}_2:\ 2\pi\left(\frac{-1}{3a}, \frac{1}{\sqrt{3}\,a}\right), \quad \boldsymbol{K}_3:\ 2\pi\left(\frac{-1}{3a}, \frac{-1}{\sqrt{3}\,a}\right)$$

$\boldsymbol{k}$ がいずれかの $\boldsymbol{K}_i$ にあるとして，

$$\langle \Psi_{\mathrm{A}} | H | \Psi_{\mathrm{B}} \rangle = e^{i\boldsymbol{k}\cdot\boldsymbol{\tau}} W(\boldsymbol{k}) \tag{4.60}$$

ただし，

$$W(\boldsymbol{k}) = \sum_n e^{i\boldsymbol{k}\cdot\boldsymbol{R}_n} \langle \varphi(\boldsymbol{r}) H \varphi(\boldsymbol{r}-\boldsymbol{R}_n-\boldsymbol{\tau}) \rangle \tag{4.61}$$

である．原子Aのまわりの3回回転操作を O_3 とする．(4.60)式に O_3 を施す．積分値 $\langle \varphi(\boldsymbol{r}) H \varphi(\boldsymbol{r}-\boldsymbol{R}_n-\boldsymbol{\tau}) \rangle$ は対称操作に対しては不変であるから，

$$\begin{aligned} O_3 \langle \Psi_{\mathrm{A}} | H | \Psi_{\mathrm{B}} \rangle &= \sum_n e^{i\boldsymbol{k}\cdot O_3(\boldsymbol{R}_n+\boldsymbol{\tau})} \langle \varphi(\boldsymbol{r}) H \varphi(\boldsymbol{r}-\boldsymbol{R}_n-\boldsymbol{\tau}) \rangle \\ &= \sum_n e^{iO_3^{-1}\boldsymbol{k}\cdot(\boldsymbol{R}_n+\boldsymbol{\tau})} \langle \varphi(\boldsymbol{r}) H \varphi(\boldsymbol{r}-\boldsymbol{R}_n-\boldsymbol{\tau}) \rangle \end{aligned} \tag{4.62}$$

となる．もし，$\boldsymbol{k}$ が $\boldsymbol{K}_1$ なら $O_3^{-1}\boldsymbol{K}_1 = \boldsymbol{K}_2$ であり，しかも $\boldsymbol{K}_i - \boldsymbol{K}_j$ は逆格子ベクトルになっているので，

$$O_3 \langle \Psi_{\mathrm{A}} | H | \Psi_{\mathrm{B}} \rangle |_{\boldsymbol{k}=\boldsymbol{K}_1} = e^{iO_3^{-1}\boldsymbol{K}_1\cdot\boldsymbol{\tau}} W(\boldsymbol{K}_1) \tag{4.63}$$

となる．ところで，$\boldsymbol{\tau} = (0, a/\sqrt{3})$ であり，$\boldsymbol{K}_1\cdot\boldsymbol{\tau} = 0$，$\boldsymbol{K}_2\cdot\boldsymbol{\tau} = 2\pi/3$，$\boldsymbol{K}_3\cdot\boldsymbol{\tau} = -2\pi/3$ の関係がある．したがって，

$$\begin{aligned} (1+O_3+O_3^2) \langle \Psi_{\mathrm{A}} | H | \Psi_{\mathrm{B}} \rangle |_{\boldsymbol{K}_1} &= (1+e^{i2\pi/3}+e^{-i2\pi/3}) W(\boldsymbol{K}_1) \\ &= 0 \end{aligned} \tag{4.64}$$

となる．もともと，$\langle \Psi_A | H | \Psi_B \rangle$は単なる数値であるから，対称操作を施しても不変である．したがって，(4.64)式より

$$\langle \Psi_A | H | \Psi_B \rangle |_{K_1} = 0$$

すなわち(4.59)式が成り立ち，K 点での縮退が残ることになる．

層が重なって，図 4-11(b)のような構造を作ると，層間の相互作用によって原子 A と原子 B は等価ではなくなる．まず，原子 A のエネルギー準位は原子 B のものより，計算によると 26 meV，実験によると 8 meV だけ低い．このエネルギー差は小さい．より重要なことは，原子 A と原子 B では隣り合う層間での軌道の重なり方が違うことである．ふたたび K 点に注目することにしよう．そこでは，隣り合う層間での原子 B 同士および AB 原子間のとび移り積分は，上での議論と同じようにして消えることが示される．一方，原子 A については，真上と真下に原子 A があるので，隣り合う層間での原子 A 同士のとび移り積分は結構大きい値をとる．このことから，K 点においては原子 B の π 軌道によるバンドには 2 重縮退があるが，原子 A に起因するバンドは縮退がとける．その分裂は結構大きくて，約 1.6 eV である．ただし，H 点(図 4-16(a)参照)では，上下の層での Bloch 関数の位相が打ち消しあって，原子 A に起因するバンドの分裂も消える．さらに重要なことは，原子 B に起因するバンドの，K 点から H 点にいたるまでのバンドの分散である．これは主に，2 層離れた原子 B 同士間のとび移り積分 γ によって支配される．K 点から H 点の方向への波数ベクトルを k_z，層間距離の 2 倍を c_0 とすると，そのバンドの分散は $2\gamma \cos^2(k_z c_0/2)$ となり，γ の値は，理論計算では -14 meV であり，実験では -20 meV である．この分散によって，Fermi 準位はこのバンドにかかることになり，グラファイトが半金属となる．K 点のまわりに電子の Fermi 面が，H 点のまわりに正孔の Fermi 面ができる．図 4-16(b),(c) にグラファイトのバンド構造を示した．

こうした，非常に微妙な事情によって半金属になるので，絶対零度でのキャリアーである電子と正孔の数は，原子当たりわずか 10^{-4} 程度にすぎない．そのために Fermi エネルギーも非常に小さくなり，外部からの弱い摂動も，グ

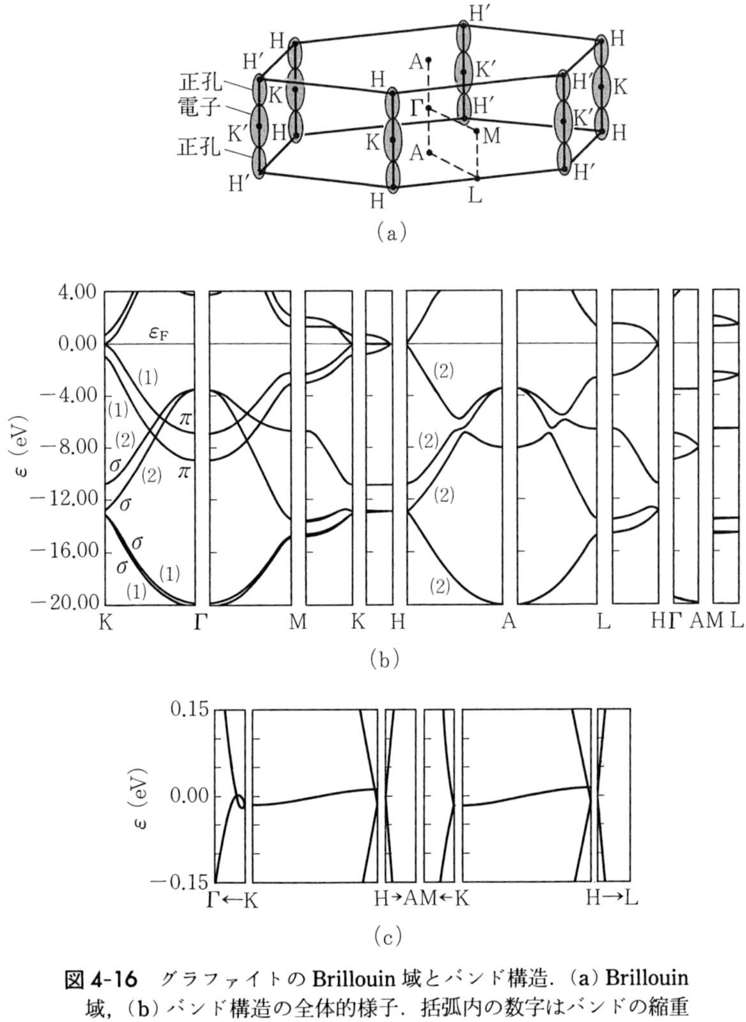

図 4-16 グラファイトの Brillouin 域とバンド構造. (a) Brillouin 域, (b) バンド構造の全体的様子. 括弧内の数字はバンドの縮重度. **σ**, **π** は **σ** バンドおよび **π** バンドを示す. (c) Fermi 準位近傍の拡大図. (c)においては K から Γ, H から A は全体の 1/15 だけ, K から M, H から L は全体の 2/15 だけが示されている. (J.-C. Charlier *et al*.: Phys. Rev. **B43** (1991) 4579.)

ラファイトの物性に大きい影響を与えることになる．1つの興味深い現象として，磁場によって半金属-半導体転移が観測されている．グラファイトが層状物質であることを利用して，その層間に異物質を挿入することができる．これをグラファイトインターカレーション(GIC)という．アルカリ金属を挿入することによって，超伝導が見いだされるなど，多彩な興味ある現象が見いだされている．

c）ナノチューブの電子状態

1枚のグラファイト層を取り出し，図4-17に示すように各単位胞にインデックスをつける．この層をまるめて筒を作るとしよう．例えば，原点と(n_1, n_2)を結ぶ線に垂直な方向を筒の軸とし，(n_1, n_2)の単位胞と原点の単位胞を重ねるようにすると，(n_1, n_2)で指定された筒が一義的に決まることになる．そのようにして得られる筒を$A(n_1, n_2)$と表わす．最近の研究によると，こうして作られた筒の両端は，適当なキャップでふたをされているようであるが，このふたのことを無視して，筒は軸方向に無限に延びているとする．

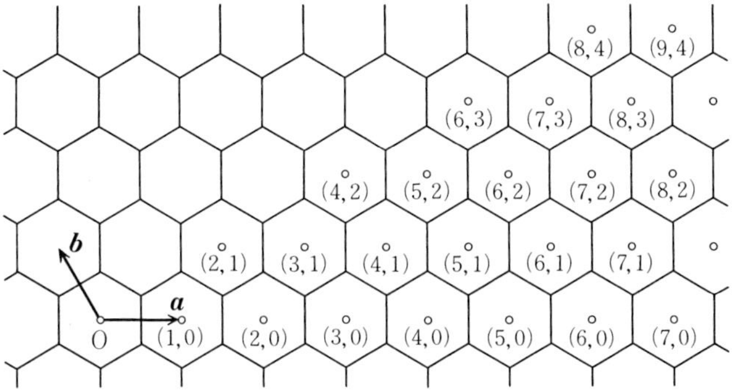

図4-17 炭素ナノチューブの構造を指定するためのインデックス．(N. Hamada, S. Sawada and A. Oshiyama: Phys. Rev. Lett. **68** (1992) 1579.)

筒の電子状態，特にFermi準位近傍の電子状態は(n_1, n_2)の選び方によって顕著な違いを示す．そのことを典型的な2種類の場合を考えることによって議論しておこう．

(i) A(n,0)の場合

筒の円周に沿って1周すると，状態は元に戻らなくてはならない．A(n,0)の場合，円周に沿っての波数ベクトルを $k_\perp$ とすると，$\exp ik_\perp na=1$，すなわち，$k_\perp na=(2\pi\times$整数$)$でなければならない．したがって，$k_\perp$ は離散的になり，その刻みは $\Delta k_\perp=2\pi/na$ となる．一方，軸方向には無限に長いとしているので，その方向の波数ベクトル $k_{/\!/}$ は連続値をとる．

筒の電子状態に定性的変化をもたらせるのは，グラファイトのBrillouin域のK点が上述の波数ベクトルに含まれるかどうかであり，それによって炭素ナノチューブは金属的になったり半導体的になったりする．K点の座標から，n が3の倍数であれば，K点は許される波数ベクトルに含まれる．もともと，グラファイトの1枚の層ではK点ではバンドの2重縮退があり，Fermi準位はまさにそのエネルギーの所にあることを説明した．したがって，n が3の倍数の場合には金属的になる可能性が強い．それ以外の場合には，半導体である．実際は，筒の円周に沿っては有限の曲率のために，隣り合う π 軌道は完全には平行ではなく，その間のとび移り積分には σ 成分がすこし混ざる．このため，バンドが縮退する k 空間内の位置はK点からわずかにずれることになる．したがって，n が3の倍数であっても，meVオーダーのギャップが存在する．図4-18に，n を変えたときのバンドギャップの変化を示した．

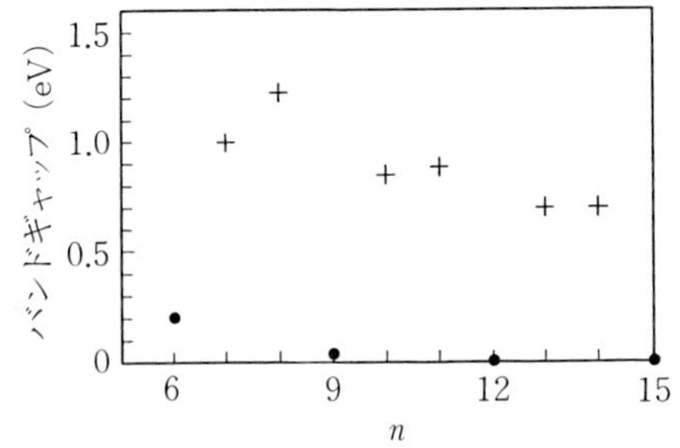

図4-18 A(n,0)の炭素ナノチューブのバンドギャップ．(N. Hamada, S. Sawada and A. Oshiyama: Phys. Rev. Lett. **68** (1992) 1579.)

(ii) A($2n$, n)の場合

いかなる n についても，K点は許される波数ベクトルに含まれる．図4-19に，A(12,6)の場合のバンドの様子を示す．すべての n に対して，系は金属

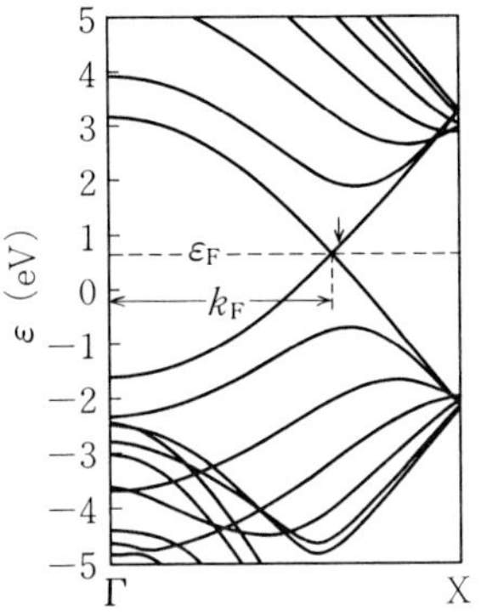

図 4-19 A(2n, n) の炭素ナノチューブの例として，n=6 の場合のバンド構造．X 点は Γ 点から筒の軸方向に，π/a ずれたところ．矢印はグラファイトの K 点に対応する波数ベクトルを示す．(N. Hamada, S. Sawada and A. Oshiyama: Phys. Rev. Lett. **68** (1992) 1579.)

的になる．ただし，1 次元系であるので，図中での k_F に対応して $2k_F$ の電荷密度波の生成に対して不安定であり，その結果としてギャップが生じることになる．しかし，ギャップは小さいので有限温度では実際上は金属であろうと考えられている．

以上のように，許される波数ベクトルが K 点を含むかどうかが，炭素ナノチューブの物性を大きく左右する．それらをまとめておくと，A(n_1, n_2)（ただし，$n_1 \geqq 2n_2$）において，$n_1 = 2n_2$ なら金属，$n_1 - 2n_2 = 3m$ (m=1, 2, …) なら狭いバンドギャップの半導体，そしてそれ以外の場合は，ある程度のバンドギャップをもった半導体となる．

均一な良質の試料がこれまでは得られていなかったために，ナノチューブの物性測定はあまりなされていない．試料作成のノウハウの蓄積に伴い，上記の理論予測のチェックがなされる日も近いことと思われる．また，チューブの中に異種原子を取り込むことにより，ナノチューブの物性を制御する実験も行なわれつつある．

［注］ 炭素系の研究の進歩は著しいので，研究の最先端の情報は目まぐるしく変化する．この節で述べた計算結果は，半経験的な強束縛近似(1-4 節)によるものである．第 1 原理の擬ポテンシャル法(2-3 節 b 項)による A(n, 0) 系の計算が最近行なわれた(X. Blase *et al.*: Phys. Rev. Lett. **72** (1994) 1878)．それによると，n が 6〜9 程度では筒の曲面の曲率が大きいために σ-π の混成が

強く，Fermi 準位近傍の状態にも σ 成分が強い．それに伴い，図 4-18 に相当するバンドギャップの値も相当に変わり，Blase らの得た値は -0.83 eV($n=6$)，0.09 eV($n=7$)，0.62 eV($n=8$)，0.17 eV($n=9$) となっている．負のバンドギャップは，系が金属的であることを意味する．ただし，これらのバンドギャップの値は LDA によるものであるから，多少の過小評価になっている可能性がある．

d) C_{60} およびその化合物

(i) C_{60} の構造

新しい発見の最初の論文からは，発見の興奮が伝わってくる．1985 年の Kroto らによる C_{60} 発見の場合もそのとおりである(H. W. Kroto, J. R. Heath, S. C. O'Brien, R. F. Curl and R. E. Smalley: Nature **318** (1985) 162)．宇宙空間での長い鎖構造の炭素分子生成の機構を調べる目的で，レーザーを当ててグラファイトを蒸発させ，その生成物を質量分析計で測っていたところ，C_{60} が非常に安定に存在することを見出したのである．その特異な安定性から，C_{60} には結合の相手を失った炭素原子はないと予想され，そのためには球面上に sp^2 ボンドを配置するのがよかろうということとなった．そこで，建築家の Buckminster Fuller による特異な建造物からヒントを得て，サッカーボール型の C_{60} 構造を提案し，C_{60} を Buckminsterfullerene と名づけた．その後，単に**フラーレン**(fullerene)と呼ばれるようになっている．時にはバッキーボール(Buckyball)とも呼ばれることがある．

C_{60} 分子そのものの構造の決定，およびその後の固体物理的な発展が可能となったのは，Krätschmer らによる，黒鉛電極間のアーク放電によってつくられる煤の中の大量の C_{60} 生成の発見による(W. Krätschmer, L. D. Lamb, K. Fostiropoulos and D. R. Huffman: Nature **347** (1990) 354)．C_{60} 分子は，Kroto らが予測したとおりに，図 4-20 に示されたようなサッカーボール構造をしており，正 5 角形 12 個と正 6 角形 20 個とからなり，頂点の炭素原子はすべて同等である．かなり球形に近い形状であり，球で近似するとその半径は 3.52 Å である．C-C 結合には 2 つの 6 角形を共有するものと 6 角形と 5 角形

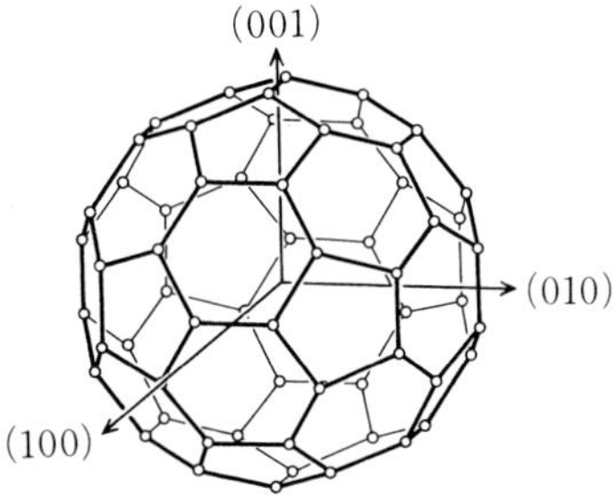

図 4-20　C_{60} 分子の構造.

を共有するものの 2 種類ある．前者の結合距離は 1.40 Å で，グラファイトでの炭素間結合距離(1.421 Å)よりわずかに短いが，後者は 1.46 Å となっている．いずれにせよ，ダイヤモンドでの 1.54 Å よりはかなり短く，炭素間結合はグラファイトの sp^2 型に近い．

C_{60} はそれが 1 つの原子であるかのように，それ自身で結晶を作るし，他の元素との化合物も作る．C_{60} 自身は fcc 格子を作ることが知られている．C_{60} が単なる原子ではないことの特徴は，格子点での分子の配向が重要になる点である．隣り合う分子の相対的な向きによって，電子が分子間をとび移りやすいかどうかが大きく左右される．C_{60} 結晶では分子配向に関連する相転移が見つかっている．

C_{60} 分子が作る fcc 結晶の格子定数は 14.2 Å である．室温では分子はほとんど自由回転に近い回転運動をしている．したがって，結晶全体の対称性は C_{60} を球と見なしたものとなっている．温度を下げていくと，転移温度には試料依存性があるが，250 K から 260 K の間で 1 次相転移を起こし，空間群が $Pa\bar{3}$ となる．この構造では C_{60} 分子の中心は fcc 構造のままであるが，分子の配向が部分的に凍結しており，単純立方(sc)格子の中に含まれる 4 つの C_{60} 分子が異なった向きをもっている．C_{60} の $Pa\bar{3}$ 構造とはどんなものか説明しておこう．まず，すべての C_{60} 分子の配向を図 4-20 のように揃えて fcc 格子上に並べる．次に，(000)，$\left(\frac{1}{2}\,0\,\frac{1}{2}\right)$，$\left(\frac{1}{2}\,\frac{1}{2}\,0\right)$，$\left(0\,\frac{1}{2}\,\frac{1}{2}\right)$ にある分子をそれぞれ [111]，$[\bar{1}\bar{1}1]$，$[1\bar{1}\bar{1}]$，$[\bar{1}1\bar{1}]$ 軸のまわりに 22° 回転する．そうすると，最近接の C_{60} 分子の間では，片方の C_{60} 分子での 2 つの 6 角形を共有するボンドの 1 つが他方

の C_{60} 分子の5角形面に近接することになる．この配列が安定化される理由としては，次のようなことが考えられている．2つの6角形を共有するボンドは，ボンド長が短いことにも反映されているように2重結合的であり，結合電子密度が高い．一方，5角形の辺をつくるボンドは1重結合的であって電子密度が低い．したがって，平均的に電子密度が低い5角形面と，電子密度が高い2重結合が近づくことにより，静電的に安定化されるとするものである．

$Pa\bar{3}$ 構造においても，C_{60} 分子の回転運動は完全に凍結したのではなく，等価な方位の間をジャンプしていることが知られている．

(ii) C_{60} の電子状態

グラファイトと同様に，C_{60} は，sp^2 配置による σ 結合状態は低いエネルギー状態となり，Fermi 準位近傍の状態は主として π 軌道からなっている．ただし，π 軌道とは，各原子に中心をもち，球面に垂直にのびた p 軌道のことである．球面上に原子が配置されているので，π 軌道と σ 軌道の間には多少の混成がある．π 軌道だけからなる電子状態に注目すると，第1近似としてそれは球殻状ポテンシャルにとらえられた電子系と見なすことができる．こうした解析から，$l=4$ までの状態が完全に占有され，50個の電子が収容される．残り10個の π 電子が $l=5$ の状態に収容されることになる．$l=5$ の状態は軌道が11重に縮退しており，スピンの自由度まで考慮すると22個の電子が収容できる．ところで，C_{60} 分子は正20面体対称性をもち，その点群は120個の対称操作をもつ I_h とよばれるものである．この対称性のもとでは $l=5$ の11重縮退の状態は5重縮退の h_u，3重縮退の t_{1u} および3重縮退の t_{2u} 状態に分裂する．このうち，h_u 状態が最高占有状態(HOMO)であり，t_{1u} 状態が最低空状態(LUMO)となることがわかっている．計算によれば，HOMO と LUMO のエネルギーギャップは約1.9 eV である．図4-21の(a)に C_{60} 分子のエネルギー準位を示した．

C_{60} 固体の電子状態は，すでに指摘したように C_{60} 分子の配向に依存する．まず最初に，図4-20に示したような分子の向きのままで fcc 格子を組んだ場合の計算結果を図4-21の(b)，および Fermi 準位近傍の拡大図を(c)に示した．

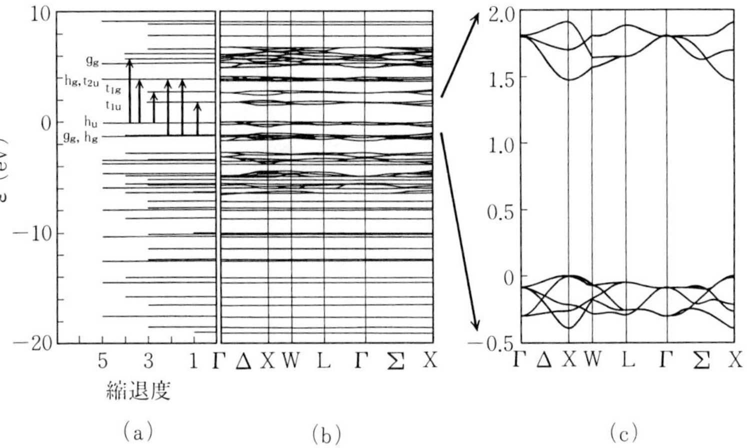

図 4-21 (a) 孤立 C_{60} 分子の エネルギー準位. 線の長さは各準位の縮退度を表わす. 縦軸のエネルギーの基準は最高占有状態のエネルギーにとってある. 図中の矢印は励起エネルギーが 6 eV 以下の許容光遷移を示す. (b) 図 4-20 の C_{60} を fcc 格子に並べたときのバンド構造. (c) Fermi 準位近傍のバンド構造の拡大図. (S. Saito and A. Oshiyama: Phys. Rev. Lett. **66** (1991) 2637.)

分子間での最短原子間距離が約 2.9 Å と離れているために分子間の相互作用が弱く, fcc 格子を組んでも, 固体のエネルギーバンドが孤立分子でのエネルギー準位の特色を保持している. C_{60} 固体はバンドギャップが約 1.5 eV の半導体である. 分子の配向が変わってもこの一般的傾向は変化しないが, それぞれのバンドの分散はかなり大きく変化する.

(iii) C_{60} 化合物

C_{60} 分子を 1 つの構成単位と見なし, 他の元素と組み合わせて化合物を作ることは興味深い. また, C_{60} 分子のかごの中に他の原子をとり込んで, 構成単位の性質を変えることも可能である. 現在急速に進歩しつつあるこの分野の概観を与えることは困難であり, 超伝導性を示すことで強い興味をもたれている, アルカリ金属元素との化合物に限って, 簡単に研究の現状を紹介しておこう.

アルカリ金属元素 A と C_{60} との化合物を A_xC_{60} と一般的に表わすことにする. 表 4-2 には, 各元素のイオン化ポテンシャルが示されている. Li のイオン化ポテンシャルがいちばん大きくて 5.39 eV であるが，炭素のイオン化ポテンシャルは 11.26 eV であってはるかに大きい．したがって，A_xC_{60} においてはアルカリ金属元素 A は +1 価に近いイオンの状態となっていると考えられている．表 4-2 には，A^+ としてのイオン半径も示されている．Li と Cs ではイオン半径に大きな差がある．同じアルカリ金属元素であっても，表 4-2 に示されているように，元素間の性質の大きな差異により，A_xC_{60} の物性も A によって大きく左右されることが知られている．例えば，A_3C_{60} に限っていえば，A が Na, K, Rb については C_{60} は fcc 格子を保つ．fcc 格子には 8 面体格子間位置が 1 つ，4 面体格子間位置が 2 つあるので，A はそれらの位置を占める．しかし，Li_3C_{60} の存在は知られていないし，Cs_3C_{60} では，C_{60} は bcc 格子を作るといわれている．また，構造的には同じではあるが，K_3C_{60} と Rb_3C_{60} は，転移温度 T_c がそれぞれ 19 K, 29 K の超伝導体であるが，Na_3C_{60} は超伝導性を示さない．A の違いによるこうした物性の相違はまだよく理解されてはいない．

表 4-2 アルカリ金属元素のイオン化ポテンシャルと +1 価イオンのイオン半径

	イオン化ポテンシャル(eV)	イオン半径(Å)
Li	5.39	0.69
Na	5.14	1.02
K	4.34	1.38
Rb	4.18	1.49
Cs	3.89	1.70

K_3C_{60} についてのバンド計算によると，バンドの分散は C_{60} のものとあまり変化せず，K からの価電子は C_{60} での LUMO をただ単に埋めていくだけのように見える．C_{60} での LUMO は 3 重縮退の t_{1u} 状態であったから，この t_{1u} バンドがちょうど半分埋まることになり，図 4-22 に示したように，Fermi 準位はこのバンドでの状態密度のピークにかかっている．Fermi 準位での状態密度 $D(\varepsilon_F)$ の高いことが超伝導転移温度 T_c を高くしていると考えることができ

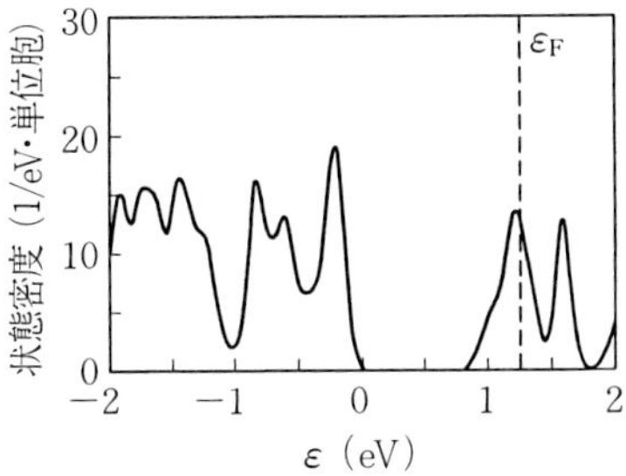

図 4-22 K_3C_{60} の状態密度. (S. Saito and A. Oshiyama: Phys. Rev. **B 44** (1991) 11536.)

る. この予想を支持するように見える実験データは T_c と格子定数 a の相関である. 例外はあるが, a が大きいほど T_c が高い. a が大きいとバンド幅は狭くなり, $D(\varepsilon_F)$ が高くなるのである.

上述のバンド理論に基づく議論は A_6C_{60} が半導体的になることをうまく説明する. つまり, A_6C_{60} では t_{1u} バンドが完全につまってしまい, その上の t_{1g} バンドとの間にバンドギャップがあるということになる.

(iv) 電子相関の問題

A_xC_{60} のすべての性質を説明できるかどうかは保証されているわけではないが, すでに見てきたように, バンド理論は C_{60} が半導体的であること, K_3C_{60} が金属であること, また, A_6C_{60} が半導体的であることを説明することができる. ところが, C_{60} 系および A_3C_{60} 系は, 電子相関の強い系ではないかという問題指摘がなされた. 電子相関の問題は次の第5章で議論するが, 話の続きとして C_{60} のことはここで述べることにする. 電子相関についての予備知識をもたない読者は, 第5章を読んでからこの項に戻られるのがよい.

電子相関が重要かどうかは, Coulomb 相互作用 U とバンド幅 W の大小関係で決まる. ごく定性的にいえば, もしも $W>U$ であればバンド理論が第1近似としては正しいが, $W \leqq U$ ではバンド理論が成立しなくなる. 電子相関の重要性を指摘する, Lof らの議論は次のようなものである. 電子エネルギー損失スペクトルと光吸収スペクトルの両方で, 約 1.55 eV の励起が見つかっている. 一方, 図 4-23 には, 光電子分光と逆光電子分光のスペクトルが重ねて示されている. また, KVV Auger スペクトルの解析から, 価電子状態での

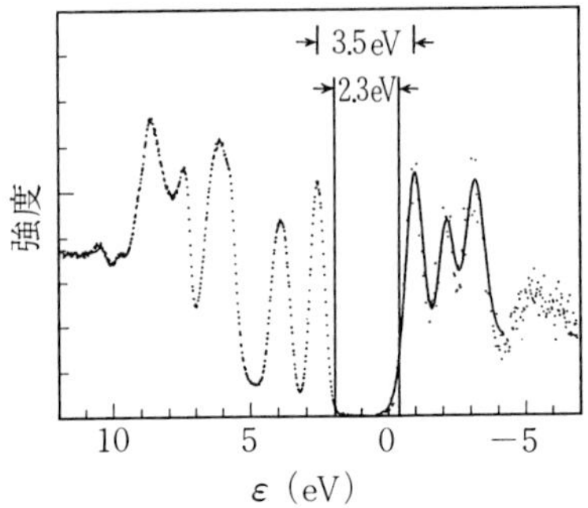

図 4-23 C_{60} 結晶の光電子スペクトルと逆光電子スペクトルとを重ねたもの. (R. W. Lof, *et al.*: Phys. Rev. Lett. **68** (1992) 3924.)

Coulomb 相互作用の強さ U は 1.6 eV と見積もられた. すでに述べたように, HOMO と LUMO はいずれも π 軌道でできているので, U の価は両方で共通であると仮定しよう. まず, バンド幅 W がゼロの極限を考えることにする. h_u の状態の電子を t_{1u} 状態に励起するのに必要なエネルギーは, 1 つの分子内で励起が生じるのなら分子内の電子数が変化しないので, 単にエネルギー準位の差として

$$\Delta = \varepsilon(t_{1u}) - \varepsilon(h_u) \tag{4.65}$$

で与えられる. しかし, ある分子での h_u の状態の電子を, 十分に離れた別の分子の t_{1u} 状態に入れることにすると, 分子内の電子数変化を伴うので $\Delta+U$ が励起エネルギーとなる. 後者が, 固体におけるバンドギャップに対応する量である. したがって, 分子内励起(これを **Frenkel 励起子**という)は, バンドギャップより U だけ小さいエネルギーになる. いい方をかえれば, 局在した励起子では, 電子と正孔間に引力 $-U$ が働いたということになる. t_{1u} と h_u のバンド幅をともに W とすると, バンドギャップの大きさはおおよそ

$$E_{\text{gap}} = \Delta + U - W \tag{4.66}$$

となる. 図 4-23 でのピーク間のエネルギー差 3.5 eV は $\Delta+U$ に対応する. U =1.6 eV とすると Δ=1.9 eV となる. これは 1 重項の励起子のエネルギーに対応しており, 3 重項励起子では交換エネルギーの得分だけそのエネルギーは下がる. 実験的にはそのエネルギーの下がりは 0.24 eV である. したがって, 3 重項励起子のエネルギーは 1.66 eV と評価される. これが前に述べた 1.55 eV

の励起に対応すると考えられる．バンド計算で得られた W は約 0.5 eV 程度であるから，$U \gg W$ となり，C_{60} 系，および A_xC_{60} 系は電子相関が強い系であるということになる．

Antropov らによる理論解析では，1 つの C_{60} 分子内での Coulomb 相互作用 U は 0.8～1.3 eV であり，近接 C_{60} 分子間での Coulomb 相互作用 V をも考慮するとそれは 0.35～0.5 eV と評価された(V. P. Antropov, O. Gunnarsson and O. Jepsen: Phys. Rev. **B46** (1992) 13647)．W が 0.5 eV 程度とすると $U-V \geqq W$ となり，やはり電子相関が強いことが示唆された．さらにまた，K_3C_{60} での光電子分光と逆光電子分光から，K_3C_{60} での Fermi 準位の所には状態密度がなく，系は半導体的になっているという報告がある(T. Takahashi, *et al.*: Phys. Rev. Lett. **68** (1992) 1232)．この結果は前に述べたバンド計算の結果とは全く異なるものである．電子相関の理論の立場からいえば，K_3C_{60} は t_{1u} バンドがちょうど半分つまった場合に対応しており，電子相関によりバンドギャップが生じていることになる．この立場では，A_3C_{60} の超伝導は，A_xC_{60} で x が 3.0 から少しはずれて，電子相関で分裂した下のバンドに正孔ができた状態において実現されていると予想されている．こうした定性的な面については，酸化物高温超伝導体と似た状況であろうと考えられている．

A_xC_{60} でも種々の x の値での構造やその他の物性，A としてアルカリ金属元素以外のもの，例えば Ca, Sr, Ba などについては一切触れなかったが，多くの研究がなされている．また，最初の Kroto らの論文でも指摘されているように，C_{60} の他に C_{70} が安定である．その後の研究により，それら以外に C_{76}, C_{78}, C_{82}, C_{90}, C_{96} などが生成されるようになった．こうした一連の系の研究は今後さらに盛んになると思われる．

5 電子相関

電子同士はCoulomb相互作用を及ぼしあっているのに，あたかも平均的なポテンシャルの中で，それぞれの電子が独立に運動しているかのように取り扱う1電子近似が，意外なほどによく成り立つことを見てきた．一方，このような扱いが不十分な系の存在は，Mott絶縁体や，希土類の化合物に見られる重いフェルミオン系として古くから知られている．これらの系は強相関電子系とよばれているが，こうした系の研究は酸化物高温超伝導体の出現によって一気に加速された．本章では遷移金属化合物を例にして，これらの系の基本的な特徴を明らかにする．また，LDAやLSDAの不十分さを克服する最近の理論的試みを概観する．

5-1 遷移金属酸化物の基礎的性質―Bloch状態対局在状態

これまでの章においては，1電子近似に基づくバンド理論が多くの系の基礎物性の理解に重要な役割を演じることを示した．しかしながら，1電子近似が定性的にも破綻するような系も多く存在している．話を具体的にするために，NaCl型構造をもつ遷移金属酸化物MO（M=Sc，Ti，…，Ni）を考えることにしよう．バンド計算から得られる状態密度を模式的に示すと，図 5-1 のようになる．エネルギーの低い側にあるのは主として酸素の 2p 軌道からなる p バンドであり，エネルギーの高い側には主として遷移金属の 3d 軌道からなる d バンドがある．酸素の 2s 軌道からなる s バンドは p バンドより数 eV 下に存在する．

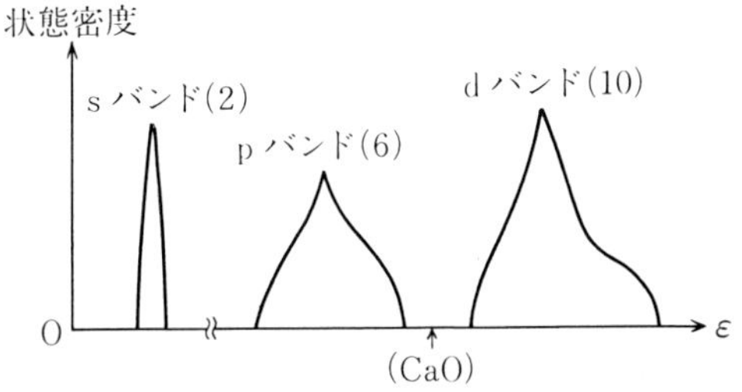

図 5-1 バンド計算で得られる NaCl 型遷移金属酸化物の非磁性状態での状態密度の模式図．各バンドごとに記されている括弧内の数字は，各バンドの収容可能電子数．CaO の Fermi 準位は p バンドと d バンドの間のバンドギャップ内にある．ScO, TiO, …, NiO の Fermi 準位は d バンド内に存在することになる．

まず注意すべき重要な点は，遷移金属においては 4s, 4p 状態からなる自由電子的なバンドの底は d バンドより下にあり，d 状態は共鳴準位となっているのに対して，遷移金属酸化物での 4s, 4p 状態からなるバンドは d バンドよりエネルギーの高いところにあることである．これは，遷移金属の 4s, 4p 状態が酸素の 2s, 2p 状態と強く混成し，反結合状態として高いエネルギーをもつようになってしまったからである．遷移金属と比較して，遷移金属酸化物において d 電子間の Coulomb 反発が強くなる 1 つの原因は，上のような事情のために，4s, 4p 電子による d 電子間の Coulomb 相互作用の遮蔽が効かなくなっているからである．遷移金属酸化物が強相関電子系であるもう 1 つの重要な点は，遷移金属間の距離が大きくなっているために，d バンドの幅が狭くなっていることである．

価電子数と状態の数の比較から，MO の Fermi 準位がどこにくるかを調べてみる．M の価電子数を z_M とすると，MO の価電子数は z_M+6 である．一方，

s バンドと p バンドは合わせて 8 個の電子を収容できる．したがって，d バンドの占有数は z_M-2 となる．M として Ca の場合は p バンドがちょうど埋まることになり絶縁体となることが期待されるが，事実絶縁体である．ここで考えている遷移金属酸化物においては，上で仮定しているように，p バンドは完全に占有されている．もしこの p バンドが酸素の p 軌道だけからなっているとすると，酸素は −2 価となる．これが MO の荷電状態をしばしば $M^{2+}O^{2-}$ と表わす理由である．現実には，p バンドは遷移金属元素の d 軌道や 4s，4p 軌道とも混成しているので，酸素の実際の荷電状態は $-1.0|e|$ 程度である．M が Sc から Ni までの元素においては，3d バンドが部分的に占有される．したがって，非磁性であるとするとすべて金属になってしまう．NaCl 型化合物で M＝Cr のものは存在しないが，ScO, TiO, VO はたしかに金属である．（VO は電子相関が強いと考えられている．） しかし，MnO, FeO, CoO, NiO はすべて絶縁体であって，上述の期待とは矛盾してしまう．

MnO と NiO が絶縁体となることは，磁気的秩序を考慮すれば 1 電子近似のバンド理論でも説明がつかないわけではない．MnO も NiO も低温での磁気秩序は，図 5-2 に示すような第 2 種の反強磁性（AFII）構造である．この磁気構造の特徴は，磁気モーメントが (111) 面内で平行であり，隣り合う面間で反平行になっていること，また酸素をはさむ両隣りの遷移金属原子の磁気モーメントがすべて反平行になっていることである．この 2 つの遷移金属原子の 3d 軌道間の直接のとび移り積分は小さいが，酸素の p 軌道を介しての間接的なとび移り積分は大きい．このことが，バンド理論において AFII 構造の安定化と，

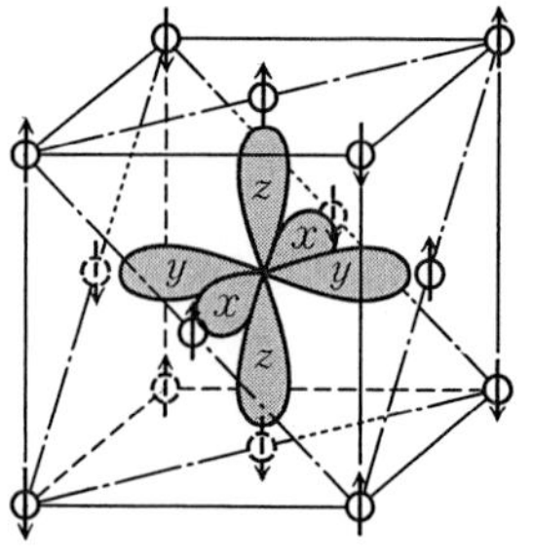

図 5-2　NaCl 型結晶での第 2 種反強磁性（AFII）構造．矢印が遷移金属元素のもつ磁気モーメントの向きを示す．体心にある酸素の p_x, p_y, p_z 軌道も示してある．それ以外の酸素は示されていない．

バンドギャップ生成の要因となっていることが，図 4-10 における γMn についての議論と同様の議論によって示すことができる．

図 5-3 には，局所スピン密度近似によるバンド計算で得られた MnO の状態密度を示した．強磁性状態を仮定すると，(a)に示すようにバンドギャップはないが，基底状態の AFII 構造では，(b)に見られるように約 1 eV 程度のバンドギャップがある．1 電子近似のバンド計算は妥当な結果を与えるように見える．しかし，より詳しく実験データと比較すると，いくつかの深刻な不一致が見いだされる．MnO は低温で反強磁性で，122 K 以上では常磁性であるが，Mn 原子は磁気モーメントをもっている．そのことを考慮して，Mn の磁気モーメントの向きがランダムな場合の電子状態を，コヒーレントポテンシャル近似という手法で求めた結果(図 5-3(c))によれば，常磁性状態ではバンドギャップがないので金属になることが結論される．しかし，MnO は常温の常磁性でも実験的にはやはり絶縁体である．光電子分光と逆光電子分光によると，室温においても MnO のバンドギャップは 3.9 eV もある．

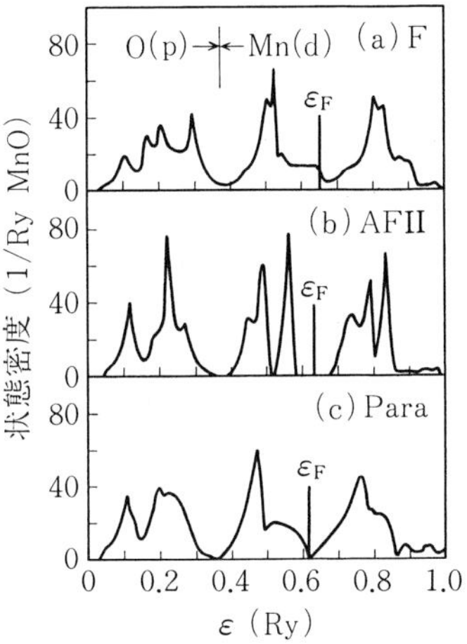

図 5-3 バンド計算による MnO での種々の磁気状態に対応する状態密度．(a) F(強磁性状態)，(b) AFII(第 2 種反強磁性状態)，(c) Para(常磁性状態)．(K. Terakura, T. Oguchi, A. R. Williams and J. Kübler: Phys. Rev. **B30** (1984) 4734.)

バンド計算はなぜ MnO の電子状態を正しく記述できないのであろうか？その理由は，MnO では Mn の d 電子間の Coulomb 反発が強く，バンド計算における基本的な近似となっている 1 電子近似が破れているためである．その事情を定性的に説明しておこう．簡単のために等価な2原子からなる分子のモデルを考える．それぞれの原子は1つの軌道をもっており，それらを$\varphi_1(\boldsymbol{r})$，$\varphi_2(\boldsymbol{r})$とし，2つの軌道間の電子のとび移り積分を$t$（$t<0$）とする．1つの軌道に上向きスピンの電子と下向きスピンの電子が同時に存在するときのCoulomb反発エネルギーをUとする．この分子が2つの電子をもつとして，その基底状態がどんなものになるかを考えてみよう．固体の1電子Bloch状態は，分子での分子軌道に対応する．$\varphi_1(\boldsymbol{r})$と$\varphi_2(\boldsymbol{r})$が直交していると仮定すると，結合分子軌道は

$$\varphi_+(\boldsymbol{r}) = \frac{1}{\sqrt{2}}\{\varphi_1(\boldsymbol{r})+\varphi_2(\boldsymbol{r})\}$$

で与えられる．分子軌道論での基底状態はφ_+の状態に＋スピンの電子と－スピンの電子をつめることによって与えられる．＋および－スピン状態をそれぞれα, βと表わすと，この扱いでの2電子の波動関数$\boldsymbol{\Phi}(\boldsymbol{r}_1, \boldsymbol{r}_2)$は

$$\begin{aligned}\boldsymbol{\Phi}(\boldsymbol{r}_1, \boldsymbol{r}_2) &= \frac{1}{\sqrt{2}}\begin{vmatrix}\varphi_+(\boldsymbol{r}_1)\alpha(1) & \varphi_+(\boldsymbol{r}_2)\alpha(2)\\ \varphi_+(\boldsymbol{r}_1)\beta(1) & \varphi_+(\boldsymbol{r}_2)\beta(2)\end{vmatrix}\\ &= \frac{1}{2\sqrt{2}}\{\varphi_1(\boldsymbol{r}_1)+\varphi_2(\boldsymbol{r}_1)\}\{\varphi_1(\boldsymbol{r}_2)+\varphi_2(\boldsymbol{r}_2)\}\{\alpha(1)\beta(2)-\beta(1)\alpha(2)\}\end{aligned}$$

となる．この式から，$\boldsymbol{\Phi}(\boldsymbol{r}_1, \boldsymbol{r}_2)$の中には，各原子にそれぞれ1つの電子が属している中性の状態，$\varphi_1(\boldsymbol{r}_1)\varphi_2(\boldsymbol{r}_2)$と$\varphi_2(\boldsymbol{r}_1)\varphi_1(\boldsymbol{r}_2)$，一方の原子に2つの電子が同時に存在するイオン化した状態，$\varphi_1(\boldsymbol{r}_1)\varphi_1(\boldsymbol{r}_2)$と$\varphi_2(\boldsymbol{r}_1)\varphi_2(\boldsymbol{r}_2)$，が同じ割合で混ざっていることがわかる．同一原子に2つの電子が存在すると，Coulomb反発エネルギーUだけエネルギーが高いと考えているので，ここでのモデルでの$\boldsymbol{\Phi}(\boldsymbol{r}_1, \boldsymbol{r}_2)$についてのエネルギー期待値は

$$E = 2\varepsilon_0+\frac{U}{2}+2t \tag{5.1}$$

で与えられる．ε_0は原子軌道のエネルギーレベルである．この結果は容易に理解できる．Uのことを忘れると，ε_0+tは結合分子軌道のエネルギーレベルであり，そこに2つの電子をつめると$2\varepsilon_0+2t$が得られる．$t<0$であるので，混

成軌道を作ることによる結合エネルギー $2t$ が生じる．ところで，各スピン状態の電子は両方の原子に 1/2 ずつの確率で存在するので，1 つの原子における Coulomb 反発エネルギーは $U/4$ となり，2 原子分として $U/2$ が得られる．U が十分に大きくて，$\frac{U}{2}+2t>0$ になってしまうと，電子は結合分子軌道に収容されるよりは，各原子に局在して存在している方が，エネルギーが低くなる．すなわち，電子は原子間を自由に移り渡れなくなってしまう．

上記の問題については簡単に厳密な答が得られるが，それによれば，基底状態のエネルギーは

$$E = 2\varepsilon_0+\frac{1}{2}(U-\sqrt{U^2+16t^2}) \tag{5.2}$$

である．もし $t \gg U$ なら，(5.2)式は U の 1 次までは(5.1)式と一致する．しかし，逆に $U \gg t$ なら，t についての最低次で(5.2)式は

$$E = 2\varepsilon_0-\frac{4t^2}{U} \tag{5.3}$$

となる．このエネルギーは基本的には，2 つの原子のそれぞれに 1 つずつ電子が存在しており，それら電子のスピンが反平行である状態に対応している．この状態から出発して，片方の原子から他方の原子へ電子を移した状態を考えると，新しい状態はもとの状態よりもエネルギーが U だけ高くなる．また，もとの状態と新しい状態は電子のとび移り積分 t でつながるので，2 次摂動理論により，もとの状態のエネルギーは(5.3)式の第 2 項だけ低下する．もしも，2 つの原子の上の電子スピンが平行であれば，Pauli 禁制のために電子を移すことができないので，(5.3)式の第 2 項のようなエネルギーの下がりはない．

以上のことは固体においては次のようにいうことができる．結晶全体に広がった Bloch 状態に電子をつめて得られる状態では，軌道混成による結合エネルギーの得分があるが，他方，上述の分子軌道の描像と同様にイオン化状態が含まれており，Coulomb 反発のエネルギーを損することになる．結合エネルギーの得分はバンド幅 W で与えられるので，W が U より大きければ，1 電子状態を Bloch 関数で記述することはよい近似になる．しかし，U が W より

大きくなれば，電子はBloch状態で記述するよりは，むしろ各原子に局在した状態として記述する方がよいことになる．それでは局在状態から出発すると，MnOでの種々の物性はどのように説明されるだろうか？

2つのMn原子が磁気モーメントを反平行にして存在する場合と平行にして存在する場合を考えよう．MnOでは，Mnは5個のd電子をもっており，Hund結合によりスピンがそろって5個の軌道が埋められる．両磁気モーメントが平行の場合に，左のMn原子から右のMn原子のd軌道に電子を1つ移そうとしても，同一スピン状態の電子を5個以上は収容できない．一方，反平行の場合には，右のMnの上向きスピン状態のd軌道に，左のMn電子を移すことが可能である．電子移動が起きた状態は，もとの状態より

$$\Delta E = I+4J \tag{5.4}$$

だけエネルギーが高い．ここに，Iは(2.6)式におけるd電子間のCoulomb積分，Jは交換積分である．Coulomb積分および交換積分において，軌道の組合せによる違いを無視した．電荷のゆらぎを記述する目的で，原子内の電子間相互作用を$UN_{d+}N_{d-}$と書くとすると，MnOの場合は$U=I+4J$である．実験の解析から得られるUの値は8.5 eVである．電子のとび移りにより$2d^5$状態とd^4+d^6状態が混成するので，$2d^5$状態のエネルギーは低下し，d^4+d^6状態のエネルギーは上昇する．Mnの磁気モーメントが平行のときは，$2d^5$状態のこのようなエネルギー低下はない．したがって，この場合も反強磁性的な状態が安定である．

次にバンドギャップについて考えてみよう．バンドギャップε_Gの厳密な定義は，N電子系の全エネルギーを$E(N)$と表わすことにすると，

$$\begin{aligned}\varepsilon_G &= \{E(N+1)-E(N)\}-\{E(N)-E(N-1)\}\\ &= E(N-1)+E(N+1)-2E(N)\end{aligned} \tag{5.5}$$

で与えられる．$E(N-1)-E(N)$はイオン化エネルギーであり，$E(N+1)-E(N)$はアフィニティーレベルである．バンド理論によれば，$E(N)-E(N-1)$は最高占有準位に，$E(N+1)-E(N)$は最低空準位に対応する．バンド理論でのバンドギャップは，

$$\varepsilon_{\mathrm{G,b}} = \Delta\varepsilon_{\mathrm{x}} - \frac{W_{\mathrm{b}}}{2} - \frac{W'_{\mathrm{b}}}{2} + O\left(\frac{t^2}{\Delta\varepsilon_{\mathrm{x}}}\right) \tag{5.6}$$

程度となる．ここに $\Delta\varepsilon_{\mathrm{x}}$ は交換分裂，W_{b} と W'_{b} は占有バンドおよび空バンドのバンド幅である．一方，局在 d 軌道の考え方に基づけば，ε_{G} は $2\mathrm{d}^5$ を $\mathrm{d}^4+\mathrm{d}^6$ にするのに要するエネルギーに他ならない．すなわち(5.6)式での $\Delta\varepsilon_{\mathrm{x}}$ のかわりに $\Delta E=U=I+4J$ を用いればよい．作られた正孔および加えられた電子が，原子間をとび移ることによるバンド幅をそれぞれ W_l, W'_l とすると

$$\varepsilon_{\mathrm{G,M}} = U - \frac{W_l}{2} - \frac{W'_l}{2} + O\left(\frac{t^2}{U}\right) \tag{5.7}$$

となる．(5.6)式の $\Delta\varepsilon_{\mathrm{x}}$ は $4J$ 程度であり，U に比べて Coulomb 積分 I だけ小さい．また，W_l, W'_l は $W_{\mathrm{b}}, W'_{\mathrm{b}}$ に比べてかなり小さくなる．なぜならば，正孔や電子がかなり局在していると，それらを遮蔽するために周辺が分極し，正孔や電子のとび移りはまわりの分極をひきずって動くので，とび移り積分が小さくなるからである．こうした事情から $\varepsilon_{\mathrm{G,M}}$ は $\varepsilon_{\mathrm{G,b}}$ よりかなり大きくなることが分かる．

以上の議論では，酸素の p バンドは完全に電子によって占有されており，遷移金属原子の d 軌道間の間接的とび移り積分に寄与する以外は直接的な役割を果たしていない．いい換えると，p 軌道の寄与を組み込んだ，d 軌道だけからなる有効ハミルトニアンを用いて系が記述されるような状況を想定している．このような扱いが正当化され，バンドギャップが(5.7)式で決まるような絶縁体を **Mott 絶縁体**(あるいは **Mott-Hubbard 絶縁体**)という．しかしながら，酸素の p バンドはそのような裏方の役割だけを演じているのではないことが藤森らによって指摘された(A. Fujimori and F. Minami: Phys. Rev. **B30** (1984) 957)．(5.5)式での $E(N-1)$ が，酸素の p バンドから電子を 1 つ抜き去った状態のエネルギーであるとし，$E(N+1)$ はこれまでのように d 軌道に電子を 1 つ加えた状態のエネルギーであるとしよう．この電子励起の過程はしばしば $\mathrm{d}^n \to \mathrm{d}^{n+1}\underline{\mathrm{L}}$ と表わされるが，$\underline{\mathrm{L}}$ は遷移金属原子の配位子である酸素に正孔ができたことを意味する．この過程に対応するバンドギャップを

$$\varepsilon_{\mathrm{G,c}} = \Delta - \frac{W_{\mathrm{p}}}{2} - \frac{W_l'}{2} \tag{5.8}$$

とする．ただし，W_{p} は酸素 p バンドの正孔のバンド幅である．もしも，この値が(5.7)式の値より小さければ，バンドギャップはこれで決まることになる．このタイプの絶縁体ではバンドギャップを決める電子励起が，配位子から遷移金属原子への電子の移動を伴うので，**電荷移動型**(CT: charge transfer)**絶縁体**とよばれる．3d 遷移金属元素の原子番号が増大するにつれて d 軌道のエネルギー準位は下がってくるので Δ が小さくなる．最近の光電子分光などによる研究から，M として Mn より原子番号の大きい Fe, Co, Ni, Cu の場合の MO は CT 絶縁体であることが明らかとなった．MnO は Mott 絶縁体と CT 絶縁体の移り変わりのところに位置している．図 5-4 に，CT 絶縁体と Mott 絶縁体のエネルギーダイヤグラムを模式的に示した．

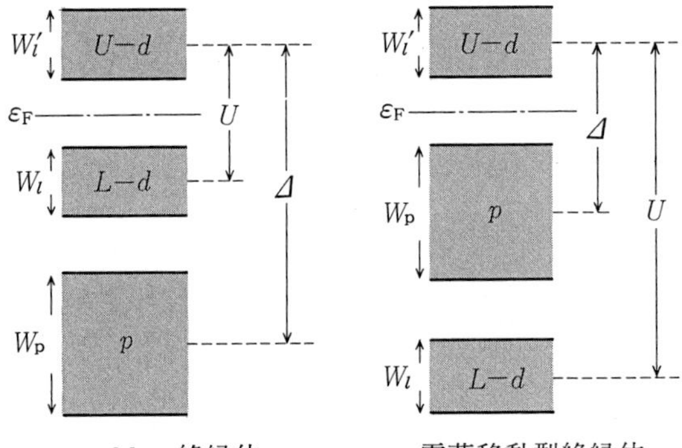

図 5-4 Mott 絶縁体と電荷移動型絶縁体のエネルギーダイヤグラムの模式図．Fermi 準位(ε_{F})以下の d バンドと ε_{F} 以上の d バンドは，それぞれ下部 Hubbard バンド，上部 Hubbard バンドとよばれる．

酸素を S, Se, F, Cl などに置きかえると，遷移金属化合物の性質が大きく変化する．そうした，変化に富んだ遷移金属化合物の性質を統一的に理解するには，図 5-5 に示した **Zaanen-Sawatzky-Allen の相図**が有用である．この相図において CT 絶縁体と Mott 絶縁体の区別はこれまでの議論から明らか

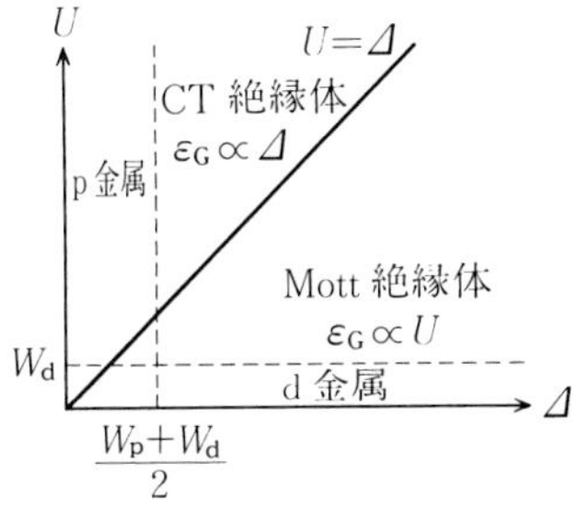

図 5-5　Zaanen-Sawatzky-Allen の相図．W_d は遷移金属原子の d バンド幅，W_p は配位子の p バンド幅を表わす．(J. Zaanen, G. A. Sawatzky and J. W. Allen: Phys. Rev. Lett. **55** (1985) 418.)

であろう．$\varDelta$ が大きいけれども，U がバンド幅に比べて小さくなると金属になるが，この金属では d 電子が主なキャリアであり，その振舞いは 1 電子近似でよく記述できるものである．一方，U が大きいけれども，$\varDelta$ が小さくなればやはり金属になる．このときは配位子の正孔がキャリアになるが，U の大きい遷移金属の d 状態と強く混成しているので，この金属がどのような性質をもつかということは，酸化物高温超伝導体に関連して強い興味がもたれている．次節で述べる NiS もこの意味での興味深い物質である．

5-2　金属-絶縁体転移を示す 1 例—NiS

遷移金属化合物の中には，温度，圧力，あるいはドーピングによって，金属-絶縁体(MI)転移を示すものが数多くある．よく知られている例は V の酸化物の VO_2 や V_2O_3 などである．酸化物高温超伝導体関連の物質も，組成を変えることによって MI 転移を起こし，ある組成の範囲で超伝導性を示す．

ここでは，そうした物質群の中から，興味深い 1 つの例として六方晶 NiAs 型の NiS を取り上げることにしよう．図 5-6 に結晶構造を示した．この構造においても NaCl 型構造と同様に，Ni はアニオン S の 8 面体配位をもっている．VO_2 や V_2O_3 は金属-絶縁体転移の際に結晶構造に変化を伴うが，NiS では低温の非金属相(I 相)から高温の金属相(M 相)に移る際に約 2% の体積変化($\varDelta a/a \cong -0.003$，$\varDelta c/c = -0.013$)を伴うだけで，結晶の対称性は不変である．NiS においては，I 相が結晶の対称性の低下によって出現するのではなく，電

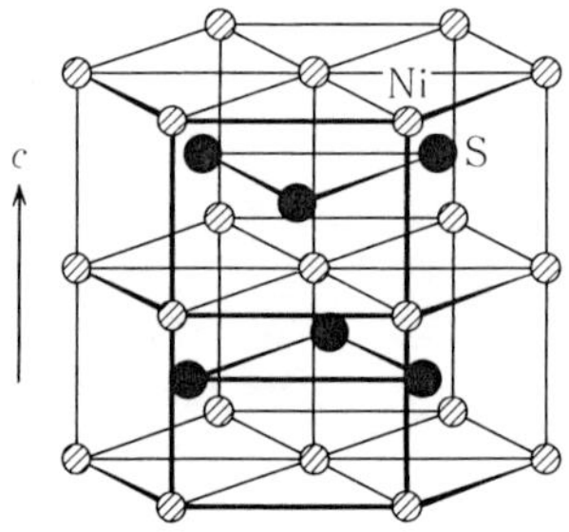

図 5-6　NiS の結晶構造.

子相関がその MI 転移において本質的役割を演じている．NiS の相転移は，$Ni_{1-y}S$ と表わしたときの y の値に非常に敏感であるが，y をゼロに近くした場合の転移点 T_t は約 260 K である．図 5-7 に NiS の電気抵抗の温度変化を示す．V_2O_3 では低温での I 相の抵抗率 ρ は $10^2\,\Omega\cdot$cm 以上もあり，高温での M 相では $10^{-6}\,\Omega\cdot$cm 程度であるから，MI 転移の際に抵抗率が $10^7 \sim 10^8$ のオーダーのとびを示す．それに比べれば，NiS の低温相での ρ は 10^{-3} のオーダーであるから，低温においても絶縁体というよりはむしろ半金属あるいは半導体である．しかし，ここでは NiS の相転移を一般的な MI 転移ということにしておく．

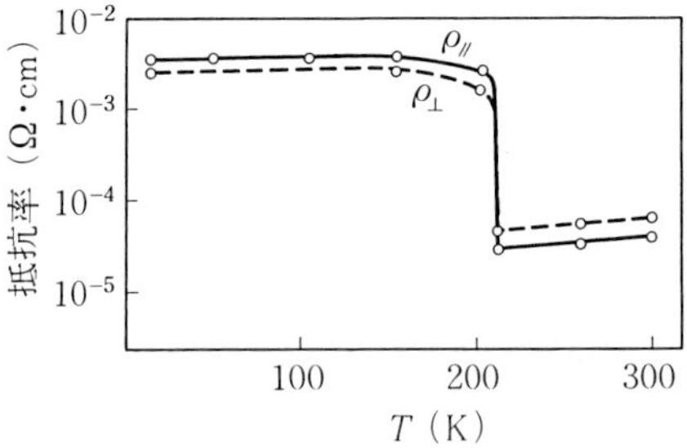

図 5-7　NiS の電気抵抗．$\rho_{/\!/}$ は電流の方向が c 軸に平行，$\rho_{\perp}$ は垂直．（R. F. Koehler, Jr. and R. L. White: J. Appl. Phys. 44 (1973) 1682.）

NiS の磁気的性質は，低温では反強磁性で磁気モーメントは 1 つの c 面内では平行であり，隣り合う面間では反平行である．4.2 K での Ni の磁気モーメントの大きさは，中性子回折によれば $1.66\pm0.08\mu_B$ であり，転移温度直下の 260 K では $1.50\pm0.10\mu_B$ である．高温相は常磁性を示し，Ni の磁気モーメントは $0.5\mu_B$ 以下であると予想されている．低温相が局在磁気モーメントをもつ反強磁性体として，実測の磁化率 $\chi_{\perp}$(磁場が結晶の c 軸に垂直)と $\chi_{/\!/}$(磁場が c 軸に平行)の温度変化から，磁気的転移温度(Néel 温度)を評価すると約 1600 K にもなり，MI 転移の転移温度とは全く対応しない．したがって，磁気転移が MI 転移を引き起こしているのではないことがわかる．MI 転移の転移温度 $T_{\rm t}$ が組成に非常に敏感であるにもかかわらず，$\chi_{\perp}$ と $\chi_{/\!/}$ は $T<T_{\rm t}$ では組成にあまり依存しないことも知られており，磁気転移と MI 転移が無関係であるという結論を支持する．金属相での磁化率は Pauli 磁化率であるかのように見えるが，電子比熱から1電子近似によって予想される値の3倍程度の大きさになっており，電子相関が効いていることを示している．

NiS の MI 転移の本質を知る上で，光電子分光が重要な役割を果たした．そのことと，モデル計算による理論解析について，以下で簡単に説明することにしよう．図 5-8 には，光電子分光の実験結果と LSDA によるバンド計算に基づく解析が示されている．低温相の反強磁性状態のデータは 80 K でのものであり，高温相の常磁性状態でのデータは室温のものである．その後の詳しい実験によれば，低温相のスペクトルには Fermi 準位のところに小さいギャップ(～0.01 eV)の存在が見られるが，それ以外では異なった相のスペクトル間にほとんど差がない．LSDA によるバンド計算の結果は，常磁性状態のスペク

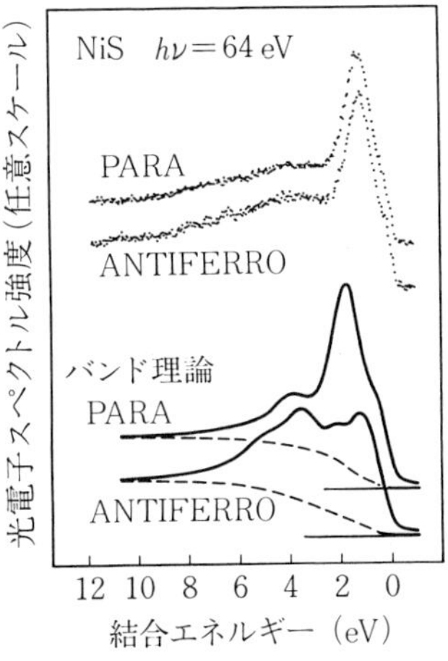

図 5-8 NiS の光電子スペクトルの解析．上半分は，室温(PARA)および液体窒素温度(ANTIFERRO)での実験データ．下半分は，非磁性(PARA)および反強磁性(ANTIFERRO)状態でのバンド計算で得られた状態密度．(A. Fujimori, K. Terakura, M. Taniguchi, S. Ogawa, S. Suga, M. Matoba and S. Anzai: Phys. Rev. **B37** (1988) 3109.)

トルにはよく合っているが，反強磁性状態では実験と大きく食い違っている．実は，LSDA では NiS の反強磁性状態がセルフコンシステントには求まらない．この事情は，酸化物高温超伝導体に関係する，La_2CuO_4 や $YBa_2Cu_3O_6$ の反強磁性状態がバンド計算では再現できないことと同じことである．図 5-8 の反強磁性状態の計算では，無理に Ni のポテンシャルに約 2 eV の交換分裂を与えて計算したものであるが，それでも Ni の磁気モーメントは約 $1.0\mu_B$ にしかならず，実験値の約 $1.7\mu_B$ よりかなり小さい．非磁性状態についてのバンド計算では，0～3 eV の結合エネルギーをもつピークは，主として Ni の d バンドに由来するものであり，それより深いエネルギーの幅の広いピークは S の p バンドに由来する．反強磁性状態で，d バンドのピークが 2 つに分裂したのは交換分裂による．計算の詳細にかかわらず，Ni の磁気モーメントが $1.7\mu_B$ かゼロかでは，2 eV 程度の交換分裂の差を伴うはずであり，実験のスペクトルが 80 K と室温でほとんど変化しないことを説明することはできない．

藤森らによる NiS_6^{10-} のクラスターを用いた解析によると，0～3 eV の結合エネルギーのピークは，主として $d^8\underline{L}$ への遷移によるものである．すなわち，正孔はむしろ S の p 軌道に作られる．この事情は NiO においても定性的には同じである．低温相でのバンドギャップは典型的な CT 型である．S の 3p レベルは，O の 2p レベルよりもエネルギーが高いので，$d^8 \to d^9\underline{L}$ の励起エネルギー Δ は，NiO では 4 eV と見積もられているが，NiS では 2 eV であってかなり小さい．一方，$2d^8 \to d^7 + d^9$ に対応する励起エネルギー U の値は，NiO では約 8 eV であるが，NiS では 4 eV である．NiS では Δ が小さいためにバンドギャップがほとんど消えかけている．

高温相の光電子スペクトルが，低温相のものと極めて似ていることはどのように説明できるのだろうか？ バンド計算で仮定したように，Ni の電子状態に大きな差があれば，その差は光電子スペクトルに反映されるはずである．逆にいえば，図 5-8 の実験データは，Ni の局所的な電子状態が，光電子スペクトルに関わる 10^{-15} 秒以下の時間スケールでは低温でも高温でも変化がないことを示唆している．藤森らによる実験，および NiS_6^{10-} クラスターによる解析は，Niの局所的状態についての有益な情報を与えたが，MI転移を理解するには，Ni間のスピン相関についての情報が必要である．これに関しては，Niを4個含む系をモデル化した理論解析がなされ，興味深い結果が得られている．図5-9には，モデル計算で得られた，Niの磁気モーメントの大きさ，最近接磁気モーメント間のスピン相関が，Δの関数として示されている．注目すべき点は，Δが約1.0のところで基底状態の性質が不連続的に変化し，Δの減少に伴って磁気モーメントの大きさにも小さいとびがあるが，スピン相関には顕著な定性的変化が生じている．$\Delta>1.0$が低温のI相に対応し，そこではスピン間の強い反強磁性的相関がある．一方，$\Delta\leqq 1.0$では，磁気モーメントは局所的には十分の大きさを保持しているが，反強磁性的スピン相関が非常に小さく，比較的低い温度でも常磁性的振舞いを示すことが期待される．これがM相であると考えられる．

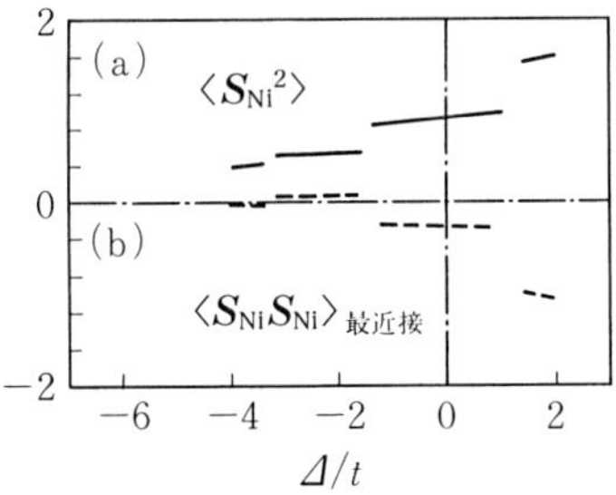

図5-9 クラスターモデルによるNiSの理論解析．(a)局在スピンモーメントの大きさ，(b)最近接スピンモーメント間の相関のΔ依存性．軌道間のとび移り積分の大きさをtとして，$U/t=0.6$を仮定している．(M. Takahashi and J. Kanamori: J. Phys. Soc. Jpn. **60** (1991) 3154.)

Δを変えるということは，直接にはSをSeで置換する場合とよく対応する．$NiS_{1-y}Se_y$では$y=0.133$でMI転移温度T_tはゼロになる．これはSeの4pレベルがSの3pレベルより浅いので，SをSeで置換することによりΔが減少することによると考えられる．温度によるMI転移については次のように想像できる．$\Delta>\Delta_c$での基底状態は図5-9における，磁気モーメントが大きくかつ反強磁性相関の強い状態である．$\Delta<\Delta_c$での基底状態であるM相は，$\Delta>\Delta_c$では励起エネルギーの小さい励起状態として存在していると考えられる．すなわち，$\Delta=\Delta_c$で，基底状態と励起状態とが入れ替わったと考える．$\Delta>\Delta_c$においては，M相は励起状態であるが，磁気モーメントが結構大きいけれど反強磁性相関は弱いために，温度が上がると磁気モーメントのゆらぎによるエントロピーの増大が著しく，自由エネルギーが相対的に急減する．その結果，I 相の自由エネルギーよりも低くなって MI 転移が生じる．なお，I 相から M 相に移ると磁気モーメントがいく分は小さくなるので，磁気体積効果により体積が減少する．

5-3 電子状態計算における LDA，LSDA をこえる試み

前節の議論から，強相関電子系に対しては，LDA あるいは LSDA は完全に破綻することがあることがわかった．それほどに深刻でなくとも，LDA や LSDA が不十分であることがいくつかの例で知られるようになった．それらを列挙すると，

(i) 半導体や絶縁体のバンドギャップが，LDA では実験値のせいぜい 2/3 程度である，

(ii) 凝集エネルギーが一般に過大評価され，格子定数が過小評価される傾向がある，

(iii) 3d 遷移金属の基底状態が正しく与えられない，

などである．以下では，上記の事柄を念頭におきつつ，LDA あるいは LSDA をこえる試みのいくつかを紹介することにしよう．

a) 密度勾配展開法

1 電子スピン密度 $n_\sigma(\boldsymbol{r})$ をもつ系の点 $\boldsymbol{r}$ での交換相関エネルギー密度とポテンシャルとして，$n_\sigma = n_\sigma(\boldsymbol{r})$ の一様電子ガスについての結果を用いるということを述べた．$n_\sigma(\boldsymbol{r})$ の空間変動をより正確に取り入れるためには，$n_\sigma(\boldsymbol{r})$ の $\boldsymbol{r}$ についての微分を考慮することが考えられる．単に数学的に密度勾配についての展開を行ない，それを有限項で切ったのでは，交換ポテンシャルの非正値性を破ったりするため，LSDA を改善することにはつながらない．そこで，交換ポテンシャルが本来満足すべき条件を強制的に満足させるように関数型を決める試みがなされた．Perdew によるこうした近似手法は，**GGA**(generalized

gradient approximation)とよばれているが，それ以外にも，Becke による方法も用いられている(J. P. Perdew: in *Electronic Structure of Solids '91*, ed. by P. Ziesche and H. Eschrig(Akademie Verlag, Berlin, 1991 および A. D. Becke: Phys. Rev. **A38** (1988) 3098).

これらの方法は，原子における交換エネルギーに対する LSDA の誤差を大幅に小さくする．また，多くの分子や固体に対しても，結合エネルギー，凝集エネルギー，平衡原子間距離を改善することが確かめられた．最も顕著な例は 3d 遷移金属の構造と磁性に関してである．図 5-10 に，Fe についての LSDA と GGA による計算結果を示してある．LSDA では，強磁性状態の bcc 構造よりも，hcp 構造での非磁性状態の方がエネルギーが低いという，実験とは矛

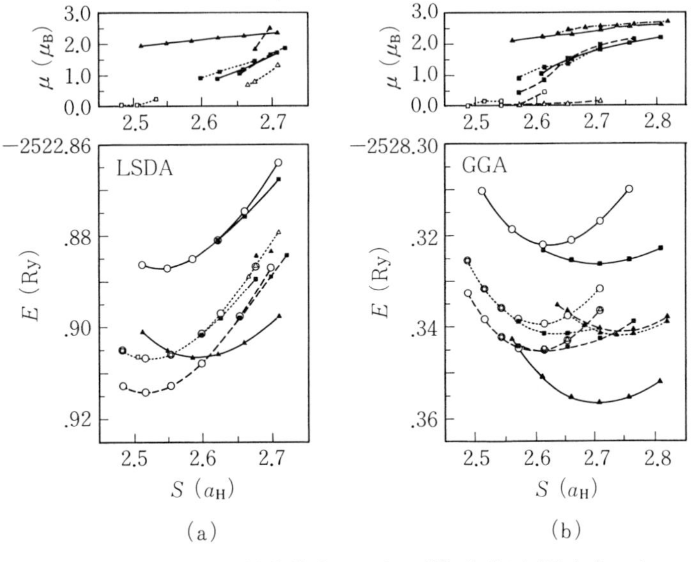

図 5-10 Fe の種々の結晶構造における磁気状態(上図)と全エネルギー(下図)の Wigner-Seitz 球半径依存性．(a) 局所スピン密度近似(LSDA)，(b) 密度勾配展開法(GGA)の結果．実線：bcc，点線：fcc，破線：hcp．白丸：非磁性状態，三角：強磁性状態，四角：反強磁性状態．同じ形のシンボルで黒く塗ったものと白いものは，高スピン状態と低スピン状態を区別する．(T. Asada and K. Terakura: Phys. Rev. **B46** (1992) 13599.)

盾する結果となってしまう．しかし，GGAによると，強磁性状態のbcc構造が最もエネルギーが低くなり，かつ，平衡格子定数も実験値とよく一致する．（平衡格子定数については，実験値が5.402 Åに対して計算値は5.449 Å.）さらにまた，hcp構造についてのエネルギー曲線とbcc構造についてのエネルギー曲線との共通接線から，高圧下でのhcp構造への相転移の臨界圧力が得られるが，その値は実験では約15 GPaであり，GGAによる計算値は14.9 GPaになって，非常によく一致する．同様に，Mnの構造と磁性に関しても，LSDAの結果は明らかに実験と矛盾するが，GGAによって大幅な改善が見られることが示されている(T. Asada and K. Terakura: Phys. Rev. **B47** (1993) 15992).

4d, 5dの遷移金属に関しては，GGAはLSDAの結果をかえって悪くするということが主張されたこともあった．しかし，バンド計算の精度を上げると，それらに対してもGGAによる改善が見られるということが指摘されている．このように，密度勾配展開法は物質の凝集性質については，LSDAの結果を改善することは多くの場合に確認されたが，バンドギャップはほとんど改善されないことが分かっている．電子相関の強い系へのGGAの適用としては，CoOに関する研究が興味深い(P. Dufek, P. Blaha, V. Sliwko and K. Schwarz: Phys. Rev. **B49** (1994) 10170)．この系での本質的に重要な軌道分極は，LSDAでは安定化されず，CoOが金属になってしまう．しかるに，GGAでは軌道分極が安定化され，CoOが絶縁体になり得る．GGAでは，電子相関の強い系を扱うにはまだまだ不十分ではあるが，LSDAの結果を改良していることは確かである．（補章I参照.）

b) GW近似

これまでに折りにふれて述べてきたように，半導体や絶縁体のバンドギャップは，LDAでは実験値のせいぜい2/3程度にしかならない．この誤差はLDAの近似に起因するのだろうか？ Siのバンドギャップは実験値が1.17 eVであるが，計算値は0.5～0.6 eVであり，0.5 eV程度の誤差はひょっとするとLDAの近似のせいかと怪しむことがあるだろう．しかし，LDAがバンドギャップを常に過小評価すること，また，NaCl のバンドギャップのように実験値が 8.5 eV もあるのに，計算値が 4～5 eV であり，3 eV 以上もの差があることなどから，この問題は LDA の近似のせいというよりも，もっと本質的な原因によるものではないかと考えられるようになった.

本来，密度汎関数法は系の基底状態に関するものであって，励起状態に関する量を扱ったとしても，その妥当性は保証されない．KS 方程式の軌道エネルギー ε_i は 1 電子励起とは厳密には対応しないということになっている．しかしながら，電子相関が強くない系においては，ε_i と 1 電子励起スペクトルがかなりの程度はよく対応していることが経験的に知られている．また，ε_i のうちでも最高占有状態のものは厳密な密度汎関数法ではイオン化エネルギーに厳密に対応することが証明されている．そこで，N 電子系の下から M 番目の KS 方程式の軌道エネルギーを $\varepsilon_M(N)$ と書くことにすると，N 電子系のイオン化エネルギーは $-\varepsilon_N(N)$ である．ここに 1 つ電子を加えると $N+1$ 電子系となり，その $N+1$ 番目の軌道エネルギー $\varepsilon_{N+1}(N+1)$ はもとの系からみるとアフィニティーレベルに対応する．したがって，(5.5)式のバンドギャップは

$$\varepsilon_{\mathrm{G}} = \varepsilon_{N+1}(N+1) - \varepsilon_N(N) \tag{5.9}$$

で与えられる．一方，密度汎関数法でのバンド計算でバンドギャップと見なしている量は

$$\varepsilon_{\mathrm{G}}^{\mathrm{DFT}} = \varepsilon_{N+1}(N) - \varepsilon_N(N) \tag{5.10}$$

であり，

$$\Delta = \varepsilon_{\mathrm{G}} - \varepsilon_{\mathrm{G}}^{\mathrm{DFT}} = \varepsilon_{N+1}(N+1) - \varepsilon_{N+1}(N) \tag{5.11}$$

が真のバンドギャップとバンド計算でのバンドギャップの差である．固体では $N\to\infty$ と考えてよいから，$\varepsilon_{N+1}(N+1)$ と $\varepsilon_{N+1}(N)$ の差は $1/N$ のオーダーの量で無視できるのではないかと想像される．しかし，バンドギャップのある系では電子間の Coulomb 相互作用は不完全にしか遮蔽されず，$|\boldsymbol{r}-\boldsymbol{r}'|$ の大きい領域で $\dfrac{1}{|\boldsymbol{r}-\boldsymbol{r}'|}$ の振舞いが残ることになる．こうした，長距離相互作用のある系では $N\to\infty$ でも Δ は有限になると考えられている（F. Gygi and A. Baldereschi: Phys. Rev. Lett. **62** (1989) 2160)．このことは電子数 N を連続変

数として，その関数としての交換相関ポテンシャル μ_{xc} が N が整数値のところで不連続であることに起因している．

実際の固体に対して，密度汎関数法の枠内で $\varDelta$ を求めるということはこれまでには行なわれていない．この節では，準粒子のエネルギースペクトルを求めて ε_{G} を評価するという，多電子問題の標準的な手法の適用例を紹介し，間接的に $\varDelta$ について議論する．準粒子の自己エネルギーを Σ とすると，準粒子のエネルギー ε_i と波動関数は

$$\left\{-\frac{\hbar^2}{2m}\Delta+v_{\mathrm{ext}}(\boldsymbol{r})+v_{\mathrm{H}}(\boldsymbol{r})\right\}\varphi_i(\boldsymbol{r})+\int d^3r'\,\Sigma(\boldsymbol{r},\boldsymbol{r}';\varepsilon_i)\varphi_i(\boldsymbol{r})=\varepsilon_i\varphi_i(\boldsymbol{r}) \tag{5.12}$$

を解くことによって求めることができる．上式で，$v_{\mathrm{H}}(\boldsymbol{r})$ は Hartree ポテンシャルである．Σ は一般には複素数であって，その虚数部は準粒子の寿命を与えるが，ここでは虚数部のことは忘れておくことにして，実数部についてのみ議論する．具体的な計算では，Σ は図 5-11 の Feynman 図形の近似で求められている．直線は電子間相互作用を組み込んだ1電子 Green 関数であり，それを G と書く．波線は遮蔽された電子間相互作用であり，W と表わされる．すぐ後に(5.19)式で示すように，Σ を G と W の積で表わすので，**GW 近似**とよばれている(L. Hedin and S. Lundqvist: Solid State Phy. **23** (1969) 1)．図 5-11 の Feynman 図形は交換項に対応しているが，通常の Hartree-Fock 近似の交換項と違うのは，電子間相互作用が遮蔽されており，しかも，誘電関数が周波数依存性をもっていることである．W を

$$W(\boldsymbol{r},\boldsymbol{r}';\omega)=\sum_{\boldsymbol{q}}\sum_{\boldsymbol{G}}\sum_{\boldsymbol{G}'}e^{i(\boldsymbol{q}+\boldsymbol{G})\cdot\boldsymbol{r}}W_{\boldsymbol{GG}'}(\boldsymbol{q},\omega)e^{-i(\boldsymbol{q}+\boldsymbol{G}')\cdot\boldsymbol{r}'} \tag{5.13}$$

と Fourier 展開すると，誘電関数 $\epsilon_{\boldsymbol{GG}'}(\boldsymbol{q},\omega)$ を用いて

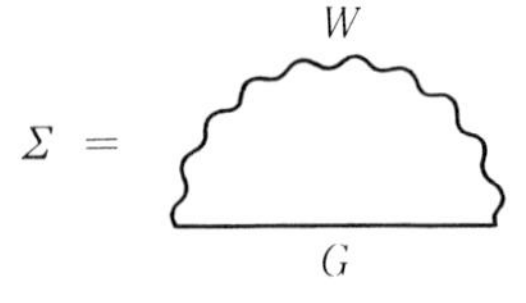

図 5-11 自己エネルギーに対する GW 近似の Feynman ダイヤグラムによる表現．

$$W_{\boldsymbol{G}\boldsymbol{G}'}(\boldsymbol{q},\omega) = [\epsilon_{\boldsymbol{G}\boldsymbol{G}'}(\boldsymbol{q},\omega)]^{-1}v(\boldsymbol{q}+\boldsymbol{G}') \tag{5.14}$$

である．ただし，v はCoulomb相互作用のFourier成分で，

$$v(\boldsymbol{q}+\boldsymbol{G}') = \frac{4\pi e^2}{\Omega|\boldsymbol{q}+\boldsymbol{G}'|^2} \tag{5.15}$$

で与えられる．Ω は単位胞の体積である．ϵ はRPA(random phase approximation)で求めることにして分極率を P とすると

$$\epsilon_{\boldsymbol{G}\boldsymbol{G}'}(\boldsymbol{q},\omega) = \delta_{\boldsymbol{G}\boldsymbol{G}'} - v(\boldsymbol{q}+\boldsymbol{G})P_{\boldsymbol{G}\boldsymbol{G}'}(\boldsymbol{q},\omega) \tag{5.16}$$

となる．ここで，1電子Green関数 G をLDAでの1電子波動関数を用いて

$$G(\boldsymbol{r},\boldsymbol{r}';\omega) = \sum_i \frac{\varphi_i^{\mathrm{LDA}}(\boldsymbol{r})\varphi_i^{\mathrm{LDA}}(\boldsymbol{r}')^*}{\omega-\varepsilon_i^{\mathrm{LDA}}\pm i\delta} \tag{5.17}$$

と近似する．ただし，分母の δ は正の微小量であり，$i\delta$ の前の符号は状態 i が占有されていれば $-$，占有されていなければ $+$ となる．また，分極率 P も

$$P_{\boldsymbol{G}\boldsymbol{G}'}(\boldsymbol{q},\omega) = \sum_{i,j}(n_i-n_j)\frac{\langle j|e^{-i(\boldsymbol{q}+\boldsymbol{G})\cdot\boldsymbol{r}}|i\rangle\langle i|e^{i(\boldsymbol{q}+\boldsymbol{G}')\cdot\boldsymbol{r}}|j\rangle}{\varepsilon_i^{\mathrm{LDA}}-\varepsilon_j^{\mathrm{LDA}}-\omega-i\delta} \tag{5.18}$$

の表式から計算される．ただし，分子の行列要素は φ_i^{LDA}, φ_j^{LDA} を用いて計算される．G と W から，$\boldsymbol{\Sigma}$ は

$$\boldsymbol{\Sigma}(\boldsymbol{r},\boldsymbol{r}';\omega) = i\int\frac{d\omega'}{2\pi}e^{-i\eta\omega'}G(\boldsymbol{r},\boldsymbol{r}';\omega-\omega')W(\boldsymbol{r},\boldsymbol{r}';\omega') \tag{5.19}$$

と与えられる．η は正の微小量である．P の ω 依存性の計算は数値的に厳密に行なわれることもあるが，プラズモンポール近似で計算されることがある．$\boldsymbol{\Sigma}$ を求める際には P の ω 依存性は積分されるので，準粒子スペクトルはプラズモンポール近似によってもかなりよい結果が得られる．

いくつかの半導体やイオン結晶に対する計算から，(5.12)式の $\varphi_i(\boldsymbol{r})$ は対応するLDAでの波動関数とほとんど完全に一致することが分かっている．したがって，GW近似での準粒子のエネルギーは

$$\varepsilon_i^{\mathrm{GWA}} = \varepsilon_i^{\mathrm{LDA}} + \iint d^3r d^3r'\, \varphi_i^{\mathrm{LDA}}(\boldsymbol{r})^*\{\Sigma^{\mathrm{GWA}}(\boldsymbol{r},\boldsymbol{r}';\varepsilon_i^{\mathrm{GWA}}) - \mu_{\mathrm{xc}}^{\mathrm{LDA}}(\boldsymbol{r})\delta(\boldsymbol{r}-\boldsymbol{r}')\}\varphi_i^{\mathrm{LDA}}(\boldsymbol{r}') \tag{5.20}$$

を解けばよい．右辺の Σ^{GWA} には $\varepsilon_i^{\mathrm{GWA}}$ が含まれているので繰り返し法によって解くことになる．

図 5-12 における $\Sigma(\varepsilon)-\mu_{\mathrm{xc}}^{\mathrm{LDA}}$ は，(5.20)式の右辺第 2 項を表わしており，それを $\varepsilon_i^{\mathrm{GWA}}$ の関数として示したものである．横軸のエネルギーの原点はバンドギャップの中心にとってある．$\Sigma(\varepsilon)-\mu_{\mathrm{xc}}^{\mathrm{LDA}}$ は，(5.20)式より $\varepsilon_i^{\mathrm{GWA}}-\varepsilon_i^{\mathrm{LDA}}$ に等しい．この図から，まず読み取るべきことは，$\Sigma(\varepsilon)-\mu_{\mathrm{xc}}^{\mathrm{LDA}}$ がバンドギャップの上下で明確なとびがあることである．このとびが(5.11)式の Δ に対応していると考えられる．つぎに，Si の場合は特に，$\Sigma(\varepsilon)-\mu_{\mathrm{xc}}^{\mathrm{LDA}}$ はバンドギャップの上でも下でもエネルギーによらずに一定であり，しかもバンドギャップの下ではその量はほぼゼロになっている．一方，C の場合は，$\Sigma(\varepsilon)-\mu_{\mathrm{xc}}^{\mathrm{LDA}}$ はバンドギャップの上下の領域で弱いエネルギー依存性をもっているが，最高占有状態の所では，$\Sigma(\varepsilon)-\mu_{\mathrm{xc}}^{\mathrm{LDA}}=0$ がほぼ成立している．したがって，密度汎関数法で得られる最高占有状態のエネルギー準位は正しいということを支持している．図 5-12 における $\Sigma(0)-\mu_{\mathrm{xc}}^{\mathrm{LDA}}$ は，自己エネルギーにおいて，$\varepsilon_i=0$ と固定した場合の結果である．これは電子系の応答の動的性質を無視したことになるが，そうするとバンドギャップが過大評価されてしまう．もう 1 つ，これら

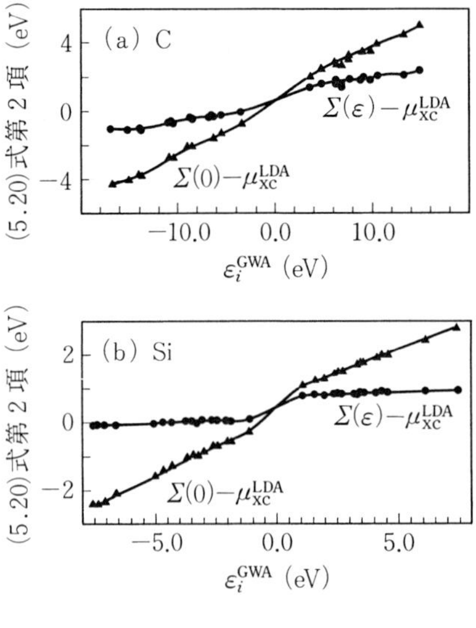

図 5-12　(5.20)式の右辺第 2 項の準粒子エネルギー $\varepsilon_i^{\mathrm{GWA}}$ 依存性．丸や三角の点は種々の $\boldsymbol{k}$ 点での値．それを実線でつないである．(R. W. Godby, M. Schlüter and L. J. Sham: Phys. Rev. **B37** (1988) 10159.)

の計算で明らかにされたことは，$\boldsymbol{G}\neq\boldsymbol{G}'$ に対しては $\epsilon_{\boldsymbol{GG}'}(\boldsymbol{q},\omega)=0$ としてしまうと，LDAによるバンドギャップの過小評価がわずかしか改善されないということである．系が空間的に一様であれば，実空間での誘電関数 $\epsilon(\boldsymbol{r},\boldsymbol{r}';\omega)$ は $|\boldsymbol{r}-\boldsymbol{r}'|$ の関数となり，その Fourier 成分 $\epsilon_{\boldsymbol{GG}'}(\boldsymbol{q},\omega)$ は $\boldsymbol{G}=\boldsymbol{G}'$ の成分しかもたない．しかし，実際の物質では結晶ポテンシャルの影響のため，$\epsilon(\boldsymbol{r},\boldsymbol{r}';\omega)$ は $\boldsymbol{r}$ と $\boldsymbol{r}'$ のそれぞれに依存するので，その Fourier 成分に $\boldsymbol{G}\neq\boldsymbol{G}'$ のものが有限に残る．こうした結晶ポテンシャルの効果を**局所場効果**(local-field effect)という．

(5.20)式によって計算された半導体やイオン結晶での準粒子のエネルギー準位は，実験結果と非常によい一致を示す．それらの詳しい比較はここでは行なわないが，表5-1にいくつかの物質でのバンドギャップの計算結果を実験データとともにまとめておく．

表 5-1 種々の物質のバンドギャップの実験値と計算値(eV)

	LDA	GW	実験値
C(ダイヤモンド)	3.90[b]	5.33[b]	5.48
Si	0.54[a]	1.38[a], 1.24[b]	1.17
LiCl	6.07[a]	9.21[a]	9.40
AlAs	1.25[a], 1.37[b]	2.06[a], 2.18[b]	2.23
GaAs	0.37[a], 0.67[b]	1.29[a], 1.58[b]	1.52, 1.63
InAs	−0.39[a]	0.40[a]	0.41
InSb	−0.51[a]	0.18[a]	0.23

a) X. Zhu and S. G. Louie: Phys. Rev. **B43** (1991) 14142.
b) R. W. Godby, M. Schlüter and L. J. Sham: Phys. Rev. **B37** (1988) 10159.

最近になって，遷移金属や遷移金属化合物のように電子相関が重要な系に対してもGW近似が適用され，興味深い結果が得られつつある．図2-2に示したように，LSDAによるバンド計算ではNiのdバンド幅を過大評価する．図5-13には，GW近似によるNiのバンド計算の結果が示されているが，Niについても GW近似はLSDAの不十分さをかなり改善することが分かる．

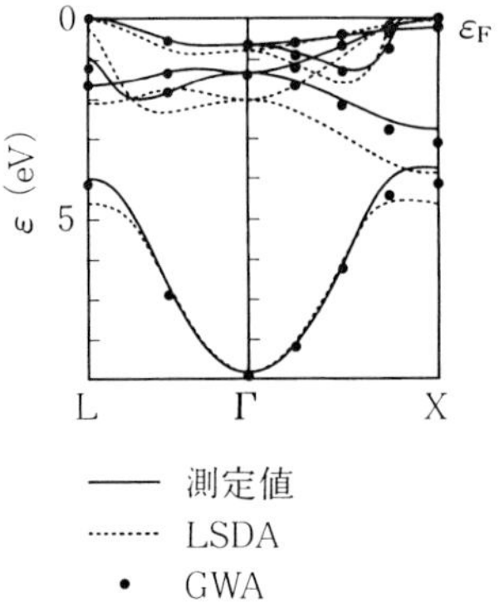

図 5-13 Ni のバンド構造の実験と理論の比較．実線：実験の測定値，点線：局所スピン密度近似(LSDA)による理論計算，黒丸：GW 近似による理論計算．(F. Aryasetiawan: Phys. Rev. **B45** (1992) 13051.)

c) 自己相互作用補正

(2.5)式において指摘したように，Hartree-Fock(HF)近似においては，自己 Coulomb 相互作用と自己交換相互作用は厳密に打ち消し合い，物理的に不合理な自己相互作用は存在しないようになっている．しかるに，LSDA においては，交換相関エネルギーに大胆な近似を導入するために，自己 Coulomb 相互作用と自己交換相関相互作用は打ち消し合わないという不都合がある．Perdew と Zunger はこの点に注目し，強制的に自己相互作用を除くことを提案し，そのことを**自己相互作用補正**(self-interaction correction : 略して SIC)とよんだ(J. P. Perdew and A. Zunger: Phys. Rev. **B23** (1981) 5048)．

原子に対しては LSDA の固有状態 $(i\sigma)$ に SIC を考慮することによって，LSDA の結果が大幅に改善されることが Perdew と Zunger によって示された．しかし，固体においては $(i\sigma)$ を何に選ぶかという問題がある．もしも $(i\sigma)$ が系全体に広がった Bloch 状態であるとすると，自己相互作用は系の大きさを無限大にすると消えてしまう．しかし，$(i\sigma)$ として局在状態が得られるとすると，系の大きさが無限大になっても SIC は有限である．$(i\sigma)$ としては，自己相互作用の補正をした全エネルギーが最小となるように選ばれる．

Svane と Gunnarsson は，Hubbard モデルに対して局所密度近似の交換相関エネルギーを導入し，電子相関の強い系($U/t \gg 1$)においては，SIC を考慮した KS 方程式から局在した軌道が得られることを示した．現実の遷移金属酸化物に対しても SIC を考慮すると，磁気モーメントやバンドギャップが大幅に改善されることが示されている．特に，酸化物のバンドギャップは LSDA では交換分裂に支配されていることをすでに述べたが，SIC では Coulomb 積分で支配されることになり，定性的な面でも改善される（A. Svane and O. Gunnarsson: Phys. Rev. **B37**（1988）9919, Phys. Rev. Lett. **65**（1990）1148）.

d） 量子モンテカルロ法

5-1 節においては，遷移金属酸化物などにおいて，1 電子近似が破綻することを述べた．1 電子近似を越えて電子相関を理論的に取り扱うことは，「強相関」の問題として物性物理の中心的課題の 1 つである．原子や分子において電子相関を取り扱う標準的手法として，量子化学でよく用いられる**配置相互作用**（configuration interaction : CI と略）の方法がある．CI 法を効率的に行なおうとする努力は地道に続けられており，これまでに目覚ましい進歩があった．とはいえ，CI 法の計算量は，原子数 N_a に対して本質的に $N_a!$ で増大するので，大きい分子や固体への適用は困難である．電子相関を扱う手法として，CI 法とは全く別の考え方に基づくものに，**量子モンテカルロ法**（quantum Monte Carlo : QMC と略）がある．この方法の計算量は原子数 N_a に対して N_a^3 でしか増大しないので，大きい分子や固体を扱うのには適していると考えられており，現在，その手法の改良，具体的物質への適用などが盛んに行なわれるようになってきている．なお，QMC は，スピン系をはじめとして Hubbard モデルや Anderson モデルに対してはすでに多くの適用例があり，手法としてもかなり確立しつつある．ここでは具体的物質への適用に的を絞って話を進めることにしたい（S. Fahy, X. W. Wang and S. G. Louie: Phys. Rev. **B42**（1990）3503. X.-P. Li, D. M. Ceperley and R. M. Martin: Phys. Rev. **B44**（1991）10929）.

（1） 変分量子モンテカルロ法

N 電子系の基底状態の 波動関数 $\boldsymbol{\Psi}(\boldsymbol{r}_1, \boldsymbol{r}_2, \cdots, \boldsymbol{r}_N)$ に対して，調節パラメタを含む適切な試行関数を仮定し，全系のエネルギーが最小になるようにパラメタを決める．この意味において変分法である．また，ハミルトニアンの期待値の計算は$3N$次元空間での積分を必要とするので，この積分をモンテカルロ法で行なう．そういうわけで，この方法を**変分量子モンテカルロ法**(variational quantum Monte Carlo: VQMC)とよぶ．

試行関数としては次の型のものが用いられることが多い．

$$\Psi(R) = \phi_{\mathrm{J}}(R)D_{+}(R)D_{-}(R) \tag{5.21}$$

ただし，Rは$(\boldsymbol{r}_1, \boldsymbol{r}_2, \cdots, \boldsymbol{r}_N)$の組を表わすものとし，$D_\sigma(R)$は$\sigma$スピン状態の1電子軌道からなるSlater行列式である．(5.21)式の第1因子$\phi_{\mathrm{J}}(R)$は2電子間の相関を取り入れるために導入されたもので，Jastrow関数とよばれ，

$$\phi_{\mathrm{J}}(R) = \exp\left[\sum_{(i,\sigma)} \chi_\sigma(\boldsymbol{r}_i^\sigma) - \sum_{(i,\sigma)}\sum_{(j,\sigma')} u_{\sigma\sigma'}(r_{ij})\right] \tag{5.22}$$

のように表わす．$\boldsymbol{r}_i^\sigma$はσスピンをもつi番目の電子の座標である．(5.22)式の指数の中の第2項が2電子が避け合って運動する，いわゆる電子相関を取り入れるものである．これが$\boldsymbol{r}_i$と$\boldsymbol{r}_j$の間の距離$r_{ij} = |\boldsymbol{r}_i - \boldsymbol{r}_j|$だけの関数とするのは近似である．格子ポテンシャルが強くて電子分布の非一様性が強くなれば，uが$\boldsymbol{r}_i$と$\boldsymbol{r}_j$に別々に依存するとしなくてはならないと思われるが，具体的に計算が行なわれたSiやCでは，r_{ij}の関数とする近似が悪くないようである．$D_\sigma(R)$に用いる1電子軌道としては分子ではHartree-Fock近似によるものが用いられるが，固体ではLSDAのKS方程式の軌道が用いられる．(5.22)式の指数の中の第1項は，uによる2電子相関のために，LSDAの電子密度分布が変形されすぎるのを修復する働きがある．

uの関数型としては，原子や分子に対しては

$$u(r) = -ar/(1+br) \tag{5.23}$$

が，また，固体に対しては

$$u(r) = A(1-e^{-r/F})/r \tag{5.24}$$

という簡単な型が用いられることが多い．uに含まれるパラメタは2電子が近づいた極限での，2電子系ハミルトニアンの解の振舞いを正しく再現するように決められる．このことは**カスプ条件**とよばれる．カスプ条件を満たしていない波動関数を用いて，ハミルトニアンの期待値を計算しようとすると，ハミル

トニアンに含まれる電子間相互作用 e^2/r_{ij} の $r_{ij}=0$ での発散のために正確な数値を得ることが困難になる．したがって，カスプ条件は非常に重要であるので簡単に説明しておこう．

自由空間における2電子系の相対運動に対する Schrödinger 方程式は

$$\left(-\frac{\hbar^2}{2\mu}\Delta+\frac{e^2}{r}\right)\phi(r)=\varepsilon\phi(r) \qquad (5.25)$$

で与えられる．ただし $\mu=m_e/2$ は換算質量である．$r=0$ の近傍での振舞いは

$$\phi_s \propto e^{\alpha r} \qquad (5.26)$$

$$\phi_p \propto re^{\alpha r/2}Y_{1,m}(\hat{r}) \qquad (5.27)$$

ただし，$\alpha=\mu e^2/\hbar^2=m_e e^2/2\hbar^2$ である．上記の結果を用いると，u に対するカスプ条件は次のようになる．同種スピンの2電子に対しては，Slater 行列式によって相対運動の波動関数は反対称になっており p 的であるから $\left.\frac{du}{dr}\right|_{r=0}=-\frac{m_e e^2}{4\hbar^2}$ とする．また，異種スピンの2電子に対しては，相対運動の波動関数は s 的であるから $\left.\frac{du}{dr}\right|_{r=0}=-\frac{m_e e^2}{2\hbar^2}$ とする．なお，(5.23),(5.24)式の u は $r\to\infty$ で2電子の相関がなくなることを自然に取り入れている．

VQMC 法は，波動関数が直接に与えられること，計算が比較的容易であることなどの利点はあるが，試行関数にあらかじめ含まれていない電子相関の効果は取り入れられないので，結果は試行関数の選び方に大きく依存するという難点がある．そこで，より信頼度の高い結果を得るには，次の拡散量子モンテカルロ法が適している．

(2) 拡散量子モンテカルロ法

全系のハミルトニアンを $\mathcal{H}$ として，次の方程式を考える．

$$-\frac{\partial}{\partial t}\Psi(R,t)=(\mathcal{H}-E_T)\Psi(R,t) \qquad (5.28)$$

ただし，E_T は適当に決めるパラメタである．(5.28)式は E_T の項を除けば，時間依存の Schrödinger 方程式での時間を虚数にしたものと見なすことができる．あるいはまた，$\mathcal{H}$ の中の運動エネルギーの項のみを考えると，拡散方程式である．**拡散量子モンテカルロ法**(diffusion quantum Monte Carlo:

DQMC)とよばれるのは，後者の見方に基づく．

$t=0$ での初期値を

$$\Psi(R,0) = \Psi_T(R) \tag{5.29}$$

とすると，(5.28)式の解は形式的に

$$\Psi(R,t) = e^{-(\mathscr{H}-E_T)t}\Psi_T(R) \tag{5.30}$$

と書くことができる．$\mathscr{H}$ の固有状態の完全系 $\{\boldsymbol{\Phi}_i\}$ を用いると，(5.30)式は

$$\begin{aligned}\Psi(R,t) &= \sum_i e^{-(\mathscr{H}-E_T)t}\boldsymbol{\Phi}_i(R)\langle\boldsymbol{\Phi}_i|\Psi_T\rangle \\ &= \sum_i e^{-(E_i-E_T)t}\boldsymbol{\Phi}_i(R)\langle\boldsymbol{\Phi}_i|\Psi_T\rangle\end{aligned} \tag{5.31}$$

となる．したがって，$\Psi_T(R)$ が基底状態 $\boldsymbol{\Phi}_0(R)$ と直交していない限り，t が大きくなった極限では

$$\Psi(R,t) \sim e^{-(E_0-E_T)t}\boldsymbol{\Phi}_0(R)\langle\boldsymbol{\Phi}_0|\Psi\rangle$$

となる．t の大きい所で，解が減衰も成長もしないように E_T を調節すれば，その E_T は基底状態のエネルギーに等しい．VQMC 法とは違って，最初に準備する Ψ_T が解からはずれていても，いずれは正しい基底状態にたどり着くという点はこの方法の長所である．

なお，(5.28)式を解くのに Green 関数を用いるので，この方法を Green 関数モンテカルロ法とよぶことがある．

最近の研究によれば，DQMC 法による計算時間は，与えられた試行関数に基づいて VQMC 法で解を得る計算時間の 3 倍程度で済むようになっている．しかも，DQMC 法では，試行関数をいろいろと選択することにわずらわされることが少ない．

(3) その他

QMC 法ではもう 1 つ重要な手法として，**補助場**(auxiliary field)を導入して，多体問題を補助場のもとでの 1 体問題にすりかえるという方法がある．従来，この方法は Hubbard モデルや Anderson モデルのように離散的な格子モデルに適用されてきた．最近，この方法を現実の系に適用しようという動きがあるが，ここではこれ以上は触れない．

QMC 法は，これまでのところ，計算手法の開発とそのテストを目的として，C や Si などの簡単な系に適用されたにすぎない．これらに対しては，本節の始めに述べたような凝集性質における LDA の欠点を改良することが示された．QMC 法はまだ本来の強相関系である遷移金属化合物などに適用されるに至っていない．まず，VQMC 法においては，適切な試行関数の選択がむずかしいということもある．また，DQMC 法を適用するには，初期値が悪いと収束させるのに計算時間がかかりすぎるし，フェルミオン系での負符号問題を処理するために通常用いられる固定節の近似が悪くなる可能性もある．さらには，原子番号が大きいために，計算時間がかかりすぎることも問題である．

QMC 法は，ほとんど基底状態だけを扱ってきた．基底状態に直交させるようにして励起状態を扱うことは可能であるが，具体的な計算例は少ない．密度汎関数法が原理的に励起状態を扱えないので，QMC 法が励起状態の扱いに対しても強力な手法となることが強く望まれる．

II

固体の構造

多くの固体は，イオンと電子とからできている．原子核と電子からできているという方が正確かもしれないが，電子のうちのあるものは原子核に強く束縛されて一体となってイオンを構成し，残りの電子が多彩な固体の物性の原因になっていると考えられるので，第0近似としてこのような言い方をしておく．ただし，希ガス元素の固体は中性原子からできているといった方がよいし，また，アルカリハライドに代表されるイオン結晶はイオンだけからできている．このように固体は多様であるが，この第II部で紹介する話題を理解するには，固体はイオンと電子からできているという言い方をしておけば十分である．

固体中の電子は固く並んだイオンの場の中にある．したがって，第I部で議論してきた電子のもろもろの性質はイオンの並び方と無縁ではない．イオンが規則正しく周期的に並んでできる構造を結晶構造といい，でたらめに並んでいる構造をアモルファス構造という．最近ではイオンが周期的ではないがある種の法則にしたがって並ぶ準結晶が脚光を浴びている．

第II部では，完全結晶について概観した後，表面構造について触れ，アモルファス構造を体系的に理解する考え方の筋道を紹介する．

6 完全結晶

この章では，ある意味で理想的な固体である完全結晶について述べる．とはいっても，いろいろな結晶構造を並べ挙げる余裕はないので，面心立方構造とダイヤモンド構造を中心に，少数の代表的な結晶構造のケーススタディをしながら，完全結晶に関する基本的概念を整理する．

6-1 固体の構造

多くの固体は，イオンと電子とからできている．このような表現が当てはまらないものに，希ガス元素の固体がある．希ガス元素の原子の中で電子は閉殻構造をもち，すべての電子が原子核に強く束縛されているので希ガス原子は化学的に安定であり，気体は単原子気体になっていることはよく知られている．希ガス物質の液体や固体の中では電気的に中性な原子の間に van der Waals 力とよばれる電子の量子力学的なゆらぎによる弱い引力がはたらいている．したがって，希ガス物質の固体は中性原子からできているといった方がよい．

また，アルカリハライドを代表とするイオン結晶(ionic crystal)のように，イオンだけからできているといった方がよい固体もある．NaCl の場合，Na^+

イオンとCl^-イオンの間にはたらくCoulomb力によってイオンが結合し固体になる．このように固体は多様であるが，この章で紹介する話題を理解するには，固体はイオンと電子とからできているという言い方をしておけば十分である．固体が「固い」のは，そのイオンががっちりとした構造をもって並んでいるからで，イオンが規則正しく周期的に並んでできる構造を**結晶構造**(crystal structure)という．

どんな固体も大きさは有限である．しかし，1辺が1 mmの立方体の固体があるとすると，各辺に10^6個以上のイオンが並ぶから，イオンの並びが無限に大きい固体を考え，それを**バルク**(bulk)な固体という．固体物理学の体系化は，まず，バルクな固体からはじまった．

ところが現実のものには必ず表面がある．表面ではそれに特有の物理現象がおきる．現実の固体の表面付近の構造は多くの場合，バルクな固体をある面で切ってできる構造とは違う．これを表面でのイオンの並びの**再構成**(reconstruction)という．また，10 nm程度の大きさの粒子を**微粒子**(fine particle)というが，そのように小さな粒子のイオンの並び方は，バルクな固体の構造とは異なるものが多い．これら微粒子や，それよりさらに小さなマイクロクラスターとよばれるものも近年多くの研究者の興味をひいている．微粒子をしだいに大きくしていったとして，どの程度の大きさになったら，バルクな固体の構造になるのかというようなことは，微粒子物理の立場からも，また，バルクな固体の物理を考える上からも興味深いものがある．以下この章の各節では理想的なバルクな固体である完全結晶について述べる．次の章で表面構造や微粒子，クラスターのような有限系の構造について述べよう．

6-2 完全結晶のケーススタディ

イオンなどが周期的に並んでできあがった固体の構造を**完全結晶**(perfect crystal)という．完全結晶は**並進対称性**(translational symmetry)をそなえている．多様な物質が多彩な結晶構造を見せてくれるが，並進対称性と回転対称性の種類，鏡面対称性の有無からこれらの結晶を分類すると，わずか 14 種類のグループに分かれる．それぞれのグループの特徴を表わすものが **Bravais 格子**(Bravais lattice)である．まず，身近な物質を例にして，Bravais 格子について述べる．

Au の結晶構造は，図 6-1(a)に示した構造を立方体の 3 辺の方向へ繰り返し並べたものである．○がイオンを表わし，立方体の頂点のほかに 6 枚の正方形の面の中心にも 1 個ずつ原子がある．この結晶構造を**面心立方構造**(face centered cubic(＝fcc) structure)という．Ag, Cu, Al などの金属や Ar などの希ガス元素の結晶は(He を除き)この構造をもつ．任意の 1 つの○を他の○の位置へ変位させるようにこの結晶全体を並進移動させると，もとの結晶と完全に一致する．このような並進移動を**並進操作**(translational operation)とよび，そのときの変位ベクトルを $\boldsymbol{T}$ と表わすことにする．

$$\begin{aligned} \boldsymbol{a}_1 &= \overrightarrow{\mathrm{AD}} = (0, 1/2, 1/2)a \\ \boldsymbol{a}_2 &= \overrightarrow{\mathrm{AC}} = (1/2, 0, 1/2)a \\ \boldsymbol{a}_3 &= \overrightarrow{\mathrm{AE}} = (1/2, 1/2, 0)a \end{aligned} \tag{6.1}$$

で表わされる変位は並進操作の特殊な例であるが，任意の並進操作を表わす $\boldsymbol{T}$ は，n_1, n_2, n_3 を適当な整数として，

$$\boldsymbol{T} = n_1\boldsymbol{a}_1 + n_2\boldsymbol{a}_2 + n_3\boldsymbol{a}_3 \tag{6.2}$$

と表わされる．この意味で，(6.1)の 3 つの変位は並進操作の単位となる．たとえば，変位 $\overrightarrow{\mathrm{AB}}$ は，

$$\begin{aligned} \overrightarrow{\mathrm{AB}} &= \overrightarrow{\mathrm{AC}} + \overrightarrow{\mathrm{AE}} - \overrightarrow{\mathrm{AD}} \\ &= (-1)\cdot\boldsymbol{a}_1 + 1\cdot\boldsymbol{a}_2 + 1\cdot\boldsymbol{a}_3 \end{aligned} \tag{6.3}$$

という和で表わされる．そこで，上の $\boldsymbol{a}_1, \boldsymbol{a}_2, \boldsymbol{a}_3$ を fcc 構造の**単位並進ベクトル**(unit translation vector)とよぶ．

図 6-1(b)は，イオン結晶の代表である NaCl の結晶構造で，○が Na イオンを，●が Cl イオンを表わすとしよう．陽イオンと陰イオンをこのように並べた結晶構造を **NaCl 構造**(sodium chloride structure)とよぶ．この構造で，

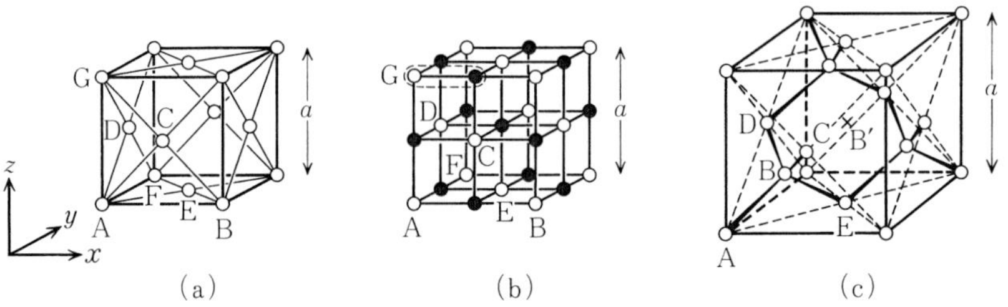

図 6-1 fcc Bravais 格子をもつ 3 つの構造．(a) fcc 構造，(b) NaCl 構造，(c) ダイヤモンド構造．

1 つの ○ を任意の ● の位置へ変位させながら全体を並進移動させると，この図の ○ と ● とを完全に入れ替えた構造となり，もとと同じものではないから，このような並進移動は並進操作とはいえない．それに対し，たとえば，○ を他の ○ の位置へ移動するような並進移動は並進操作である．このとき同時に ● は他の ● の位置へ移動する．このように，NaCl 構造の並進操作を考えるときには ○ と ● の一方だけに注目すればよいので，● を消してしまうと，残る ○ は図 6-1(a)と同じ fcc 構造をしている．したがって，図 6-1(b)に示した a を使って，(6.1)のように単位並進ベクトルを表わすと，NaCl 構造の任意の並進操作の変位ベクトル $\boldsymbol{T}$ は (n_1, n_2, n_3) の値も含めて fcc 構造の場合とまったく同じである．

図 6-1(c)の結晶構造は**ダイヤモンド構造**(diamond structure)とよばれる．その名前のとおり，ダイヤモンドの結晶構造で，その場合，この図の ○ は C 原子を表わしている．(原子をつないでいる棒は C 原子間の共有結合を示す．) 代表的な単体半導体である Si や Ge の結晶構造もダイヤモンド構造である．

ダイヤモンド構造は fcc 構造や NaCl 構造とまったく同じ性質の並進対称性をもっている．ダイヤモンド構造では，図 6-1 に示したように座標軸を選ぶと，1 辺 a の面心立方格子の格子点に原子があるほか，それから $(a/4, a/4, a/4)$ だけ変位したところにも原子があり，後者の原子だけを集めても面心立方格子ができる．すなわち，ダイヤモンド構造は，$(a/4, a/4, a/4)$ だけずれた 2 つの fcc 構造(それぞれを**副格子**(sublattice)という)を「入れ子」にした構造をもつ．図 6-1(c)の A 原子が B の位置にくるように全体を $(a/4, a/4, a/4)$ だけ並進移動すると，B は立方体の中心の B′ の位置にくるが，もとの結晶ではそこに原子はないから，この並進移動は並進操作ではない．したがって，並進操作を考えるときには一方の副格子の原子を消してしまってよい．するとやはり fcc 構造が残る．また，図 6-1(c)の記号を使って，(6.1)のように単位並進ベクトルを定義すると，任意の並進操作の変位ベクトル $\boldsymbol{T}$ が(6.2)のように表わされる．なお，ダイヤモンド構造の 2 つの副格子上に異なるイオンをおくと，**閃亜鉛鉱構造**ができる．GaAs などの III-V 族半導体の中にはこの構造のものが多い．

このように，NaCl 構造も，ダイヤモンド構造も，並進操作という観点にたつと，fcc 構造とまったく同じ性質をもち，共通の $\boldsymbol{T}$ ベクトルで記述できる．$\boldsymbol{T}$ ベクトルで表わされる点の集合がつくる構造を **Bravais 格子**(Bravais lattice)，それぞれの点を**格子点**(lattice site)という．fcc 構造をもつ Bravais 格子を **fcc 格子**(fcc lattice)とよび，NaCl 構造やダイヤモンド構造の Bravais 格子は fcc 格子である，という言い方をする．格子のサイズを表わす量が**格子定数**(lattice parameter)で，fcc 格子の場合は，図 6-1 のように立方体の 1 辺の長さ a が格子定数である．

Bravais 格子が同じ fcc 格子である図 6-1 の 3 つの構造の違いは，格子点上に配置されるイオンなどの組合せの違いによる．fcc 構造では，格子点にはただ 1 個のイオンがある．格子点に $(a/2, 0, 0)$ だけずれた陽陰 1 対のイオンを配置すると NaCl 構造となり，$(a/4, a/4, a/4)$ だけはなれた原子対をならべるとダイヤモンド構造になる．Bravais 格子上にならべていくこれらの原子やイオンの集団を**単位構造**(basis)という．逆に結晶構造を見たとき，単位構造を 1 つの点に縮めてみると，その構造の Bravais 格子が得られる．結晶構造は，Bravais 格子によって対称性が，単位構造によってその多様性があたえられる，といってもよい．

図 6-2 に立方対称性をもつ 3 種類の Bravais 格子を示す．(b)は，すでに出てきた面心立方格子である．(a)は**単純立方格子**(simple cubic(=sc) lattice)，

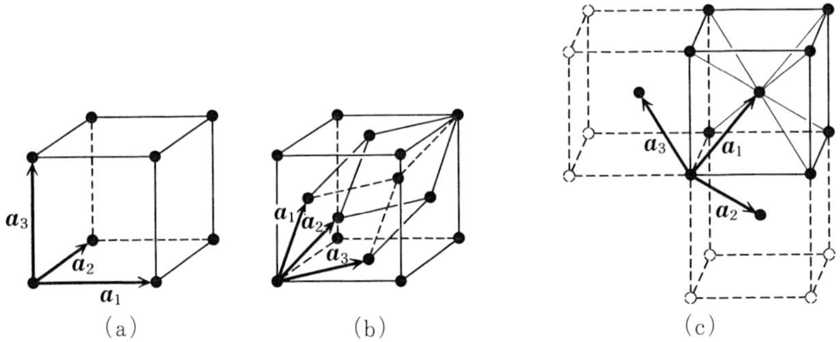

図 6-2 立方対称な 3 つの Bravais 格子の単位胞と基本並進ベクトルの例．(a) 単純立方(sc)格子，(b) 面心立方(fcc)格子，(c) 体心立方(bcc)格子．sc 格子の基本単位胞は(a)の立方体，fcc 格子の基本単位胞は(b)の立方体の内部にある平行 6 面体である．bcc 格子の基本単位胞は複雑なので示してない．

(c)は**体心立方格子**(body centered cubic(＝bcc) lattice)とよばれる．

図 6-2(b)の $\boldsymbol{a}_1, \boldsymbol{a}_2, \boldsymbol{a}_3$ は(6.1)で表わされる単位並進ベクトルであるが，fcc 格子の単位並進ベクトルとしては直交座標系と同じように，図 6-1(a)の立方体の隣り合う辺に沿っての変位を選ぶこともある．すなわち，図 6-1(a)においてイオンにつけた記号を使って，

$$\boldsymbol{a}_1 = \overrightarrow{\mathrm{AB}}, \quad \boldsymbol{a}_2 = \overrightarrow{\mathrm{AF}}, \quad \boldsymbol{a}_3 = \overrightarrow{\mathrm{AG}} \tag{6.4}$$

とするのである．このようにしても，任意の並進ベクトルが

$$\boldsymbol{T} = \nu_1\boldsymbol{a}_1 + \nu_2\boldsymbol{a}_2 + \nu_3\boldsymbol{a}_3 \tag{6.5}$$

という形に書けるが，たとえば，

$$\overrightarrow{\mathrm{AC}} = \frac{1}{2}\overrightarrow{\mathrm{AB}} + \frac{1}{2}\overrightarrow{\mathrm{AG}} = \frac{1}{2}\boldsymbol{a}_1 + \frac{1}{2}\boldsymbol{a}_3$$

となることから分かるように，(6.5)の ν_1 や ν_2 は整数とは限らない．そこで，(6.1)の単位ベクトルはもっとも基本的(primitive)であるという意味で**基本並進ベクトル**(primitive translation vector)とよばれる．図 6-2 には，3 つの Bravais 格子の基本並進ベクトルをそれぞれ矢印で示してある．

図 6-2 の立方体の構造を繰り返し並べていくと格子ができるという意味で，

これらの立方体はそれぞれの格子の**単位胞**(unit cell)とよばれる．その3つの辺は(6.4)のように選んだ単位並進ベクトルに相当している．このほか，基本並進ベクトル(それぞれの図において矢印 $\boldsymbol{a}_1, \boldsymbol{a}_2, \boldsymbol{a}_3$ で示してある)をとなり合う3辺とする平行6面体を単位胞とすることもある．この単位胞はBravais格子のもっとも基本的な単位であるという意味で基本単位胞(primitive unit cell)とよばれる．しかし，格子のもつ対称性を見るには図6-2のような単位胞の方が分かりやすい．

このほかによく使われる単位胞に，**Wigner-Seitzの単位胞**(Wigner-Seitz cell)というものがある．これは，単体結晶の1つの原子と他の原子の垂直2等分面を考え，それらで囲まれる最小の多面体のことである．sc構造のWigner-Seitz単位胞は単純な立方体である．fcc，bcc構造中のWigner-Seitz単位胞を図6-3に示す．scとfccのWigner-Seitz単位胞は最隣接原子との垂直2等分面で囲まれているが，bccの場合は2番目に近い原子との垂直2等分面も含んでいる．

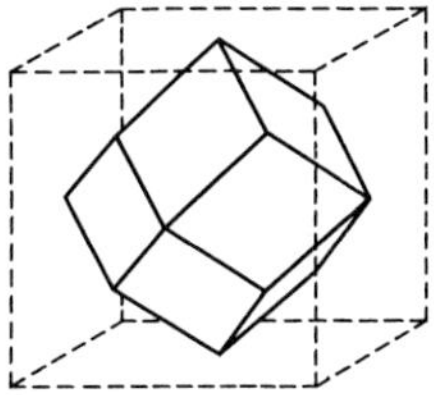

(a) 面心立方格子

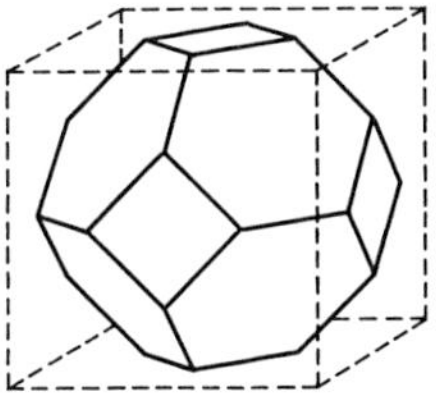

(b) 体心立方格子

図6-3 Wigner-Seitzの単位胞.

fcc格子の格子点に1個ずつ同一種類のイオン等をおくと，fcc構造(fcc structure)の結晶ができるように，bcc格子の格子点に1個ずつ同一種類のイオン等をおくと，体心立方構造すなわちbcc構造(bcc structure)の結晶ができる．アルカリ金属のNaやKの結晶構造がこれである．

その他金属でよく見られる構造に**六方最密構造**(hexagonal closed packed structure)または簡単にhcp構造とよばれるものがある．これは図6-4に示したような構造をしていて，Bravais 格子も同じものである．正 6 角柱の 12 個の頂点，上底および下底の面心，および上底と下底の正 3 角形の重心の中間の 3 つの場所に原子がおかれた構造である．図 6-4 には，基本並進ベクトルを矢印で示してあるが，正 6 角形の中心から 1 つおきの頂点への 3 つの変位と柱の高さに対応する変位の 4 つを単位並進ベクトルに選ぶやり方もある．hcp 構造と fcc 構造の間には密接な関係があり，これについては，節をあらためて詳しく述べる．

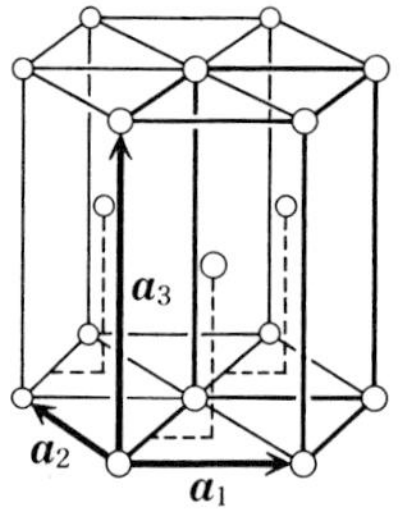

図 6-4　hcp 構造と基本並進ベクトル．

単体物質で単純立方(sc)構造をもつ結晶は，Po(ポロニウム)を除き，常温，常圧下では存在しない．というのは，この構造はずれ変形に対して弱く不安定だからである．実際，図 6-5(a)のように，剛体球を sc 構造になるように並べて上の面上の球を一斉に矢印の向きに変位させても何の抵抗もなくすべることができる．同図(b)は次の節で出てくる fcc 構造に似た並び方であるが，上の面の球は下の面の球の間に落ちこんで並んでいるために，矢印のように引いてもひっかかってすべり出しにくい．したがって，(b)に近い fcc 構造は安定で，

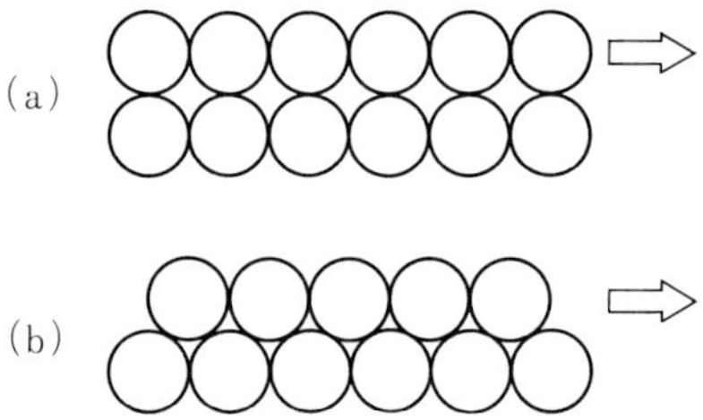

図 6-5　sc 構造(a)がずれ応力に弱い理由．

この結晶形をとる物質は多い．

単体結晶で sc 構造をもつものはまれであるが，単位構造が 2 種以上のイオンや原子団からなるもので sc 格子をもつものは多い．たとえば**塩化セシウム構造**とよばれる図 6-6 の結晶は，立方体の中心にも頂点と同じ原子があれば bcc 構造であるが，並進対称操作を議論するときは●のイオンを忘れてしまってよい．すると，○イオンの sc 構造が残るから，この Bravais 格子は，単純立方格子である．いいかえると，sc 格子の格子点に体対角線方向に並んだ 1 対のイオンを単位構造として並べたものである．より複雑なペロブスカイト構造の Bravais 格子も sc 格子であるが，これについては，後で紹介する．

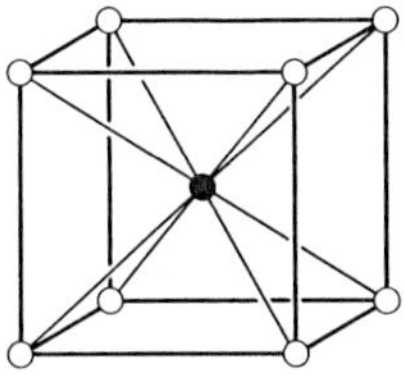

図 6-6　塩化セシウム構造．

6-3　Miller 指数

簡単のために，立方対称性をもつ結晶を考えよう．立方体の各辺に沿って x, y, z 軸をとる(図 6-7)．通常は，向きを表わすのに大きさが 1 のベクトル

$$\boldsymbol{e} = (e_x, e_y, e_z)$$
$$\sqrt{{e_x}^2 + {e_y}^2 + {e_z}^2} = 1 \tag{6.6}$$

を使い，これをその向きの単位ベクトルという．この場合には，3 つの要素の絶対値は 1 またはそれより小さな数である．(6.6)の 3 個の成分比は，一般には無理数にもなりうるが，結晶中ではそのような向きには関心がないので，それらの成分比は整数の比で表わされるものとする．そこで結晶では，向きを表わすのに，

$$l : m : n = e_x : e_y : e_z \tag{6.7}$$

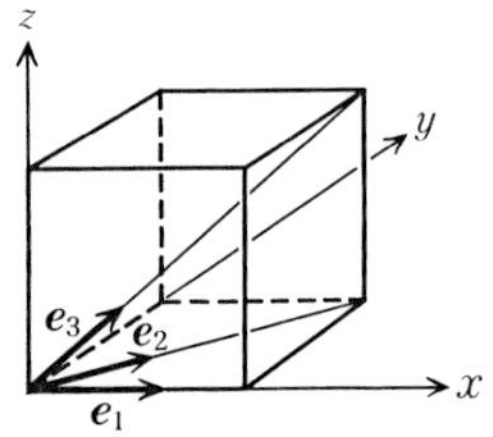

図 6-7 立方対称な格子の代表的な 3 つの方向.

となる既約な整数の組 (l, m, n) を使う．しかも，カンマを省き，括弧も特別なものを使い $[lmn]$ の向きというように表わす．ここに出てきた整数 l, m, n を **Miller 指数**(Miller indices)という．

x 軸の向きの単位ベクトルは通常の表わし方では $(1, 0, 0)$ であるから，Miller 指数を使うと $[100]$ となる．同様に，y 軸，z 軸の向きは $[010]$，$[001]$ となる．負の値をもつ Miller 指数は，上に棒をつけて表わす．したがって，x 軸の負の向きを $[\bar{1}00]$ と表わす．図 6-7 の $\boldsymbol{e}_2$ の向き(底面の正方形の対角線の向き)は $[110]$ である．また，$\boldsymbol{e}_3$ の向き(立方体の 1 つの体対角線の向き)は $[111]$ と表わされる．$-\boldsymbol{e}_3$ の向きなら $[\bar{1}\bar{1}\bar{1}]$ となる．

立方対称な結晶を z 軸のまわりで 90° 回転すると回転前の結晶と重なる．このような回転によって $[100]$ は $[010]$ に移るから，この 2 つの向きは物理的には同等である．このように結晶の対称性によって同等な向きをひとまとめにして $\langle lmn \rangle$ と表わす．すると，立方体の辺に沿う $[100]$，$[\bar{1}00]$，…，$[00\bar{1}]$ の 6 個の向きはまとめて $\langle 100 \rangle$ と表わされる．同様に，立方体の体対角線は向きまで含めて 8 個あるが，これらの向きはすべて $\langle 111 \rangle$ とまとめて表現され，立方体を囲む 6 枚の正方形の対角線の向きは $\langle 110 \rangle$ と表わされる．

図 6-7 の座標系で，任意の平面は方程式

$$ax + by + cz = \alpha \tag{6.8}$$

と表わされる．この面はベクトル (a, b, c) の向きに垂直である．逆に，向き $[lmn]$ に直交する面の方程式は，

$$lx + my + nz = \text{定数} \tag{6.9}$$

となる．このような面の集合を（lmn）と表わす．

互いに1直線上にはない3個の格子点が乗る面を**結晶面**という．

図6-8に[100]，[110]，[111]に垂直な3つの結晶面（100），（110），（111）を示してある．（100）はx軸に垂直な面であるが，3つの座標軸に垂直な面をまとめて{100}と表わす．同様に，（110），（111）と回転対称操作によって移る面をすべてまとめて{110}，{111}と表わす．

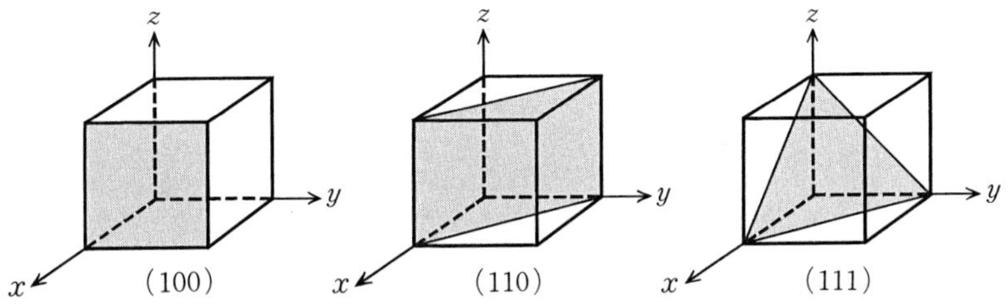

図6-8　立方対称をもつ格子の，代表的な3つの面．

これまで述べてきた立方対称な格子のMiller指数を他のBravais格子にも導入するために，見方を変えて，Miller指数［lmn］で表わされる向きは，$\hat{\boldsymbol{x}}$，$\hat{\boldsymbol{y}}$，$\hat{\boldsymbol{z}}$を図6-7のx, y, z軸の向きの単位ベクトルとして，

$$\boldsymbol{v} = l\hat{\boldsymbol{x}} + m\hat{\boldsymbol{y}} + n\hat{\boldsymbol{z}} \tag{6.10}$$

というベクトルに平行な向きであることに注意する．また，(6.9)で定数＝1とした面は，x軸，y軸，z軸とそれぞれ，$(1/l, 0, 0)$，$(0, 1/m, 0)$，$(0, 0, 1/n)$で交わることにも注意する．

そこで，一般の格子の単位胞となる平行6面体を考え，その3つの辺(これをa軸，b軸，c軸とよぶことにする)に平行で，3辺と長さが等しいベクトル$\boldsymbol{e}_a$，$\boldsymbol{e}_b$，$\boldsymbol{e}_c$を考える(図6-9)．この3つのベクトルは線形独立だから，任意の格子点は

$$\boldsymbol{v} = l\boldsymbol{e}_a + m\boldsymbol{e}_b + n\boldsymbol{e}_c \tag{6.11}$$

と表わされる．そこで，このベクトルに平行な向きを［lmn］と表わすことにより，一般のBravais格子中の任意の向きをMiller指数で表わすことができる．さらに，a軸，b軸，c軸と$(\alpha, 0, 0)$，$(0, \beta, 0)$，$(0, 0, \gamma)$で交わる面があっ

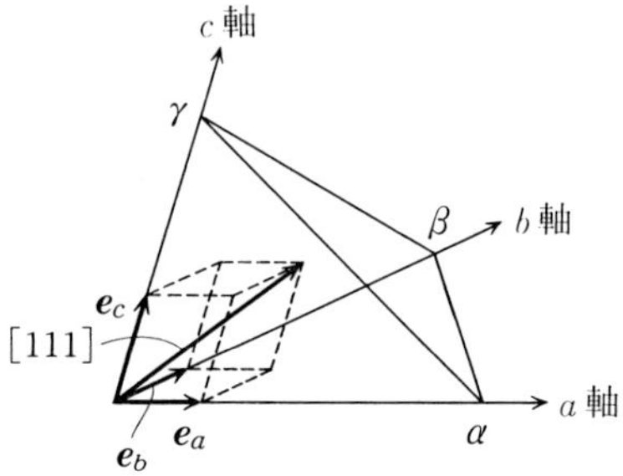

図 6-9 一般の Miller 指数.

たとき,

$$\frac{1}{\alpha} : \frac{1}{\beta} : \frac{1}{\gamma} = l : m : n \tag{6.12}$$

となるような，既約な整数の組を使ってこの面を（lmn）と表わすことにすれば，一般の Bravais 格子の結晶面も Miller 指数によって表現できる．ただし，一般に（lmn）面と［lmn］方向は直交しない．

六方最密格子もこれまで述べてきた方法で Miller 指数を定義できるが，便宜上 4 個の指数を使うことが多い．この方法では，図 6-10 のように，平面上に 120° の角で交わる a_1, a_2, a_3 軸と，それに垂直な c 軸を定義し，a_1～a_3 軸の向きを［1000］等と表わし，c 軸の向きを［0001］と表わす．ただし，平面上のベクトルを 3 つのベクトルの線形結合で表わすので，その分解は一意的ではなく，たとえば，a_3 軸の向きは［0010］と表わすこともできるが，［$\bar{1}\bar{1}00$］と表わすこともできる．

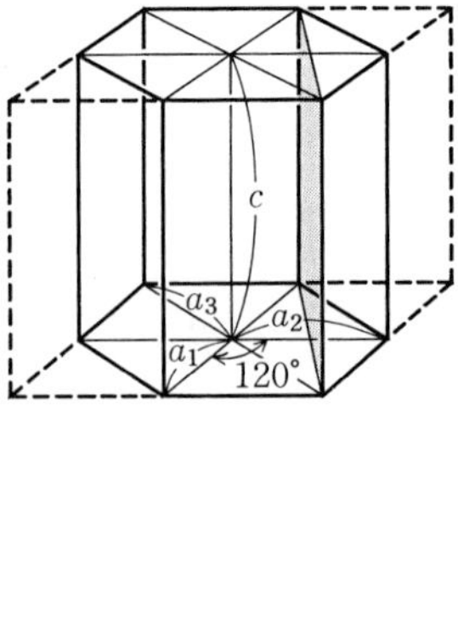

図 6-10 hcp 構造の Miller 指数は，a_1, a_2, a_3, c を長さの単位として定義する．したがって，アミをかけた面は (0100) 面となる．

6-4 結晶面の例

ここで fcc 構造の 3 つの代表的な結晶面について述べる．図 6-11(a)の灰色でアミをかけた面が (100) 面であるが，この上の原子は，同図(b)のように，正方形の頂点をなすように並んでいる．破線で示した正方形が(a)のアミをかけた正方形である．したがって，(b)の縦および横方向は，(a)の右上および右下の方向だから [011] および [01$\bar{1}$] 方向ということになる．(a)の F 原子のアミかけ正方形への射影は，A と B の中点にくる．このように次の (100) 面上の F ～I の原子は破線の正方形の辺の中点に射影され，その次の (100) 面上の J～N の射影は，A～E の射影と重なる．

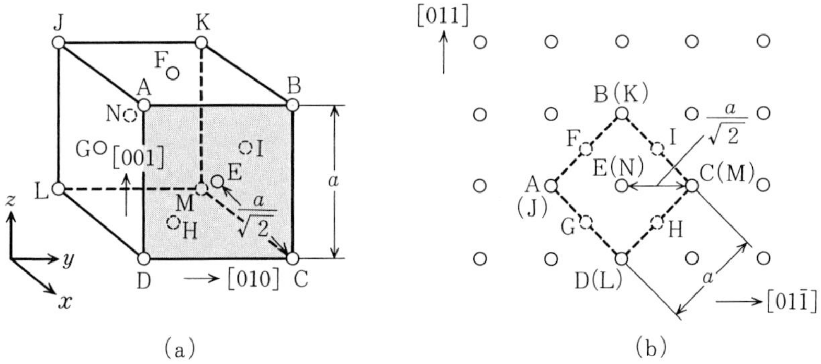

図 6-11 (a)のアミをかけた面は fcc 構造の {100} 面の 1 つである．(b)はこの面への原子の射影．(　)内の原子は，すべて重なって射影される．

つぎに {110} 面を代表して，図 6-12(a)に灰色のアミかけで示した長方形を選び，図の中の各原子のこの面への射影を考えよう．この長方形の 2 辺の長さは a と $\sqrt{2}\,a$ であるから，同図(b)にその長方形を写しとり，○で長方形上の 6 個の原子の位置をしるしておく．(a)を見るとわかるように，2 直線 GH と AC は直交するから，GH はアミかけ長方形に垂直で，しかも B を通る．したがって，G, H のこの {110} 面への射影は B と重なる．同様に，I, J の射影は

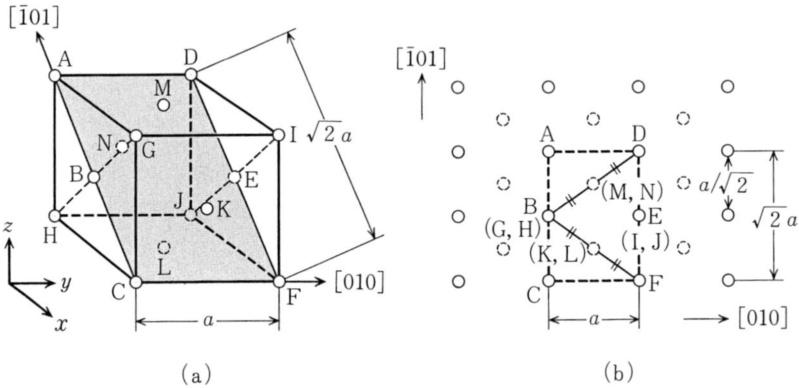

図 6-12 (a)のアミをかけた面は fcc 構造の {110} 面の 1 つである.(b)はこの面への原子の射影.( )内の原子は，すべて重なって射影されている.

E に重なる．また，2 直線 MN と KL もアミかけ長方形に垂直だから，たとえば，M, N の 2 つの原子は 1 つの点に射影されるが，その射影は M が DG の中点だから，D, G の射影の中点にくる．同様に，K と L の射影は G, F の射影の中点にくる．こうして得られた射影を周期的に拡張すると，(b)の図が完成する．この図で ◌ からなる 1 つの {110} 面は ○ からなる 2 枚の {110} 面の中間にはさまれている．すなわち，⟨110⟩ 方向からみると，fcc 構造は 2 種類の {110} 面が交互に重なったものである．この図は，ダイヤモンド構造の結晶面のところで，もういちど使う．

{111} 面の例として，図 6-13(a)のアミかけ正 3 角形 ABC 上の原子と，他の原子のこの面への射影を考えよう．まず，図(b)のように 1 辺の長さが $\sqrt{2}\,a$ の正 3 角形を描き，3 つの頂点と 3 辺の中点に A〜F の原子を ○ でしるす．これを周期的に拡大すると，○ で示したようなこの面上の原子の周期構造が得られるが，それは上にとがった正 3 角形と下にとがった正 3 角形とが交互につながったものでできている．(a)の正 3 角形は立方体の体対角線に垂直だから H と G は 1 つの点に射影されるが，H から A, B, C への距離が等しいから，射影の位置も正 3 角形 ABC の重心である．(a)で I は HE の延長上にあり，

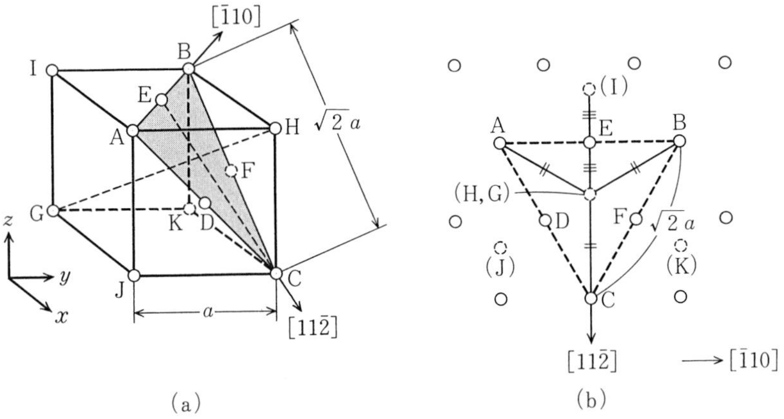

図 6-13 fcc 構造の {111} 面.

$\overline{\mathrm{HE}}=\overline{\mathrm{IE}}$ であるということは射影においても同じだから，I の射影が(b)の面上で決まる．同様に，J, K の射影も決まる．H は○が作る上にとがった正 3 角形の重心に，また I, J, K は下にとがった正 3 角形の重心にあることに注意してほしい．

Si の表面構造や結晶転位に興味がもたれているので，ダイヤモンド構造の結晶面もすこし詳しく調べておく．まず，{110} 面について述べる．ダイヤモンド構造の Bravais 格子は fcc 格子であるから，図 6-12(b)を図 6-14(b)にうつしとり，原子の位置を●のしるしで示しておく．また，図 6-12(b)の破線で示した原子は○で示した．N, L が載っている面(図 6-14(a)に破線で示した)とアミかけ面との間隔は $a/2\sqrt{2}$ だから，●の原子と○の原子とは $a/2\sqrt{2}$ だけ離れた面上にある．B′ は H から体対角線 $\overline{\mathrm{HI}}$ の 1/4 だけ離れた場所にあるから，その射影も図 6-14(b)で H から $\overline{\mathrm{HI}}$ の 1/4 だけ離れた点にくる．B′ は B, H, N, L と共有結合で結ばれているから，その線も(b)にかいてある．ただし，B と H は同一の点に射影されるので，B′B と B′H は 2 重線で示してある．あとは，これを並進移動してコピーして，図 6-14(c)の網目構造を得る．2 重線は紙面に垂直に $a/2\sqrt{2}$ だけ離れた面の間をつなぎ，1 本だけの線は同一平面上にある．

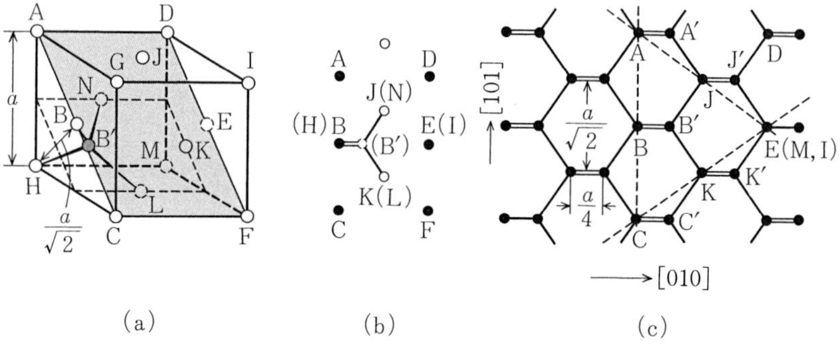

図 6-14 ダイヤモンド構造の {110} 面への射影.

fcc 構造やダイヤモンド構造では {111} 面がとくに重要である. ⟨111⟩ 方向が全部で 8 種類あるから, それに垂直な {111} 面も全部で 8 種類ある. この 8 種類の面は, **Thompson の 4 面体**(Thompson tetrahedron) とよばれるものの表面に対応している. これは, 図 6-15 のような立方体の 6 枚の面の対角線を辺とする正 4 面体で, 辺はその向きも考慮すると 12 種類の ⟨110⟩ 方向を表わし, 面はその表裏を区別すると 8 種類の {111} 面に対応する. たとえば, 頂点 A に対する面(△BCD)の外側の面を a, 内側の面を $\bar{a}$ とし, また △ABC の中点を δ などと表わすと, $\overrightarrow{\mathrm{D}\delta}$ は [111] 方向で, 面 $\bar{a}$ が $(1\bar{1}1)$ 面ということになる.

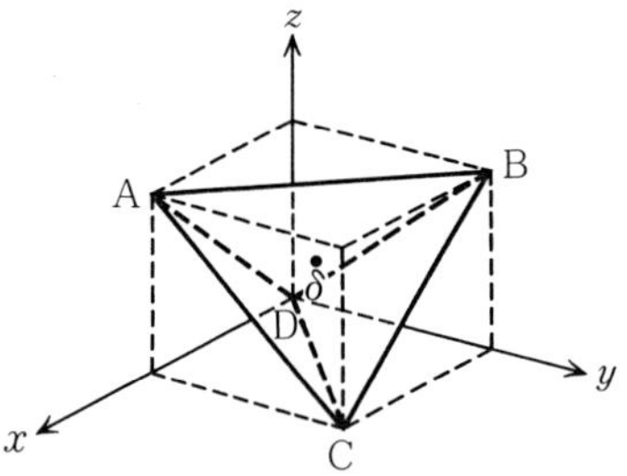

図 6-15 Thompson の 4 面体.

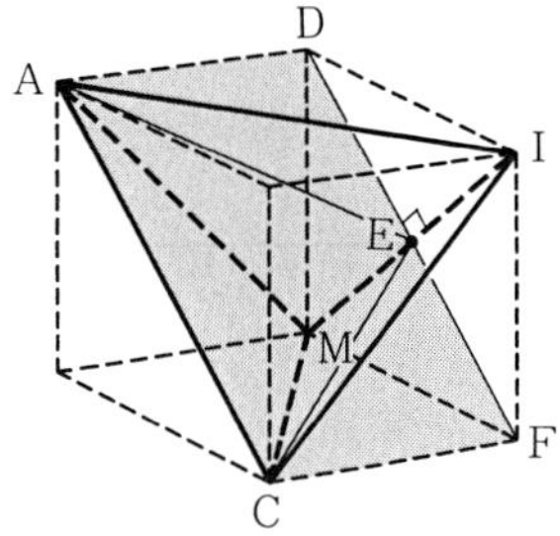

図 6-16 {111} 面はアミかけの {110} 面と, AE, EC, AC で交わる. AC では 2 枚の {111} 面が交わっている.

そこで，図 6-16 のような Thompson の 4 面体を使って，図 6-14(a)のアミかけした面とこの 4 面体の表面との交線を求めると，図 6-14(c)に破線で示したようになる．したがって，任意の {111} 面との交線は，これらの破線のどれかに平行になる．図 6-16 より，図 6-14(c)の破線 CE と AE で交わる {111} 面はこの {110} 面と直交し，AE で交わる 2 枚の {111} 面は，この {110} 面と $\cos^{-1}(\sqrt{2/3})$ (≒61.8°) で交わることがわかる．

つぎに，{111} 面の代表として，図 6-17(a)のアミかけ正 3 角形 ABC を含む平面への射影を考える．この平面上の原子の並び方は図 6-13(b)の ○ と同じになるから，図 6-17(b)にそれをうつしとってある．1 つの副格子は，この格子を体対角線 GH に沿って $a/4$ だけずらしたものであるが，この変位はアミをかけた 3 角形に垂直であるから，2 つの副格子の射影は完全に重なる．この面に平行な他の {111} 面上の原子は，fcc 構造のところで述べたように，○ を頂点とする正 3 角形の重心の位置に射影される．それを図 6-17(b)では ◌ で示してあるが，ここでは，H を含む {111} 面上の原子だけを考えることにして，この 2 枚の平行な {111} 面上の原子のコピーを，図 6-18 に大小 2 種類の円で示してある．

つぎに，H から出る 4 本の共有結合の {111} 面上への射影を求める．H′ は GH がアミかけの面に垂直だから，図 6-17(b)では H と同じ点に射影される．したがって，各原子から出る共有結合の手の 1 つは {111} 面に垂直で射影は点になる．残り 3 本は，120° ずつ開いた 3 本の直線となって射影される．あと

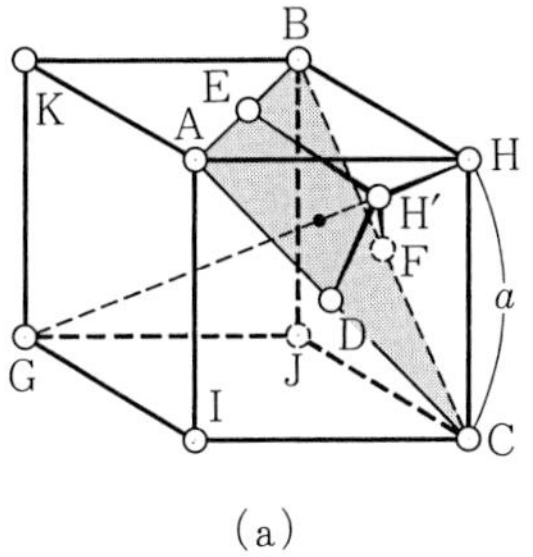

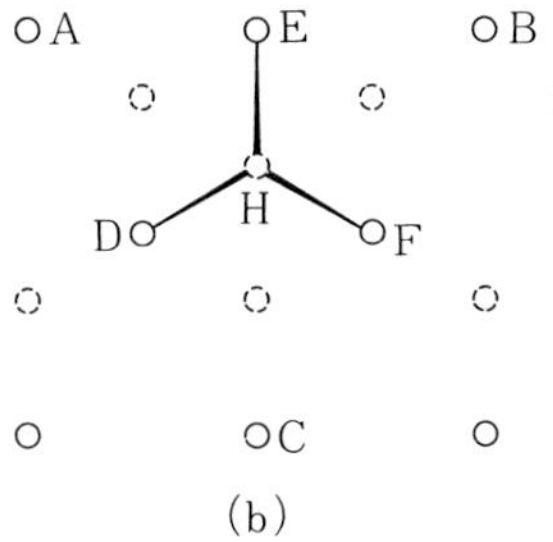

図 6-17 ダイヤモンド構造の {111} 面への射影．

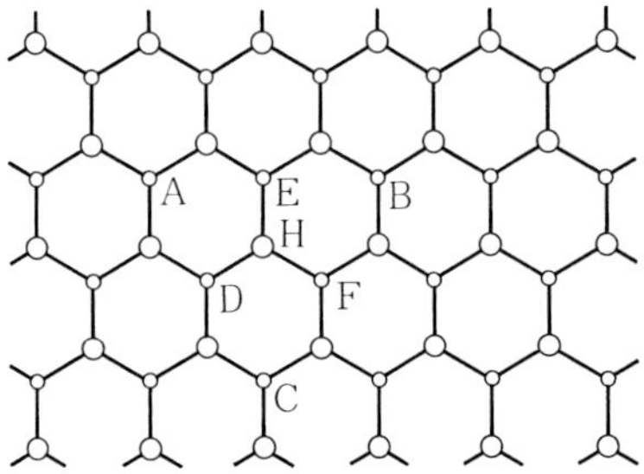

図6-18 ダイヤモンド構造の2枚の{111}面をつなぐ共有結合.

は，これをコピーして図6-18の大きい方の円から3本ずつの線をひくと，2枚の{111}面が，その間の副格子上の原子を仲介にしてつながれる共有結合の網目が完成する.

図6-18の網目も図6-14(c)の網目も，ともに6角形であるが，その形はすこし違う．より本質的な違いは，{110}面への射影は，すべて図6-14(c)の網目に重なるのに対して，{111}面への共有結合の射影は，図6-18ではつきていない．実際，この図には図6-17(a)のI, J, Kの射影はかかれていない．これらの原子は正6角形の中点に射影され，Y字型の共有結合が3個の小さい円の原子に伸びる．これらの結合手は，小さい円を中心に見ると，逆Y字型の射影となる.

6-5 最密充填構造と積層欠陥

図6-13(b)で示したように，fcc結晶の{111}結晶面は正6角形の頂点と面心に1つずつ原子をおいた形になっている．同じ原子の並び方は図6-4のhcp構造の上下の面にも見られる．このように，fcc構造とhcp構造は非常によく似ている．実際，この2つの構造は**最密充填構造**(closed packed structure)という共通の性質をもっている.

原子が集まって固体になるのは，原子間に引力が作用するからである．ただし，2つの原子が近づきすぎると原子核のまわりにある電子雲が重なることになるが，Pauliの原理によると，同じ場所に2個の電子がくることが許されない．したがって，電子雲が重ならないように原子間に実効的な強い反発力がはたらく．そこで，結晶中の原子については，互いに長距離力で引き合うパチンコ玉のようなものを想像すればよい．すなわち，単純に考えれば，結晶中で原子はなるべく隙間なくぎっしりと並んだ剛体球のように並んでいるはずである．

平面にパチンコ玉を隙間なく並べようとすると，図 6-19(a)のように，正 3 角形を互い違いに並べた構造ができる．これが図 6-13(b)や図 6-4 に見られる構造である．

図 6-19(a)の構造の上にさらにパチンコ玉を置こうとすると，破線の円のように 3 角形の隙間にはまるような位置にくる．それによりパチンコ玉にはたらく重力に対して安定になるからであるが，これは，いいかえれば鉛直方向に最も密な重ね方であるといえる．したがって，1 層目のパチンコ玉の中心を同図(b)のように ○ で示すと，その上に並ぶ 2 層目のパチンコ玉の中心は × で示したところにくる．× は破線のような ○ で囲まれる上にとがった正 3 角形の重心にあるが，この図を 180° 回転すると下にとがった正 3 角形の重心にくることになるから，この段階では × を下にとがった正 3 角形の重心においても本質的な違いはない．

ここで，3 層目を積み上げることにするが，3 層目のパチンコ玉も × が作る正 3 角形の重心の上にはまりこむ．このときは，× が作る上にとがった 3 角形の重心か，下にとがった 3 角形の重心かで，本質的な違いがある．というのは，後者の場合は第 1 層の ○ の上になるのに対し，前者の場合は第 1 層目とも違

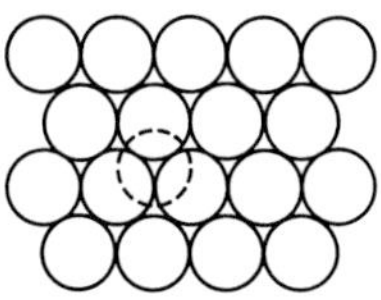

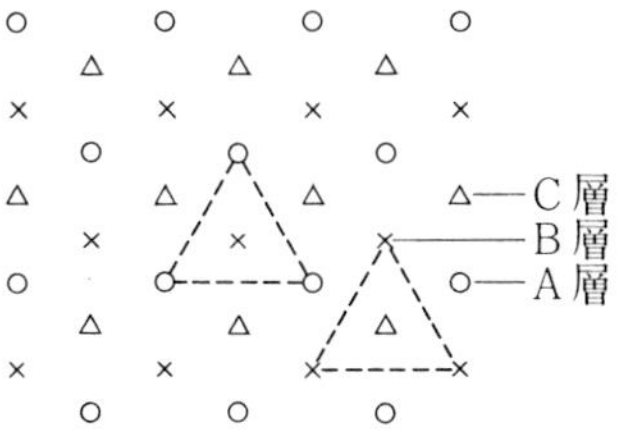

(a)　　　　(b)

図 6-19 (a) 剛体球の最密充填構造．(b) fcc 構造の積層．

う △ で示した位置だからである．すなわち，第1層目と第2層目のパチンコ玉の配列をA,Bと表わすとき，第3層目の玉を × が作る上にとがった正3角形の中に落としこめばABCという層構造ができ，もう1つの正3角形の上におくとABAという層構造ができる．第4層目以後は，それまでの層構造を繰り返していく．すると，積み方の違いにより，

$$\cdots \mathrm{A\,B\,C\,A\,B\,C} \cdots \qquad (6.13)$$

および

$$\cdots \mathrm{A\,B\,A\,B\,A\,B} \cdots \qquad (6.14)$$

という2種の積層構造ができる．図6-4の上底の原子は下底の原子の真上にあり，その間のもう1つの面の中の原子はこれら2枚の面上の原子が作る正3角形の重心の上に並んでいるから，hcp構造は(6.14)の積層構造になっている．また，図6-13(b)のfcc構造の {111} 面への射影には，HやGのように上にとがった正3角形と，Jのように下にとがった正3角形の重心に射影されるものがあることからわかるように，(6.13)の積層構造がfcc構造になる．

このように3層目を積むのには2通りの方法があるが，パチンコ玉を実際に積む場合，3層目の玉の位置エネルギーはどちらも等しい値をもつ．このことからわかるように，(6.13)も(6.14)も空間になるべく密に剛体球を積むという立場からは同等である．実際，原子半径を r とするとき，結晶の体積をその中の原子数で割って得られる原子1個あたりの占有体積を比較してみると，fccとhcpがいちばん小さいことがわかる(表6-1)．

表6-1　結晶の体積

結晶構造	単位胞の体積*	単位胞中の原子数	1原子あたりの体積
単純立方構造(sc)	$8r^3$	1	$8r^3$
体心立方構造(bcc)	$(64/3\sqrt{3})r^3$	2	$(32/3\sqrt{3})r^3$
面心立方構造(fcc)	$16\sqrt{2}\,r^3$	4	$4\sqrt{2}\,r^3$
最密六方構造(hcp)	$24\sqrt{2}\,r^3$	6	$4\sqrt{2}\,r^3$

* 原子は，半径 r の剛体球であるとし，最近接原子とは接触しているとして計算した．

最密充填構造という点では fcc も hcp も同等であるが，たとえば図 6-19 の第 1 層目と第 3 層目の間の相互作用など，上の議論では登場しなかった相互作用の性質により，現実の結晶では物質により fcc と hcp のいずれか一方の結晶構造が選ばれる．しかし，そのような相互作用は弱いものであるから，(6.13)のような配列が乱れることがよくある．そのような乱れを**積層欠陥**(stacking fault)という．

fcc 構造の積層欠陥は，

$$\cdots \mathrm{A\,B\,C\,A\underset{\uparrow}{\,}C\,A\,B\,C}\cdots$$

というように，層が 1 つ抜けたもの(イントリンシック積層欠陥)と

$$\cdots \mathrm{A\,B\,C\,A\,\underset{\uparrow}{C}\,B\,C\,A\,B\,C}\cdots$$

というように，1 つ余分な層が侵入したもの(エキストリンシック積層欠陥)がある．

6-6 逆格子空間

結晶構造や磁気構造を調べるのに，X 線回折や中性子線回折を使う．これらの回折現象のもとになる**逆格子構造**について述べる．

中性子線や電子線はスカラー場の伝播であるのに対し，X 線は電場や磁場というベクトル場の伝播であるという違いがあるが，ここでは，どちらもスカラー関数 $\psi(\boldsymbol{r})$ で表わしておく．電場や磁場の場合でも $\psi(\boldsymbol{r})$ はベクトルの 1 つの成分だと考えておけばよいからである．

原点にあるイオンによって散乱された粒子線の検出器における波動関数を

$$\psi(\boldsymbol{r}) = \frac{\exp(i\boldsymbol{k}\cdot\boldsymbol{r})}{r}\psi_0 b \tag{6.15}$$

と表わすことにする．$\boldsymbol{r}$ は検出器の位置ベクトル，ψ_0 は入射粒子線の波動関数の $\boldsymbol{r}=0$ における値，b は**原子構造因子**とよばれ散乱断面積などによる量である．イオンにより散乱された粒子線は球面波となって広がるから，指数関数は

本来なら $\exp(ikr)$ と書くべきであるが，波源から十分離れた点で球面波は平面波で近似できるから，この式では平面波の波動関数を使っておいた．

実験で観測されるのは，結晶中の多数のイオンからの散乱波の重ね合せである．格子点を $\boldsymbol{r}_n$ と表わし，各格子点上の基本単位中のイオンに番号をつけ，i 番目のイオンの位置を $\boldsymbol{r}_{ni}$ と表わす．入射粒子線の波動ベクトルを $\boldsymbol{k}_0$ と表わすと，このイオンからの散乱波は(6.15)で $\psi_0 \to \exp(i\boldsymbol{k}_0\cdot\boldsymbol{r}_{ni})\psi_0$，$b\to b_i$，$\boldsymbol{r}\to\boldsymbol{r}-\boldsymbol{r}_{ni}$ とおきかえたもので表わされる．ここに b_i の添字 i は，イオンの種類によって散乱断面積が異なることを表わす．したがって，検出器で観測する粒子線の波動関数は，

$$\psi(\boldsymbol{r}) = \sum_n \sum_i \frac{\exp\{i\boldsymbol{k}\cdot(\boldsymbol{r}-\boldsymbol{r}_{ni})\}}{|\boldsymbol{r}-\boldsymbol{r}_{ni}|}\exp(i\boldsymbol{k}_0\cdot\boldsymbol{r}_{ni})b_i \tag{6.16}$$

となる．

ここで，粒子線があたるイオンは空間の狭い領域にかたまっていて，その領域の中心を原点に選ぶと，r に対し r_{ni} は十分小さいと考えてよいとする．そこで，分母の $\boldsymbol{r}_{ni}$ は無視する．このとき指数関数の中でも，$\boldsymbol{r}$ に対し $\boldsymbol{r}_{ni}$ を無視できそうなものだが，あとでわかるように $\boldsymbol{k}\cdot\boldsymbol{r}_{ni}$ は1またはそれよりずっと大きな値になり，指数関数の位相への本質的な寄与をあたえるので，無視してはならない．いいかえれば，結晶回折の観測を行なうには，r' がイオン間距離だけ変化したときに $\boldsymbol{k}\cdot\boldsymbol{r}'$ が1のオーダーだけ変わるような波長の短い波を使う必要があるのである．

以上のことをとり入れると(6.16)は，

$$\psi(\boldsymbol{r}) = \frac{1}{r}\exp(i\boldsymbol{k}\cdot\boldsymbol{r})\sum_n \exp(-i(\boldsymbol{k}-\boldsymbol{k}_0)\cdot\boldsymbol{r}_n)\sum_i \exp[-i(\boldsymbol{k}-\boldsymbol{k}_0)\cdot\boldsymbol{d}_i]b_i \tag{6.17}$$

となる．ここに $\boldsymbol{d}_i$ は格子点から単位構造中の i 番目のイオンまでの変位であり，$\boldsymbol{r}_{ni}=\boldsymbol{r}_n+\boldsymbol{d}_i$ によって定義される．この式の右辺の i についての和は**結晶構造因子**とよばれ単位構造に依存し，項の数は単位構造中のイオンの数に等しい．それに対し，n についての和は Bravais 格子に依存し，項の数は事実上無

限大である．この和は，Bravais 格子の格子点の分布を

$$\rho(\boldsymbol{r}) = \sum_n \delta(\boldsymbol{r}-\boldsymbol{r}_n) \tag{6.18}$$

と表わしたときの $\rho(\boldsymbol{r})$ の Fourier 係数で，それを $S(\boldsymbol{k})$ と表わすことにする．周期関数 $f(\boldsymbol{r})$ の Fourier 係数 $f(\boldsymbol{k})$ は，$f(\boldsymbol{r})$ の周期構造によって決まる特定の $\boldsymbol{k}$ の値に対して 0 でない値をもつ．したがって，$S(\boldsymbol{k})$ も同じ性質をもつ．

実際，座標原点を基本並進ベクトル $\boldsymbol{a}_1$ だけずらしても，結晶構造はまったく変わらないから，

$$\begin{aligned} S(\boldsymbol{K}) &= \sum_n \exp(-i\boldsymbol{K}\cdot\boldsymbol{r}_n) = \sum_n \exp[-i\boldsymbol{K}\cdot(\boldsymbol{r}_n+\boldsymbol{a}_1)] \\ &= \exp(-i\boldsymbol{K}\cdot\boldsymbol{a}_1)S(\boldsymbol{K}) \end{aligned} \tag{6.19}$$

となって，

$$\exp(i\boldsymbol{K}\cdot\boldsymbol{a}_1) = 1 \tag{6.20a}$$

となるような $\boldsymbol{k}=\boldsymbol{K}$ に限って $S(\boldsymbol{k})$ の値は 0 ではない．$S(\boldsymbol{K})$ が 0 でないためには，同時に

$$\exp(i\boldsymbol{K}\cdot\boldsymbol{a}_2) = 1, \quad \exp(i\boldsymbol{K}\cdot\boldsymbol{a}_3) = 1 \tag{6.20b}$$

も成り立たなくてはならない．

(6.20a), (6.20b) の 3 つの関係は，l, m, n を任意の整数として，

$$\boldsymbol{K}\cdot\boldsymbol{a}_1 = 2\pi l, \quad \boldsymbol{K}\cdot\boldsymbol{a}_2 = 2\pi m, \quad \boldsymbol{K}\cdot\boldsymbol{a}_3 = 2\pi n \tag{6.21}$$

が成り立つべきことを意味している．このような $\boldsymbol{K}$ が，3 つの基本ベクトル $\boldsymbol{b}_1, \boldsymbol{b}_2, \boldsymbol{b}_3$ を使って，

$$\boldsymbol{K} = l\boldsymbol{b}_1+m\boldsymbol{b}_2+n\boldsymbol{b}_3 \tag{6.22}$$

と表わせるためには，$\boldsymbol{b}_1, \boldsymbol{b}_2, \boldsymbol{b}_3$ がどのようなものになるべきか，ということを考えてみよう．(6.22) を (6.21) に代入すると，

$$l(\boldsymbol{a}_1\cdot\boldsymbol{b}_1)+m(\boldsymbol{a}_1\cdot\boldsymbol{b}_2)+n(\boldsymbol{a}_1\cdot\boldsymbol{b}_3) = 2\pi l \tag{6.23a}$$

$$l(\boldsymbol{a}_2\cdot\boldsymbol{b}_1)+m(\boldsymbol{a}_2\cdot\boldsymbol{b}_2)+n(\boldsymbol{a}_2\cdot\boldsymbol{b}_3) = 2\pi m \tag{6.23b}$$

$$l(\boldsymbol{a}_3\cdot\boldsymbol{b}_1)+m(\boldsymbol{a}_3\cdot\boldsymbol{b}_2)+n(\boldsymbol{a}_3\cdot\boldsymbol{b}_3) = 2\pi n \tag{6.23c}$$

となる．(6.23a) で $l=n=0$, $m\neq 0$ とすると，$(\boldsymbol{a}_1\cdot\boldsymbol{b}_2)=0$ でなくてはならないことになり，また，$l=m=0$, $n\neq 0$ とすると，$(\boldsymbol{a}_1\cdot\boldsymbol{b}_3)=0$ でなくてはなら

ないことになる．同様に(6.23b)は$(\boldsymbol{a}_2\cdot\boldsymbol{b}_1)=(\boldsymbol{a}_2\cdot\boldsymbol{b}_3)=0$，(6.23c)は$(\boldsymbol{a}_3\cdot\boldsymbol{b}_1)=(\boldsymbol{a}_3\cdot\boldsymbol{b}_2)=0$を要請するから，$\boldsymbol{b}_1$は$\boldsymbol{a}_2$と$\boldsymbol{a}_3$に直交し，$\boldsymbol{b}_2$は$\boldsymbol{a}_3$と$\boldsymbol{a}_1$に直交し，$\boldsymbol{b}_3$は$\boldsymbol{a}_1$と$\boldsymbol{a}_2$の両方に直交することがわかる．したがって，

$$\boldsymbol{b}_1 = d_1(\boldsymbol{a}_2\times\boldsymbol{a}_3), \qquad \boldsymbol{b}_2 = d_2(\boldsymbol{a}_3\times\boldsymbol{a}_1), \qquad \boldsymbol{b}_3 = d_3(\boldsymbol{a}_1\times\boldsymbol{a}_2)$$

と表わすことができる．これらを(6.23a)に代入すると，

$$d_1 = 2\pi\frac{1}{\boldsymbol{a}_1\cdot(\boldsymbol{a}_2\times\boldsymbol{a}_3)}$$

が導かれる．同様に，d_2, d_3も導かれて，これらを上の表式に代入すると，

$$\boldsymbol{b}_1 = 2\pi\frac{\boldsymbol{a}_2\times\boldsymbol{a}_3}{\boldsymbol{a}_1\cdot(\boldsymbol{a}_2\times\boldsymbol{a}_3)}, \qquad \boldsymbol{b}_2 = 2\pi\frac{\boldsymbol{a}_3\times\boldsymbol{a}_1}{\boldsymbol{a}_2\cdot(\boldsymbol{a}_3\times\boldsymbol{a}_1)}, \qquad \boldsymbol{b}_3 = 2\pi\frac{\boldsymbol{a}_1\times\boldsymbol{a}_2}{\boldsymbol{a}_3\cdot(\boldsymbol{a}_1\times\boldsymbol{a}_2)} \tag{6.24}$$

となる．

(6.2)で表わされる$\boldsymbol{T}$と同じように，(6.22)で表わされる$\boldsymbol{K}$の集合はある格子を作る．この格子を(6.2)の格子の**逆格子**(reciprocal lattice)，(6.22)の$\boldsymbol{K}$を**逆格子ベクトル**(reciprocal lattice vector)という．(6.24)の$\boldsymbol{b}_1$, $\boldsymbol{b}_2$, $\boldsymbol{b}_3$は逆格子の基本並進ベクトルになっている．

$\boldsymbol{a}_1=(a,0,0)$，$\boldsymbol{a}_2=(0,a,0)$，$\boldsymbol{a}_3=(0,0,a)$と選ぶと，$\boldsymbol{b}_1=2\pi(a^{-1},0,0)$，$\boldsymbol{b}_2=2\pi(0,a^{-1},0)$，$\boldsymbol{b}_3=2\pi(0,0,a^{-1})$となるから，sc 格子の逆格子はやはり sc 格子である．同様に，fcc 格子の逆格子は bcc 格子，bcc 格子の逆格子は fcc 格子であることがわかる．

逆格子空間でも，Wigner-Seitz 単位胞を考えることができる．すなわち，1つの逆格子点に隣接するすべての逆格子点との垂直2等分面で囲まれた多面体であるが，これは**第1 Brillouin 域**(first Brillouin zone)とよぶ．したがって，fcc 格子，bcc 格子の第1 Brillouin 域は，それぞれ図 6-3(b)の14面体，図 6-3(a)の12面体である．

(6.17)の右辺の$\boldsymbol{n}$についての和は，$\boldsymbol{k}-\boldsymbol{k}_0$が逆格子ベクトルであるときに0ではない値をもつ．いいかえれば，入射波の波動ベクトル$\boldsymbol{k}_0$をあたえたとき，回折波は

$$\boldsymbol{k} = \boldsymbol{k}_0 + \boldsymbol{K} \tag{6.25}$$

であたえられる方向に進む．しかし，どんな入射波でもよいというわけではない．というのは，イオンによる散乱が弾性散乱であれば，入射波の波数と回折波の波数は等しいから $\boldsymbol{k}^2 = \boldsymbol{k}_0{}^2$ が成り立たなくてはならず，これによる制限がつくからである．そこで(6.25)の両辺を2乗してこの条件を使うと，

$$-2\boldsymbol{k}_0 \cdot \boldsymbol{K} = \boldsymbol{K}^2 \tag{6.26}$$

という関係が導かれる．この条件を満たす入射波に対し，(6.25)の方向に回折波が観測されることになる．

(6.22)の $\boldsymbol{K}$ を $\boldsymbol{K}(lmn)$ と書くことにしよう．たとえば $\dfrac{1}{n}\boldsymbol{a}_3 - \dfrac{1}{l}\boldsymbol{a}_1$ というベクトルは，(lmn) 面上にあり(図6-20)，これと $\boldsymbol{K}(lmn)$ との内積が0になるから，$\boldsymbol{K}(lmn)$ は (lmn) 面に垂直であることがわかる．また，原点を通る (lmn) 面とこの面の間隔は，面の法線ベクトルを $\boldsymbol{n}$ とすると

$$\boldsymbol{n} \cdot \frac{\boldsymbol{a}_1}{l} = \frac{\boldsymbol{K}(lmn)}{K(lmn)} \cdot \frac{\boldsymbol{a}_1}{l} = \frac{\boldsymbol{a}_1 \cdot \boldsymbol{b}_1}{K} = \frac{2\pi}{K(lmn)}$$

となる．すなわち，$\boldsymbol{K}(lmn)$ は結晶面 (lmn) に垂直で面間隔に対応する波動ベクトルである．

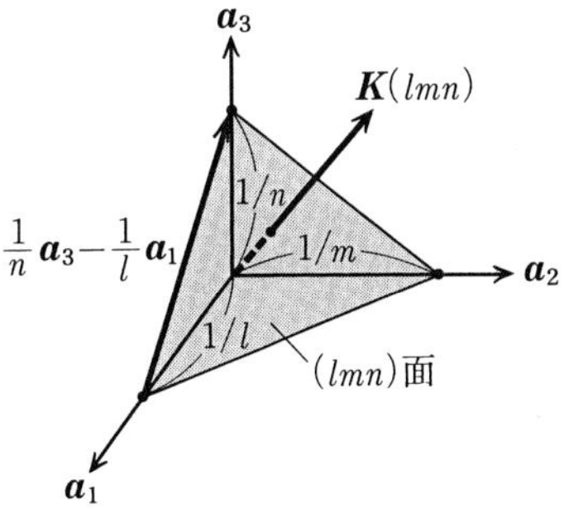

図6-20 逆格子ベクトル $\boldsymbol{K}(lmn)$ は (lmn) 面に垂直である．

このことから，(6.26)はBraggの条件(Bragg condition)とよばれるものと同等であることがわかる．実際，(6.26)によると，(6.25)に出てくる $\boldsymbol{k}_0, \boldsymbol{k}$, $\boldsymbol{K}$ の間の関係は図6-21(a)に示したようになっている．したがって，図6-21(b)に示したように入射波と散乱波の進路を描くと，結晶中のある面(これを

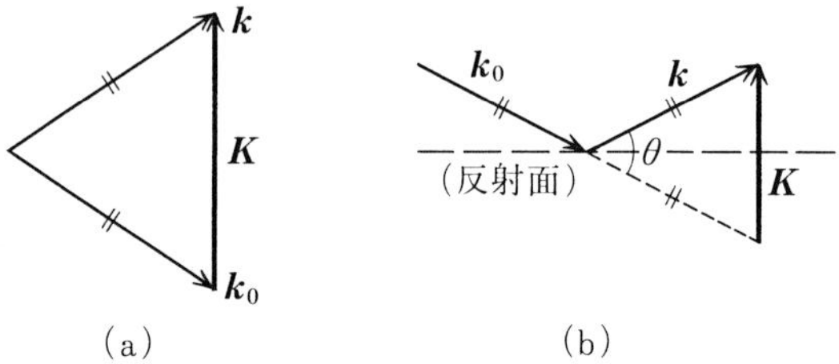

図 6-21 (6.26)の図解(a)と Bragg 反射(b).

図中では「反射面」と書いてある)で反射しており，$\boldsymbol{K}$ はその反射面の法線の向きになっている．散乱角 θ をこの図のように定義すると

$$2k_0 \sin\frac{\theta}{2} = K \tag{6.27}$$

という関係があることも分かる．また，上で述べたところによると，$\boldsymbol{K}$ の向きは必ずある結晶面に垂直で，その大きさは結晶面の間隔を d とすると

$$K = 2\pi n/d$$

である．さらに，入射波の波長を λ とすると

$$k_0 = 2\pi/\lambda$$

である．したがって(6.27)から

$$n\lambda = 2d \sin\frac{\theta}{2}$$

というよく知られた Bragg の条件が導かれる．

(6.17)の右辺の i についての和に，(6.25)の関係を使うと

$$\sum_i \exp(-i\boldsymbol{K}\cdot\boldsymbol{d}_i)b_i$$

となる．$\boldsymbol{d}_i$ が基本並進ベクトルより小さいために，この和は $\boldsymbol{K}$ の値によってときには 0 になることがある．

たとえば，ダイヤモンド構造の場合，2 つの副格子は互いに $\frac{1}{4}(\boldsymbol{a}_1+\boldsymbol{a}_2+\boldsymbol{a}_3)$ だけずれているから，この和は，

$$1+\exp\left(\frac{i}{4}\boldsymbol{K}\cdot(\boldsymbol{a}_1+\boldsymbol{a}_2+\boldsymbol{a}_3)\right)$$

となる．そこで，とくに $\boldsymbol{K}=2(\boldsymbol{b}_1+\boldsymbol{b}_2+\boldsymbol{b}_3)$ を代入してみると，上式の第2項は $\exp(3\pi i)=-1$ となり，この和は0になる．したがって，ダイヤモンド構造のBravais格子はfcc格子であるが，X線回折では，fcc構造でおきるはずの(111)面からの反射の一部がおこらない．

上の例では，基本構造が等しいイオンでできた例であったが，基本構造が異なるイオンからできていると，b_i の値がイオンによって異なるので，上でみたような打ち消し合いは必ずしもおきない．いずれにせよ，基本構造が存在することにより，Bravais格子に対応するLaue斑点の強度が，斑点の位置により違ってくることになる．

6-7 酸化物超伝導体

最近，超伝導転移温度(いわゆる T_c)が高いことで話題をよんでいる酸化物超伝導体(oxide superconductor)の結晶構造は目がくらむように複雑であるが，Bravais格子にまでさかのぼってみれば，いたって単純である．ここではペロブスカイト型(perovskite type)を中心に酸化物超伝導体の結晶構造について述べる．

ペロブスカイトとは，$CaTiO_3$ のことであるが，**ペロブスカイト型構造**(perovskite structure)の結晶の代表はチタン酸バリウム($BaTiO_3$)で，古くから強誘電体として興味をひいていた．その高温での結晶構造を図6-22(a)に

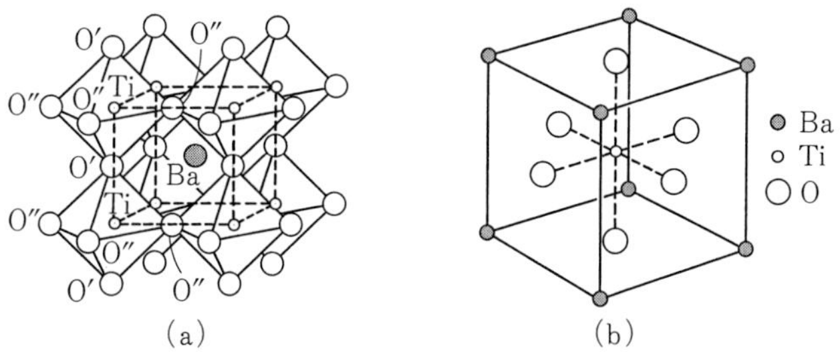

図6-22 チタン酸バリウムのペロブスカイト構造．

示す．非常に複雑に見えるが，Ba と Ti だけに注目すると CeCl 型構造で，Ti をとりかこむ 6 個の酸素が正 8 面体の頂点にある．図 6-22(b)の立方対称な構造は Ti を中心とする単位胞である．Ba^{2+} イオンが立方体の 8 個の頂点に，O^{2-} イオン 6 個は立方体の面の中央にあり，Ti^{4+} イオンが立方体の中心にある．Ti^{4+} をかこむ 6 個の酸素の正 8 面体はペロブスカイト型構造のトレードマークである．

この図では，1 個の Ti に対して，O が 6 個，Ba が 8 個かかれているが，1 個の O は，それがのっている面を境界とする 2 個の単位胞に属しているので，一方の単位胞には 1/2 個が属していると考えると，全部で $(1/2)\times 6=3$ 個の O がこの単位胞に属していることになる．また，このように考えると，頂点にある Ba の 1/8 だけがこの立方体に属していることになるので，図の単位胞に属する Ba の数は $(1/8)\times 8=1$ 個ということになる．

1 個の O を隣の O の場所にもっていくように全体を平行移動しても Ba は他の Ba の上にはこないが，Ba を他の Ba のところに移動すると元と同じ結晶ができる．したがって，この結晶の基本並進ベクトルは，立方体の各辺に対応するものであり，ペロブスカイト構造の Bravais 格子は単純立方格子である．

図 6-23(a)は，図 6-22(b)の単位胞を [100] 方向からみたものである．ただ

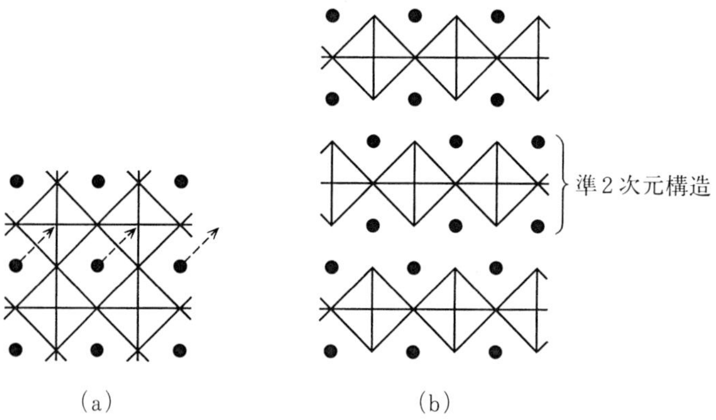

図 6-23 (a) [100] 方向から見たペロブスカイト構造と (b) K_2NiF_4 構造．

し，Ba の単純立方構造は●で示してあるが，酸素の代わりにその正 8 面体の側面を対角線のついた正方形で表わし，その中心の Ti は示してない．なお，以下では一般のペロブスカイト構造を考えることにし，図 6-23(a)は，抽象的に●が A 原子，酸素の正 8 面体の中心に B 原子がある ABO_3 の結晶であるということにする．

(a)の構造を●を通る横線で切りはなし，破線で示したように立方体の体対角線の方向に格子定数の半分だけずらして重ねていくと，(b)のような構造になる．こうしてできた構造を **K_2NiF_4 型構造**といい，紙面の上下方向の周期は 2 倍になる．ここで，●で示した A 原子を La，酸素の正 8 面体中心の B 原子を Cu とすると，260°C 以上の温度での La_2CuO_4 の結晶構造(図 6-24)となる．この La の一部を Ba でランダムに置換した $(La_{1-x}Ba)_2CuO_4$ が最初に発見された酸化物高温超伝導体であった．Ba の代わりに Sr や Ca で置換してもよく，この種の超伝導体の T_c は 30 K 台である．

図 6-23(a)の十字の交点にある Cu に注目すると，それは左右方向にも上下方向にも(また紙面に垂直な方向にも)等しい間隔 a でならんでいるが，(b)では，Cu が乗る面が上下方向に離れた層状構造になっている．この層状構造が酸化物高温超伝導体の特徴で，電子系も層の中は動きやすいが層間方向には移

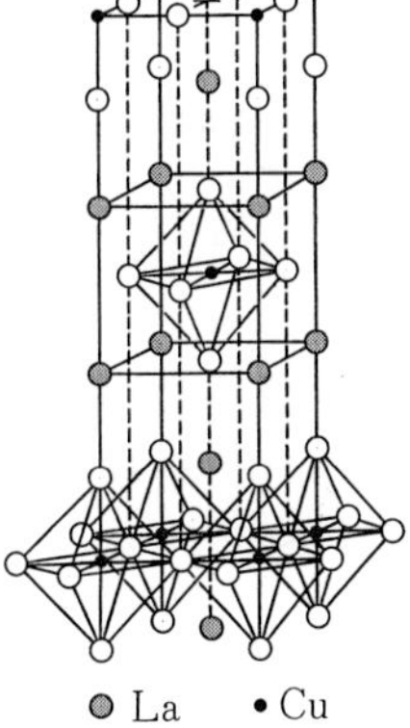

図 6-24 La_2CuO_4 の結晶構造．(福山秀敏，石川征靖，武井文彦：セミナー高温超伝導(丸善，1988)第 2 章．)

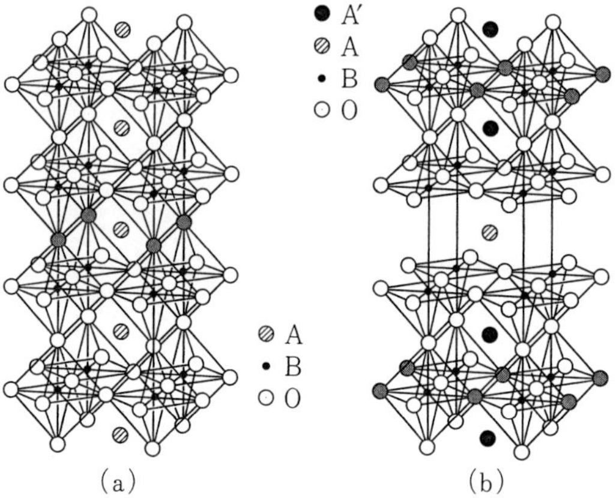

図 6-25 ペロブスカイト構造(a)から $Ba_2YCu_3O_7$ 構造(b)をつくる.(文献:図 6-24 参照.)

動しにくい準 2 次元系になっていると考えられている.

図 6-25(a)は,ペロブスカイト結晶を 4 つの単位胞まで含めて表わしたものである.ただし,図 6-22(a)とはちがい,BO_3 の基本構造を立方体の頂点におき,A の方を体心の位置においてある.こんどは灰色でぬった 4 個の酸素を抜き,それと同じ面内の A イオンはそのままにして,上下 2 個ずつの A を A′ でおきかえると,図 6-25(b)に示した $A'_2AB_3O_8$ というタイプの酸化物となる.さらに,灰色で示した O を抜き取ると $A'_2AB_3O_7$ という物質になるが,これが $Ba_2YCu_3O_7$ に代表される 90 K 級の酸化物超伝導体に代表される物質の結晶構造である.

7

表面・超微粒子

前章で述べた完全結晶とは，あくまでも理想化されたものであって，現実に存在するものではない．とくに，現実の物質には必ず表面がある．この章では，とくに最近話題をよんでいる結晶の表面構造と，マクロとミクロの狭間にある超微粒子の結晶構造について述べる．

7-1 結晶の表面構造

固体の物理学は無限に大きな3次元結晶の研究から始まった．しかし，現実の物質には必ず表面があり，その表面付近に限っておきるいろいろな物理現象にも固体物理の興味が向いてきた．もちろん，量子論を生み出すきっかけとなった光電効果には固体表面の性質が本質的に重要な役割をはたし，表面の性質に敏感な仕事関数の研究は古くからあった．しかし，今日では，Si 単結晶の表面に微細加工して IC を作るとか，MOS 型トランジスターのように異なる物質の境界面でおきる電子過程を工業的に利用するということもあって，物質の表面・界面に特有な物理現象の研究は，かつてない幅の広さと深さをもっている．

そのような理由で，本講座のあちこちに固体の表面・界面構造に関連した話題がみられるが，ここでは固体表面の結晶構造について述べる．

完全結晶をある面で割ると，そこに結晶の表面が現われる．このような面を**理想表面**(ideal surface)という．たとえば，fcc 結晶を {100} 面に沿って割ると図 6-11(b)のような原子配列が現われると期待されるが，それが理想表面である．しかし，現実の結晶を割ったときは，必ずしもそのような面は現われない．また，面内の構造が図 6-11(b)のようなものであったとしても，面に垂直な方向の原子の並び方が完全結晶の場合と同じであるとは限らない．このように，結晶表面に固有の構造を結晶の**表面構造**(surface structure)という．

表面構造の機構でもっとも考えやすいのは**表面緩和**(surface relaxation)であろう．これは，露出した表面に平行な結晶面の間隔が完全結晶の場合とは異なることをいう．簡単のために図 7-1 のような結晶があったとして，白丸の原子を取り除いて，破線で示したような面を出したとしよう．原子間の相互作用は 2 体力で，$\boldsymbol{r}$ にある原子と $\boldsymbol{r}'$ にある原子との間の相互作用のポテンシャルは，$V(|\boldsymbol{r}-\boldsymbol{r}'|)$ と表わされるとする．

原子間の力は，原子間距離が十分近いときは斥力で，ある程度以上離れると引力になり，そのポテンシャルは，ある原子間距離のところに，極小値をもつものとする．原子層の間の力も同様である(図 7-2)．したがって，図 7-1 の A, B 2 層の原子だけがあったとすると，この原子層の間隔は，相互作用ポテンシ

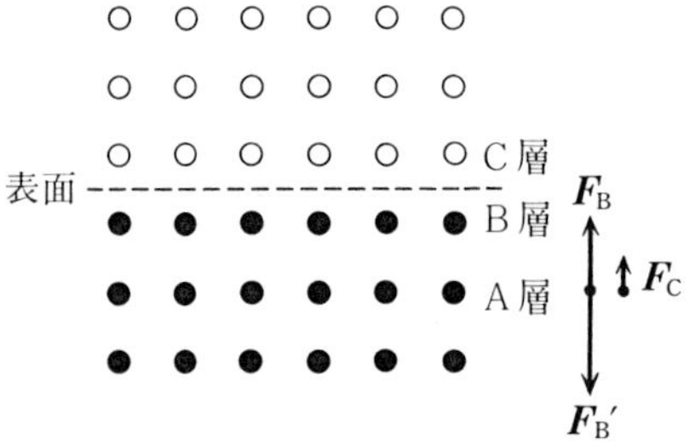

図 7-1 バルク中で，A 層の原子には，B 層からの引力 $\boldsymbol{F}_B$，C 層以遠からの引力 $\boldsymbol{F}_C$ と B 層からの斥力 $\boldsymbol{F}_B'$ がはたらく．

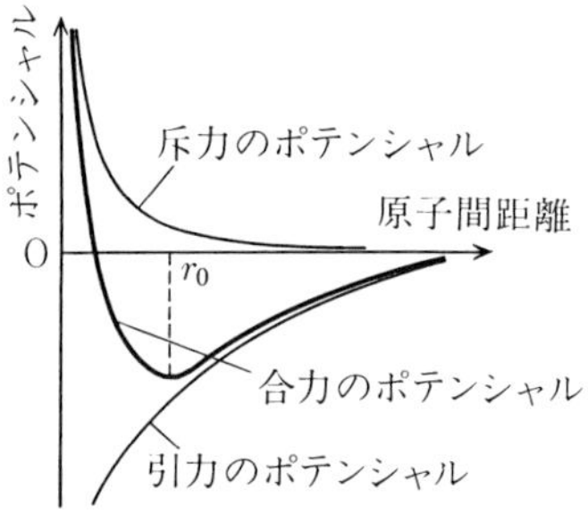

図 7-2

ャルの極値をあたえる r_0 になる．しかし，バルク結晶中では，A 層の原子には隣接する B 層の原子からの引力 $\boldsymbol{F}_{\mathrm{B}}$ のほか，C 層およびそれより上の原子からの引力 $\boldsymbol{F}_{\mathrm{C}}$ もはたらき（図 7-1 参照），これが A 層を B 層の方へ引き寄せる．これらの上向きの力と下を向く B 層からの斥力 $\boldsymbol{F}_{\mathrm{B}}'$ がつり合ってバルク結晶中の B 層に対する A 層の位置が決まるため，原子層の間隔は r_0 より小さくなる．ところが，白丸で表わした原子がないと，A 層にはたらく上向きの力が小さくなるので，B 層からの斥力により A 層の位置はバルク中の場所より下にずれる．このようにして，A 原子層と B 原子層の間隔，すなわち，表面の第 1 層と第 2 層の間隔はバルク中より長くなる．

図 7-3 は，原子間ポテンシャルが Lennard-Jones ポテンシャルであるときの数値計算の結果である．fcc 結晶を考え，(100) 面，(110) 面および (111) 面を表面に露出させ，表面を第 1 層としてそれから順に内部へ層に番号をつけ，第 n 層と第 $n+1$ 層の間隔 d_n を

$$d_n = d_\infty(1+\delta_n)$$

と表わしたときの δ_n を示している．ここに d_∞ はバルク中での層間距離を表わす．層間距離は第 1 層と第 2 層の間で数 % 伸びること，また第 5 層より深くなると，緩和はほとんどおきないことがわかる．

上の議論は，原子間力が 2 体力の場合であった．しかし，金属中ではこの仮

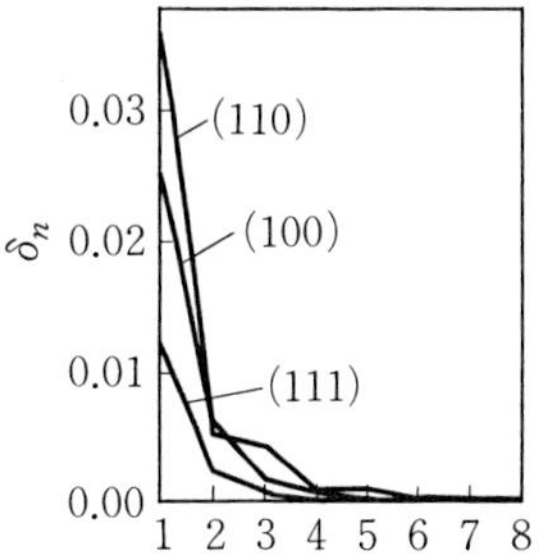

図 7-3 層間距離の変化．(R. E. Allen and F. W. de Witte: Phys. Rev. **179** (1969) 873.)

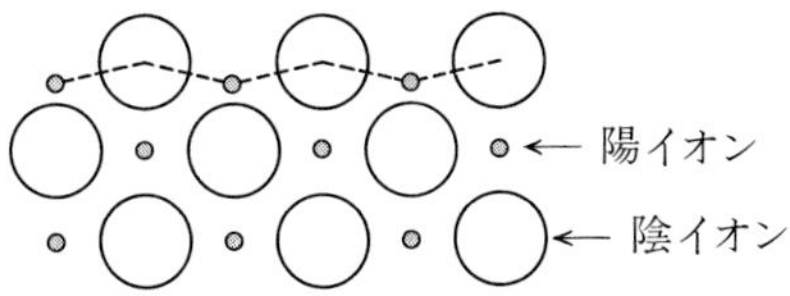

図 7-4 ランプリング構造．

定が成り立たない．というのは，金属中でイオンを結合しているのは伝導電子であり，伝導電子の波動関数がひろがりをもつからである．したがって，上の議論は金属の表面に対して成り立たず，実際，金属の表面付近では原子層の間隔はバルク中よりちぢまるといわれている．その原因は，表面付近で伝導電子の波動関数が内部へ引きこまれ，それに引きずられて表面のイオンも内部へ変位するからである．

NaCl 型結晶のように，大きさの異なるイオンからなる結晶の場合，表面での変位の仕方はイオンの種類により異なる．実際，このようなイオン結晶では陰イオンの方が大きい．その結果，イオン間の斥力で重要なのは隣接する陰イオンの間のもので，表面付近では陰イオンがはじき出されるように外に出る．このようにして，バルクでは 1 枚の面上にある陽イオンと陰イオンが，結晶表面では互い違いに並ぶようになる(図 7-4)．このような構造を**ランプリング**，あるいは，**バックリング**という．

7-2 表面再構成

表面緩和やランプリングは，表面の面内での並進対称性をこわすほどのものではない．しかし，通常は，表面の 2 次元 Bravais 格子はバルクの結晶面でのそれとは異なる．このような原子の並べかえを**表面再構成**(surface reconstruction)という．たとえば，最近，Si {111} 面の (7×7) 構造のモデルが確立されて話題をよんだ．これについては，次の節でくわしく解説する．

結晶表面の原子の並び方が理想表面と同じである場合を (1×1) 構造という．それに対し，表面の 2 次元 Bravais 格子の基本並進ベクトルの大きさが，理想表面内のそれの m 倍，n 倍になったとき，その構造を $(m\times n)$ 構造という．

ここで，2 次元 Bravais 格子について簡単に触れておく．2 次元 Bravais 格子には図 7-5 に示したような 5 種類がある．(a)は，正方形の単位胞をもつ**正方格子**(square lattice)で，単純立方構造の {100} 面はもちろんこの構造であるが，さらに図 6-11(b)に示した fcc 結晶の {100} 面の構造もこれにあたる．

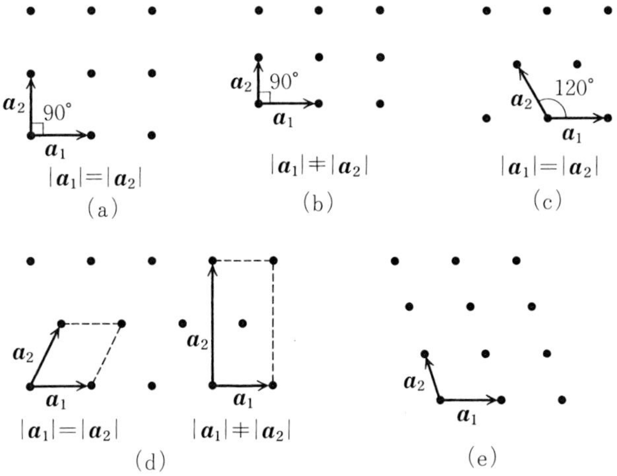

図 7-5　2 次元 Bravais 格子.

(b)は，**長方格子**(rectangular lattice)で，図 6-12(b)に示した fcc 結晶の {110} 面がこれである．(c)は，**六角格子**(hexagonal lattice)で，六方最密構造の (0001) 面や図 6-13(b)の fcc {111} 面がこれである．六角格子は正 6 角形の構造の中心にもう 1 つの格子点があるものであって，図 7-6 のような正 6 角形の配列を想像してはならない．実際，図 7-6 で $\overrightarrow{\mathrm{AB}}$ という変位をさせても，もとの原子面には重ならない．この場合の基本並進ベクトルは $\overrightarrow{\mathrm{AC}}$ や $\overrightarrow{\mathrm{AD}}$ で，A と B のように隣り合わせた 2 つの原子が 1 つの単位構造をつくっている．図 7-5 の(d)は，**面心長方格子**(centered rectangular lattice)で，bcc 構造の {110} 面がこれである．この場合の基本単位格子は左の平行 4 辺形であるが，右の面心長方形を単位胞とすることもある．同図の(e)は，**斜方格子**(oblique

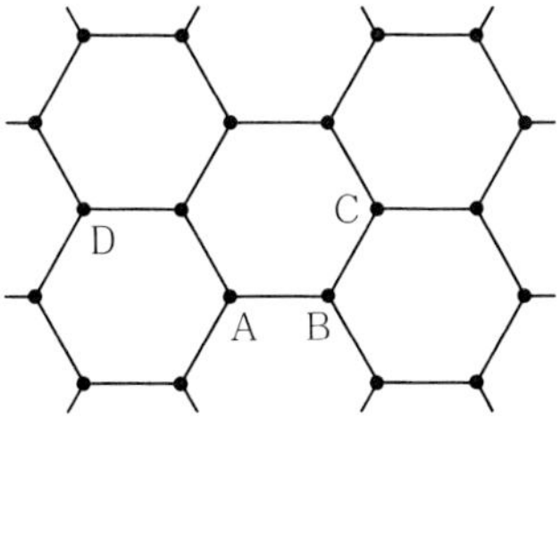

図 7-6　これは六角格子ではなく，2 つの原子からなる基本構造をもつ面心長方格子である．

lattice)とよばれる.

図7-7(a)は，Auの(110)面の再構成を示している．これを図6-12(b)と対比させるためにさらに模式化したものが図7-7(b)である．この図で●は表面層，○は第2層の原子を表わすが，◌のところにも表面層の原子があれば，図6-12(b)と一致する．したがって，この図の上下方向の周期は理想表面のそれと等しいが，左右方向の表面原子の周期は理想表面のそれの2倍になっており，この構造は(2×1)構造ということになる.

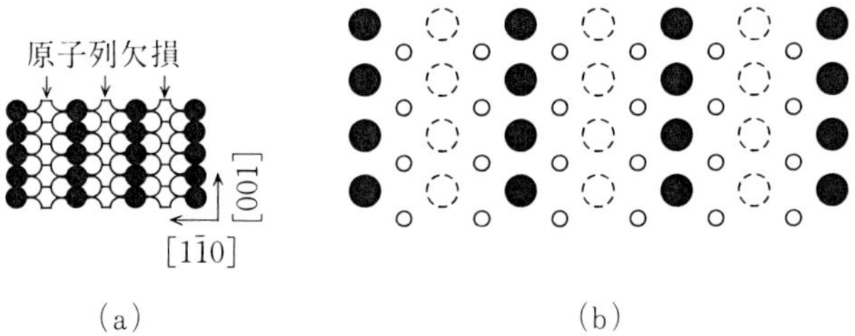

図7-7　Au(110)面の再構成(a)とその説明図(b).

再構成表面を表わすのに，**Woodの記法**(Wood's representation)とよばれるものがあり，それによると，ここで述べたAuの再構成表面は，Au(110)(2×1)と表わされる．mやnが非常に大きな再構成表面も知られている．たとえば，図7-8には，Au(111)(23×1)構造を示してある．この図で●は第2層の原子の3角形の構造を表わし，○が表面層の原子である．両側では表面原子は第2層原子がつくる上にとがった3角形の重心付近にあるのに対し，中央付近では下にとがった3角形の重心付近にある．したがって，第2層をA層とすると，表面層は図の両側では図6-19(b)のB層，中央付近でC層になっている．このような異なる積層の境界線を部分転位とよぶ.

表面構造が面心長方格子であるとき，基本単位格子のかわりに面心のある単位格子の基本並進ベクトルを使ってmやnを表わすことが多く，C(m×n)という表わし方をする．たとえば，bcc結晶の{110}面の第1層が図7-9(a)の○のようになっていたら，それはC(2×2)構造ということになる．この図

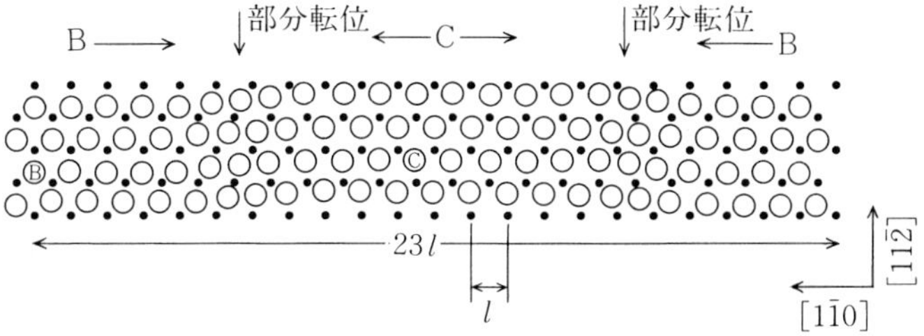

図 7-8 Au (111)(23×1) 構造.

で小さい白丸は第 2 層の原子を表わす.

m や n は整数とは限らず無理数になることもある. このような構造は**不整合構造**(incommensurate structure)とよばれる. たとえば, fcc 結晶の (111) 表面で原子が図 7-9(b)の大きい白丸のようになっているときに, この構造を (111)($\sqrt{3}\times\sqrt{3}$) 構造とよぶ. なお, 図 7-9 で小さい白丸は第 2 層の原子を表わす. 観察される表面構造は物質と表面があたえられても一意的に決まるとは限らない. たとえば, Si の (111) へき開面は (2×1) 構造ではあるが, これを焼鈍すると有名な (7×7) 構造になる. このことは, (7×7) 構造は安定構造であるのに対し, (2×1) 構造は準安定構造であることを示している.

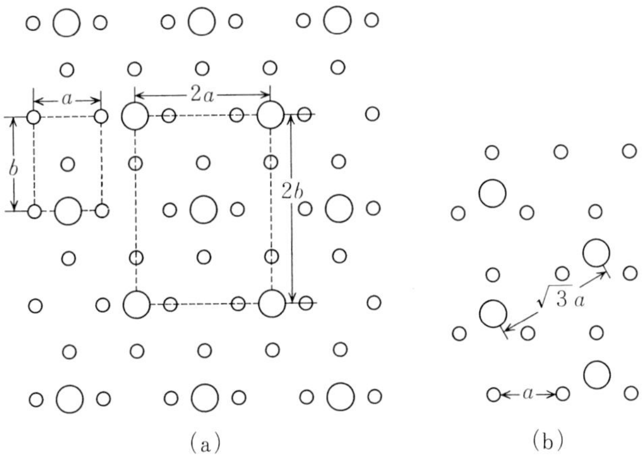

図 7-9 (a) bcc 結晶の (110) C(2×2) 構造と (b) fcc 結晶の (111) ($\sqrt{3}\times\sqrt{3}$) 構造.

7-3 Si 表面の (7×7) 構造

再構成によってできた固体の表面構造の周期性については，電子線回折などによって，かなり以前から知られていた．しかし，実空間で原子がどう並んでいるかということについては，いろいろな角度からの実験やコンピュータを駆使した解析などの知識が集積する必要があり，時間がかかることが多い．Si{111} 表面の (**7×7**) **構造**はその典型で，Schlier と Farnworth の 2 人が 1959 年に発見してから，高柳が提唱した **DAS 構造**に至るまでに 20 年以上が経過した．DAS 構造とはこの構造が，対原子(dimer)，吸着原子(adatom)，積層欠陥(stacking-fault)の 3 つの基本的な表面構造を複合してできた構造であるとする模型である．このような構造ができる理由を，理想表面からその構造ができあがるまでの段階を追いながら説明しよう．

図 7-10 は，Si の (111) 理想表面を ⟨110⟩ 方向から見た図である．(111) 面は図 6-14(c)の破線に平行な面であるが，切断の仕方はダイヤモンド構造がもつ副格子構造のために，図 7-10(a)と(b)の 2 通りがある．図 7-10 では各原子に図 6-14(c)に対応して記号をつけてある．(a)の方では，表面原子がもつ 4 本の結合手のうち 3 本は内部の原子とつながるが，表面に垂直に外向きに出る 1 本はつながる相手がいない．このような結合手を**ダングリングボンド**(dangling bond)という．「ブラブラした結合手」というような意味である．

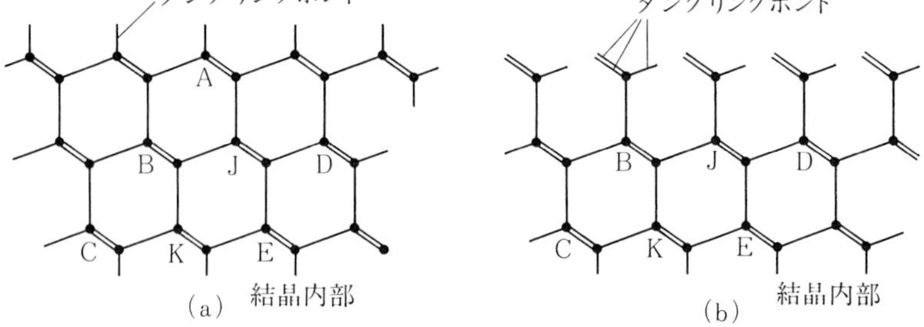

図 7-10 Si 理想表面の断面図.

(b)では，表面原子は3本のダングリングボンドをもつ．

一般に，ダングリングボンドができると，電子系のエネルギーが上がる．その理由は後で述べることにして，まずは，(b)の理想表面のダングリングボンドをなるべく減らすことを考える．(b)の理想表面は，図6-18に示した網目から，大きい方の円で示した原子をはぎとった表面で，残った表面原子は図7-11に○で示してある．この図には，それぞれの原子が3本のダングリングボンドをもつことも示している．

まず，➡で示した4個の原子を取り除く．これによりそれぞれの○印の原子がもっていた3本のダングリングボンドがなくなり，そのかわり，その下の原子とつないでいた結合手が1本だけ切れる．このダングリングボンドは，面に垂直手前向きで，図7-12以下「・」で示してある．そのために，ダングリングボンドは取り除いた原子1個につき差し引き2本減る．隣り合う➡の間

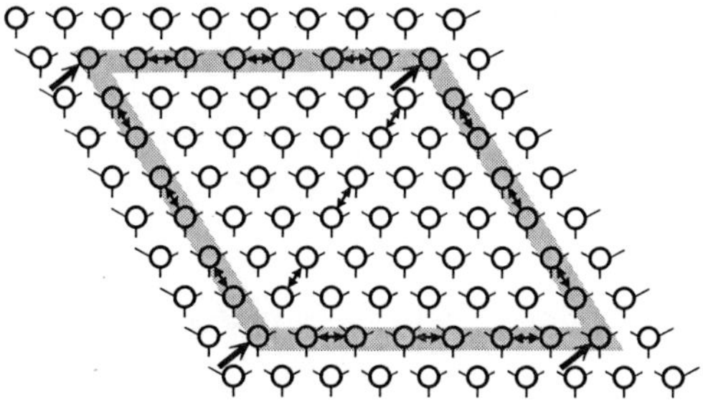

図7-11　図7-10(b)の理想表面．

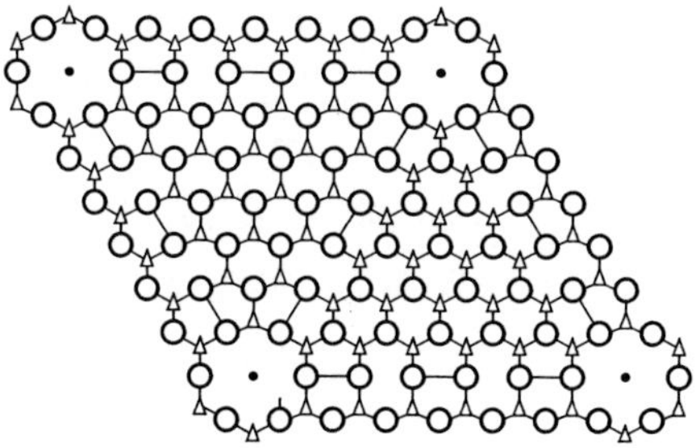

図7-12　Si(7×7)構造の対原子層．

隔は隣り合う○印の原子の間隔の7倍であるから，これで(7×7)単位胞のアミ線で示した地境が決まった．

つぎに，地境上の原子を↔で示した対原子ごとに組み分けして，3本のダングリングボンドのうち1本ずつを使ってつなぎ合わせる．このとき結合した1対の原子をdimerとよぶ(化学用語では**2量体**と訳しているが，ここでは**対原子**ということにする)．同時に，短い方の対角線に沿っても対原子の列を作る．この段階で表面は図7-12のようになる．この図の○印の原子面を**対原子層**という．

つぎに，図7-12の△印の上に1つずつ原子を置く．この位置は，(7×7)単位胞の左上半分では，表面を出すときに原子を取り除いた場所で，○印の原子が作る上向きの3角形の重心の位置である．単位胞の右下半分では，21個の△印は，○印の原子が作る下向きの3角形の重心にあるので，バルクの場合とは異なる積層の仕方となる．すなわち，右下半分には**積層欠陥**(stacking-fault)ができたことになる．なお，右下半分で21個の原子をのせるとき，○印から出るY字型のダングリングボンドは，面に垂直な共有結合を軸として60°回転し，逆Y字型になる．この段階までで，図7-13の構造ができあがった．この図では図7-12で○印で表わした原子は小さな∘で，その上に積んだ原子を○で示してある．○印の原子の層を**積層欠陥層**という．これで，対原子層の原子のダングリングボンドはすべてなくなったが，そのかわり，積層欠陥層の42個の原子から出る垂直上向きのダングリングボンドが残っている(これも・で示してある)．したがって，4隅と合わせると，ちょうど図7-10(a)の表面ができたときと同数のダングリングボンドがあることになる．

最後に，図7-13の➡印の12個の点へ原子を1つずつのせる．これらの原子を**吸着原子**(adatom)といい，吸着原子が作る原子層を**吸着原子層**という．図7-13の破線で囲んだ3つの原子からそれぞれ1本ずつのダングリングボンドが出ているから，それが1個の吸着原子と共有結合することにより，吸着原子1個につき1本のダングリングボンドが残る．

このようにしてできあがった(7×7)構造を図7-14に示す．∘が対原子層，

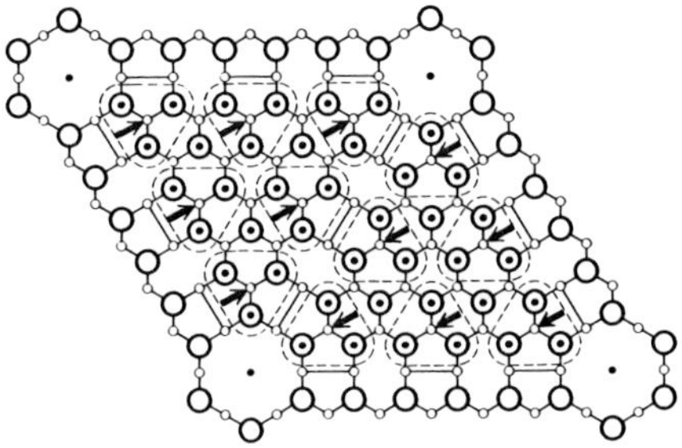

図 7-13　Si (7×7) 構造の積層欠陥層.

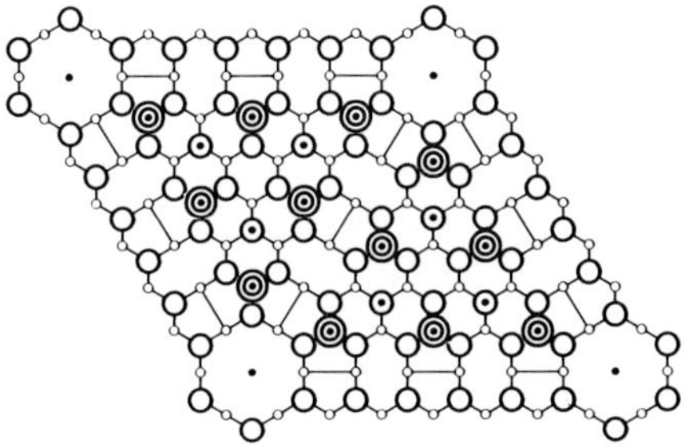

図 7-14　Si (7×7) 構造の吸着原子層.

○が積層欠陥層，◎が吸着原子層である．吸着原子層の 12 個の原子と，積層欠陥層の 6 個の原子は，・で示したダングリングボンドを 1 本ずつ，合計 18 本残している．さらに，隅にダングリングボンドが 1 本ずつあるが，隅の原子はそれぞれ 4 個の (7×7) 単位胞に属しているから，正味 1 個のダングリングボンドがこの単位胞に属していることになる．そこで単位胞あたり 19 本のダングリングボンドが残ったことになる．この数は，DAS 構造以前に提案されていたどのモデルがもつダングリングボンドの数より少ない．ただし，この図は原子とその結合の仕方をトポロジカルに表わすものであって，原子間の距離まで正確に表わしているわけではない．たとえば，このままでは対原子の結合手が長すぎるので，それを短くするために原子を近づけるなどの補正が必要である．その補正をして，さらに奥の層の原子も垣間見るようにしたものが図 7-15 に示した有名な図である．

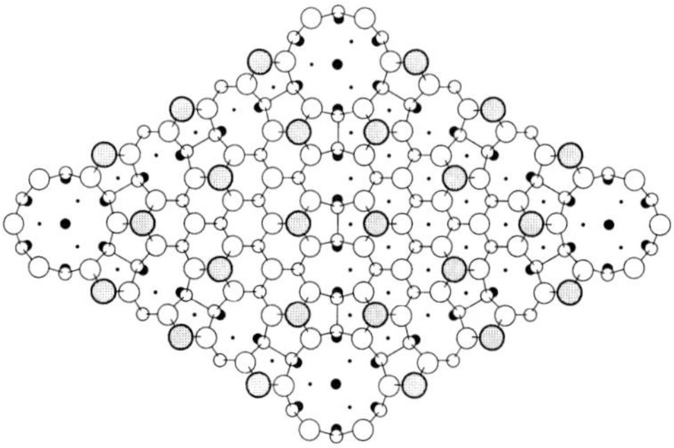

図7-15 Si(111)(7×7)構造.(T. Takayanagi, Y. Tanishiro, M. Takahashi and S. Takahashi: J. Vac. Sci. Technol. **A3** (1985) 1502.)

7-4 半導体電子状態のモデル

ダングリングボンドができると電子系のエネルギーは上昇するということを述べたが,その理由を簡単なモデルで説明しよう.

図7-16のような6角形の原子の網目があったとしよう.すでに述べたように,ダイヤモンド構造を〈110〉方向からみるとこのような網目が見える.すなわち,ダイヤモンド構造はこのような6角形構造が紙面に垂直に重なってできた3次元構造である.ただし,簡単のために,図7-16の網目は2次元構造で,原子はすべて紙面上にあるとする.

SiやGeの原子から出ている結合手は sp^3 混成軌道の波動関数によって表わされる.sp^3 混成軌道は4つあるが,いまは,簡単のためにそのうちの1つだけを考えることにし,その波動関数は図7-16に示したように原子AからはBの方へ,またBの方からはAの方に向いているとする.2つの波動関数の重なりが大きいために,電子はA原子とB原子の間で容易に行き来できる.同様に,他の太い直線でつながれた1対の原子の間でも電子は容易に行き来できる.それに対し,残りの細い直線でつながれた原子同士では波動関数の重なりが小さいために,電子の行き来は少ないとする.

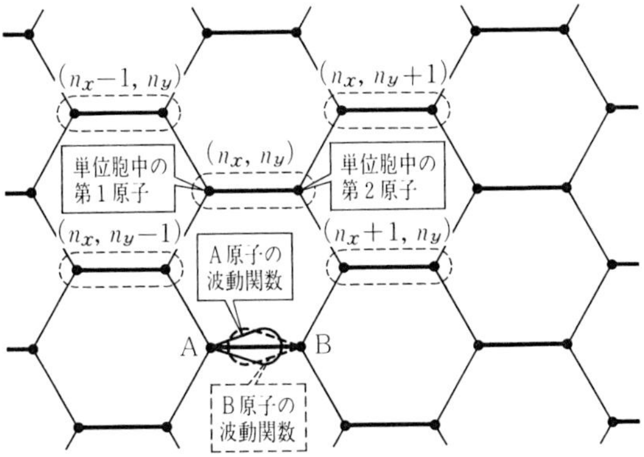

図 7-16 単体半導体の結晶構造のモデル.

7-2 節でも述べたように，図 7-16 の網目の格子は三角格子で，A, B の 2 つの原子は 1 つの格子点上の単位構造である．他の太い直線でつながれた 1 対の原子もそれぞれが単位構造になっている．格子点を表わすのに，$\boldsymbol{n}=(n_x, n_y)$ という 2 次元ベクトルを使うことにする．ただし，n_x および n_y は 0 または正負の整数である．また，1 対の単位構造のうち左側の原子に 1，右側の原子に 2 という番号をつけることにする．

以上の準備をして図 7-16 の電子の Schrödinger 方程式を強束縛近似(tight binding approximation)で書き下ろすと次のようになる．

$$\begin{aligned} EC_1(\boldsymbol{n}) &= T_1C_2(\boldsymbol{n})+T_2[C_2(\boldsymbol{n}-\boldsymbol{a})+C_2(\boldsymbol{n}-\boldsymbol{b})] \\ EC_2(\boldsymbol{n}) &= T_1C_1(\boldsymbol{n})+T_2[C_1(\boldsymbol{n}+\boldsymbol{a})+C_1(\boldsymbol{n}+\boldsymbol{b})] \end{aligned} \tag{7.1}$$

ただし，$\boldsymbol{a}=(1,0)$，$\boldsymbol{b}=(0,1)$ であり，太い線と細い線の違いは，$T_1>T_2$ という条件によって表わされる．また，孤立原子の中での電子のエネルギーを $E=0$ としてある．

方程式(7.1)の $C_{1,2}(\boldsymbol{n})=C_{1,2}\exp(i\boldsymbol{p}\cdot\boldsymbol{n})$ という形の解をさがすことにする．すると，(7.1)から C_1 と C_2 に対する 2 元連立方程式が得られるが，それが自明でない解をもつ条件として，

$$E = \pm[T_1^2+2T_1T_2\cos(p_x+p_y)+2T_2^2(1+\cos(p_x+p_y))]^{1/2} \tag{7.2}$$

が満たされなくてはならないことが分かる．

これが，いま考えているモデル結晶の電子のエネルギー分散関係である．平方根の中は最大値が $(T_1+2T_2)^2$，最小値が $(T_1-2T_2)^2$ であるから，$T_1>2T_2$ であれば，電子のエネルギー固有値は図7-17に示したような2つのバンドに分かれる．実際の単体半導体では，4つの混成軌道の間にも電子の混ざり合いがあるので，(7.1)に相当する方程式は8元の連立方程式になり，バンド構造はより複雑であるが，(7.2)の2つのバンドがちょうど半導体の伝導帯と価電子帯に相当する．

このようなバンド構造ができる理由をもうすこし段階を追って考えてみよう．まず，原子間が十分に離れていれば電子の波動関数の重なり合いがないから，(7.1)で $T_1=T_2=0$ としてよく，したがって，電子のエネルギーはすべての $\boldsymbol{n}$ に対して，$E=0$ である．$E=0$ は，孤立した原子の中での電子準位である．

次に，同一単位構造の中での電子の波動関数の重なりだけを取り入れると，(7.1)は単に

$$EC_{1,2}(\boldsymbol{n}) = T_1C_{2,1}(\boldsymbol{n})$$

となって，縮退していた $E=0$ のエネルギー準位は，$E=\pm T_1$ の2つに分かれる．このときの固有状態は，C_1+C_2 と C_1-C_2 であって，2原子分子中での対称解，反対称解に相当する．$E=-|T_1|$ の方は結合軌道，あるいは結合状態とよばれ，$E=|T_1|$ の方は反結合軌道，あるいは反結合状態とよばれる．単位胞の中のエネルギーの縮退は解けたが，単位胞間のエネルギーの縮退は解け

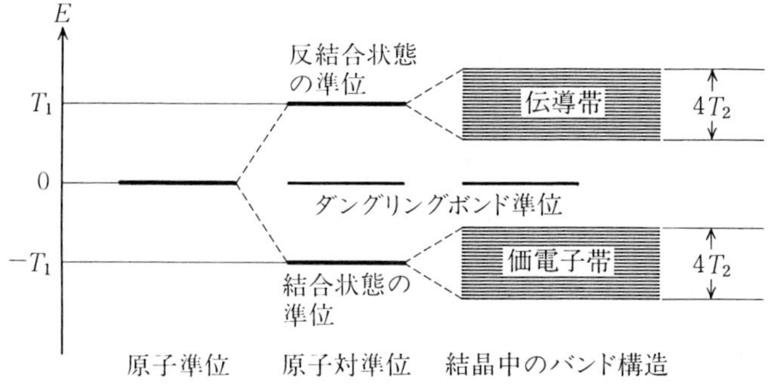

図7-17

ていない．その縮退は T_2 で表わされる単位胞間の電子波動関数の重なりで解け，その結果が図 7-17 のバンド構造である．

次に，図 7-18 に示したように表面のある共有結合の網目を考えよう．

原子 A の格子点を $\boldsymbol{n}_0$ と表わすことにする．ところが，この格子点には，第 2 の原子がいないから，$\boldsymbol{n}=\boldsymbol{n}_0$ のとき，(7.1)は，

$$EC_1(\boldsymbol{n}_0) = T_2[C_2(\boldsymbol{n}_0-\boldsymbol{a})+C_2(\boldsymbol{n}_0-\boldsymbol{b})] \tag{7.3}$$

となり，$C_2(\boldsymbol{n}_0)$ に対する方程式はなくなる．ここでふたたび，$T_2=0$ としてみよう．ただし，T_1 は 0 ではないとする．すると，$\boldsymbol{n}=\boldsymbol{n}_0$ 以外の単位胞では，電子のエネルギー準位は $E=\pm T_1$ に分裂するが，A 点を初めとして，表面に出ている原子の電子はいぜんとして孤立しているので，それらの電子準位は $E=0$ にとどまったままである．したがって，T_2 が 0 でなくなると，$E=\pm T_1$ の準位の縮退は解けるが，$E=0$ の準位にある電子は，隣接する格子点上には状態がないためにいぜん孤立したままで，図 7-17 においてダングリングボンド準位と記したように禁制帯の中に取り残される．

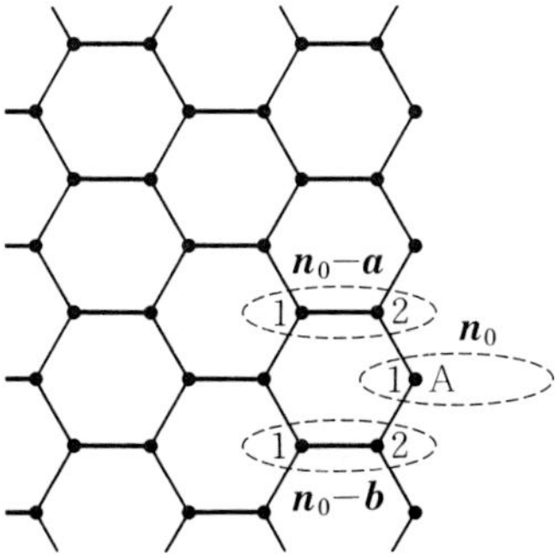

図 7-18　表面のモデル．A を通る上下方向の線が表面で，それより左が結晶内部．

7-5　超微粒子の結晶構造

直径が数 10 nm 以下の小さな粒を**超微粒子**という．バルクな物体とは違う珍しい性質をもつという意味で超微粒子それ自身の面白味もあるが，バルクな固体も液体や気体中に生まれた超微粒子が成長したものであるから，超微粒子を

研究することによって，バルクな固体の物性の本当の意味を知ることもできるだろう．この節では，とくに金属超微粒子の結晶構造についてのべる．

金属超微粒子の構造については，1960 年代に名古屋大学のグループによって徹底的に研究された*．その結果，ほとんどの金属超微粒子の結晶構造はバルクのものと同じであるということが分かってきた．ただし，バルク結晶なら高温相でのみ現われるはずの結晶構造が室温の超微粒子で見られることが多い．超微粒子ではそのような構造が室温でも安定なのか，あるいは金属蒸気を過冷却して超微粒子を作る過程でできた高温相の構造がそのまま凍結されたものなのか，その理由はわかっていない．

1 つだけ，これまでバルク物質では見られなかった構造が Cr について見つかり，δCr と名づけられた(図 7-19)．これは A15 型結晶とよばれ，バルクな物質では Cr_3Si，Nb_3Sn などの構造と同じである．バルクな Cr は反強磁性を示すが，この δCr は常磁性体である．その後の研究によると，Nb, Mo の超微粒子の中にも同じ構造のものがみつかっている．

金属超微粒子の話題の中で結晶構造の物理的意味を考えさせられるものとして，図 7-20 に示した 5 角形の金属超微粒子がある．このような超微粒子は，

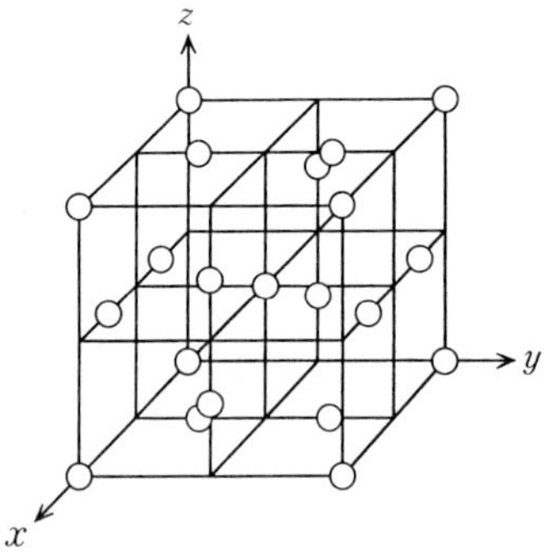

図 7-19 Cr の A15 構造．(K. Kimoto and I. Nishida: J. Phys. Soc. Jpn. **22** (1967) 744.)

図 7-20 5 角形の金属超微粒子．(K. Kimoto and I. Nishida: *ibid*. 940.)

* 紀本和男：改訂新版 超微粒子(アグネ技術センター，1984) 68 ページ．

最初，薄膜の中に見つかった．真空蒸着した薄膜は一様な厚さの幾何学的な膜ではなく，とくに下地に少量の金属蒸気があたったときには，原子は島状に凝縮する(図 7-21)．これも，超微粒子であるが，その中に5角形の粒子があったのである．

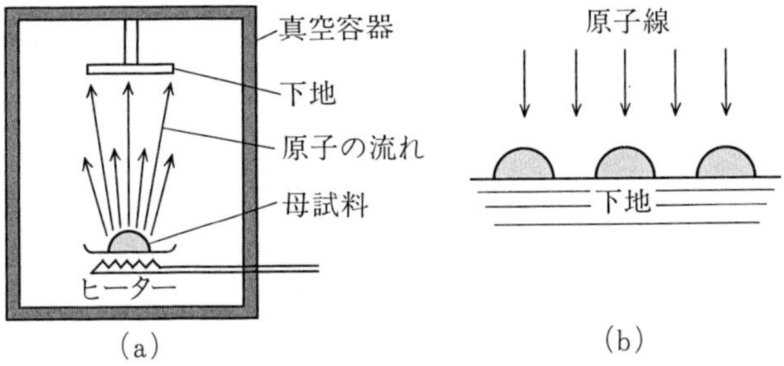

図 7-21　真空蒸着の模式図(a)と島状粒子(b)．

このような粒子は，バルクの結晶が fcc 構造をとる金属に限って，しかも多くの fcc 金属でみられるものなので，その理由は一般性のある理論で説明できるはずである．

じつは，微粒子の外形については，古くから Gibbs の理論というものがあった．すなわち，微粒子を囲む i 番目の面の界面張力を γ_i，面積を S_i とするとき，

$$\sum_i \gamma_i S_i = \text{最小}, \quad \text{体積} = \text{一定}$$

という条件によって微粒子の外形が決まるという理論で，この条件によって決まる多面体を **Wulff の多面体**という．液体は等方的物質で液滴の表面上どこでも界面張力は一定であるから，上の条件を満たす液滴の形は，体積が等しい立体図形のうち表面積が最小の図形ということになる．これは，もちろん球であり，液滴の外形が(外力の影響による変形を無視できるようにすれば)球になることはよく知られている．

しかし，結晶では，どの結晶面が表面に露出するかによって界面エネルギーが異なる．その理由は原子の結合の単位面積あたりの切断数が結晶面により異

なるからであると考えられている.

原子の集団が固体としてかたまるのは，原子間に引力がはたらき，それぞれの原子はなるべく多くの原子と隣接することを好むからである．その事情を考えるために，6-5節で述べたように原子は球形だとし，2個の原子が接するとvだけポテンシャルエネルギーが減少するとしよう．たとえば，fcc構造中では1個の原子は12個の原子と接し，fcc構造を組むことにより，原子がバラバラな場合より，1原子あたり$\frac{1}{2}\times 12v=6v$だけエネルギーが下がる．これが(1原子あたりの)凝集エネルギーである．ところが，図6-13のような$\{111\}$面でfcc結晶を切ると，表面原子に隣接する原子の数が1原子あたり3個ずつ減る．すなわち，$\{111\}$面ができることにより，1原子あたり$3v$のエネルギーが増加することになる．これが界面エネルギーの起源であるが，同様な考察を図6-11，図6-12を使って$\{100\}$面や$\{110\}$面に対しても行なうと，表7-1の2列目ができる.

次に，単位面積あたりの界面エネルギー，すなわち界面張力を計算するために，それぞれの表面の単位面積あたりの原子数を計算してみる．図6-11(b)の$\{100\}$面の場合，隣接する4個の○を頂点とする正方形の面積は$a^2/2$で，それぞれの○のうちの$\frac{1}{4}$個がこの正方形に属しているから，原子1個あたりの表面積は$\frac{1}{4}\times 4\times a^2/2=a^2/2$ということになる．同様の計算を他の面についても行ない，単位面積中の原子数を計算すると，表7-1の第3列のようになる．この2つから単位面積あたりの界面エネルギーを計算すると第4列のようになり，$\gamma_{100}>\gamma_{110}>\gamma_{111}$という順序になることが分かる．本来なら，これらの量は実験的に決めるべきであるが，実験データは非常に乏しいので，ここで得られ

表7-1 fcc構造の界面張力

面	原子1個あたりの界面エネルギー	単位面積中の原子数	界面張力
$\{100\}$	$4v$	$2/a^2$	$8v/a^2$
$\{110\}$	$5v$	$\sqrt{2}/a^2$	$5\sqrt{2}\,v/a^2 = 7.1v/a^2$
$\{111\}$	$3v$	$4/\sqrt{3}\,a^2$	$4\sqrt{3}\,v/a^2 = 6.9v/a^2$

た結論を定性的に受け入れることにしよう．

井野*によると，$\gamma_{110}/\gamma_{111} \geqq \sqrt{3}/2$ の場合，fcc 結晶の Wulff の多面体は図 6-3(b)の 14 面体と同じ形になる．しかし，これではどこから見ても正 5 角形の輪郭は見えてこないから，図 7-20 の微粒子は Wulff の多面体ではないのであろう．

そこで，井野は図 7-20 の微粒子は図 7-22(b)に示した正 10 面体ではないかと考えた．この正 10 面体は，Thompson の 4 面体と同じ {111} 面のみからなる正 4 面体 5 個を図 7-22(a)のようにくっつけ，その結果できる 7.5° のすきまを埋めるように力を加えて貼り合わせたものである．表面は fcc 構造で最も界面張力の小さい {111} 面のみからできているので，界面エネルギーを最小にするという要請からすれば道理にかなった構造であるが，7.5° のすきまをうめるために歪エネルギーがたまるという犠牲を払っている．そこで同じ n 個の原子を含む正 4 面体粒子と正 10 面体粒子のエネルギーを比較してみよう．

正 4 面体の 1 辺の長さは $n^{1/3}$ に比例するから，正 4 面体の 1 枚の表面積を $an^{2/3}$ と表わすと，界面エネルギーは

$$U_{\mathrm{t}} = 4\gamma_{111}an^{2/3}$$

となる．ただし a はある定数である．他方，図 7-22 の粒子は 5 個の正 4 面体からできているので，1 枚の正 4 面体表面の面積は $a(n/5)^{2/3}$ となる．そこで，正 10 面体のエネルギーは

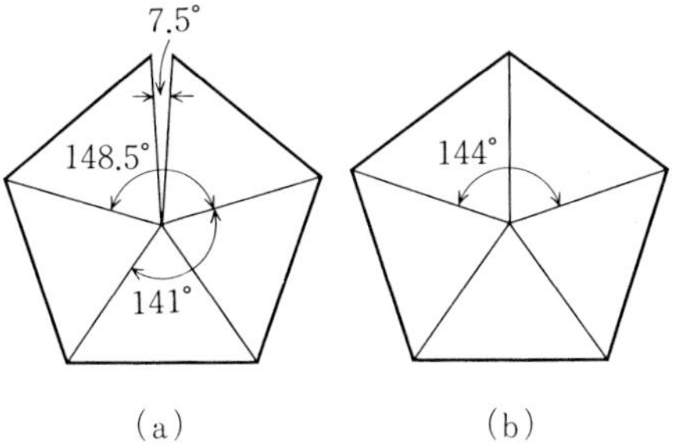

図 7-22　Thompson 4 面体から作る正 10 面体．

* S. Ino: J. Phys. Soc. Jpn. 27 (1969) 941.

$$U_{\mathrm{d}} = 10\gamma_{111}a(n/5)^{2/3} + bn$$

となる．ここに bn は歪エネルギーである．この差は，

$$\Delta U = U_{\mathrm{d}} - U_{\mathrm{t}} = \left(\frac{10}{5^{2/3}} - 4\right)\gamma_{111}an^{2/3} + bn$$

となるが，（　）の中は負の値をもつから，n が小さいうちは $\Delta U<0$ で，正 10 面体が安定であるが，n が大きくなると $\Delta U>0$ となり，正 4 面体の方が安定となる．

さらに井野によると，小さな粒子では図 7-23 の正 20 面体の方がさらにエネルギーが低い．これは 20 個の正 4 面体を多少歪ませてくっつけたものである．この方が正 4 面体より球に近いから，表面積を節約できるのだが，歪エネルギーの効果が大きく，ある大きさになると正 4 面体の方が安定になるという．

じつは井野の解析によると，粒子が小さいときは正 20 面体がいちばん安定で，ある程度成長すると Wulff の多面体が安定になる．これは正 10 面体らしきものがよく観察されていたり，一般に微粒子で Wulff の多面体らしきものがあまり見られないということに反するように思われるが，そのような否定的側面を強調しすぎるのはよくないだろう．というのは，結晶は多くの非平衡状態を経て成長するものであり，でき上がった固体粒子も決してエネルギー最小の状態ではないからである．むしろ，fcc 結晶で一般的に観察される 5 角形の粒子は，界面エネルギーを減らすためになるべく {111} 面を大きくしようとしたことの所産であるという美しい法則の方が普遍性があり，単純でもあり大切なことである．

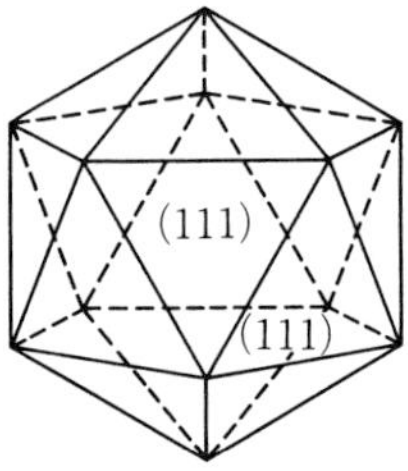

図 7-23　正 20 面体．

超微粒子で5角形のものが見られ，それなりの必然性があるということを述べた．このことは，バルク結晶を見ていただけでは気がつかなかった知見である．少数の原子が集まってできた凝縮系，すなわちマイクロクラスターでも，本質的に同じ理由で5回対称なものが見られるはずだということがわかっている．

マイクロクラスターは，核生成の機構の解明を目的として，物理化学者が計算機を使ってかなり以前から研究してきた．とくに，原子間の相互作用としてもっとも簡単に扱えるLennard-Jonesの相互作用を採用すると，Arマイクロクラスターについての計算機実験ができると期待されてきた．n個の質点がLennard-Jonesポテンシャルで相互作用しているとき，いちばんエネルギーが低い構造はどのようなものかという問題を計算機を使って解けば，マイクロクラスターの安定構造が得られる．$n=7$の安定構造は図7-24(a)のような正10面体であることがわかった．

実際には7個の剛体球がたがいに接しながら固まっているといった方がよいのだが，この図では見やすくするために球を小さめにかき，隣接する原子を直線でつないでいる．等方的な引力と力のバランスでできる安定構造は，バルク構造なら6-5節で述べた最密充塡構造であるが，なぜマイクロクラスターではまったく違う構造が現われるのだろうか．じつは，局所的には，この構造の方が最密充塡構造より安定なのだが，5回対称性のある構造は周期的に無限に繰り返すことができないためにバルク結晶中に現われないのである．最密充塡構

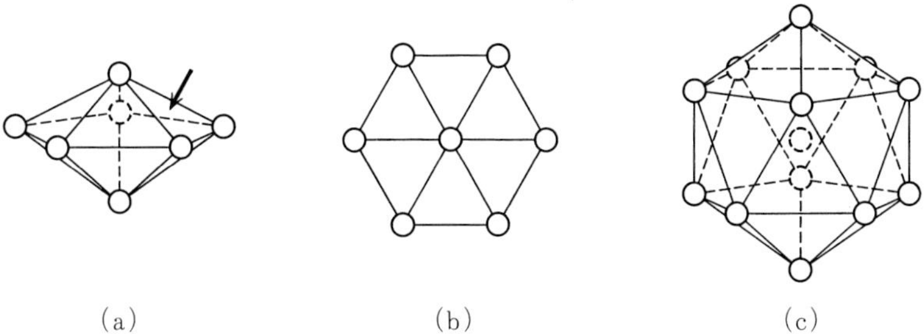

(a)　(b)　(c)

図7-24　マイクロクラスターの構造の例．(b)は(a)より不安定．

造の中に7個の原子からなるかたまりの例をさがすと図7-24(b)のようなものがある．ところがこの構造では，最隣接原子対を示す直線の数は12本しかないのに，(a)の方では15本ある．したがって，最隣接原子対の数で結合エネルギーを粗っぽく評価すると(a)の正10面体の方が安定だということになる．

これらの構造の正3角形は，fcc {111} 面に現われる正3角形であるから，(a)の {111} 面は(b)のそれの5/3倍であり，$n=7$ のマイクロクラスターの安定構造が正10面体だということと超微粒子で正10面体が現われることとは，本質的に同じ理由によると考えてよい．

図7-24(a)の正10面体の矢印をつけた場所のように，上の3角形の重心に1つずつ原子をおき，そうしてつけ加えた5個の原子面の中心にもう1個の原子をおくと，図7-24(c)のような正20面体ができる．これが $n=13$ のときの最も安定な構造であることも計算機を使った結合エネルギーの計算でわかっていた．これも井野が考えた超微粒子の安定形の1つである．このように考えると，超微粒子に現われた5角対称な形は粒子がマイクロクラスターとしてできはじめたときから存在していたと考えられる．

8

結晶でない物質の構造と物性

この章ではまず，凝縮系のさまざまな側面に注目して，凝縮系が結合の種類によってどのように分類されるかを考える．また，非結晶構造をもつ物質においては，結晶のもつ秩序のどの部分が，どの程度に欠落しているかを記述することによって，乱れた系あるいはランダム系の構造を定義できることを述べる．

8-1　凝縮系の分類

物性物理学は一般に，固体や液体のように原子や分子が集まった状態にある物質を対象にしている．これらの物質をまとめて**凝縮系**(condensed matter)とよぶ．構成単位となる原子や分子たちの間にはたらく相互作用の結果，ある温度・圧力領域では，原子や分子がばらばらでいるよりは集まっている方がエネルギーが低いために，凝縮状態が実現される．

凝縮系はさまざまな判定基準によって分類される．ひとつの例は，逆格子空間における価電子の分布による分類である．この方法では，価電子帯の電子の詰まり方，バンドギャップの大きさなどによって，凝縮系はおおまかに，絶縁体，半導体，金属に分けられる(詳細は第I部を参照)．この方法は，凝縮系の物性の傾向を分類するうえで，最も本質的な分類法である．いいかえると，ある物質がこの分類によるどの範疇に属しているかは，その物質の電気的性質，光学的性質などのマクロな物性に反映されているのである．

分類法の別の例は，実空間における価電子の分布による分類である．これは，凝縮系を実現させている結合エネルギーの種類による分類を行なうことに相当している．まず，Ne や Ar などの希ガス物質では，電子が閉殻を形成しているために，低温で原子間距離が短くなっても，電子が原子から離れてしまうことはなく，電子の軌道を歪ませて原子内分極を起こし，原子間には双極子相互作用がはたらく．分子が物質の構成単位であるとみなせる系でもこの種類の結合力(van der Waals 力)が凝縮系を可能にしているので，これを**分子性結合**とよぶ．多くの場合，原子間の相互作用は2体ポテンシャル(2原子間の相互作用)の和でよく近似される．2体ポテンシャルは，遠距離では双極子相互作用による引力，近距離では2つの原子の電子の重なりからくる大きな斥力(排除体積効果ともいう)がはたらき，全体として図8-1のような形になる．希ガスでは，2体ポテンシャルはLennard-Jones ポテンシャル(第10章参照)でよく記述される．その形から示唆されるように，このタイプのポテンシャルでは最密構造において最も低いエネルギーが実現される．具体的には，同じ最密充塡構造の中でも，面心立方(fcc)構造，ランダムスタッキング，六方最密(hcp)構造の順にエネルギーが低くなるが，その差は10^{-5}の桁に現われるにすぎない．実際には，2体ポテンシャル近似やLennard-Jones ポテンシャルで表わしきれない部分がごくわずかにあり，希ガスの結晶はfcc 構造である．

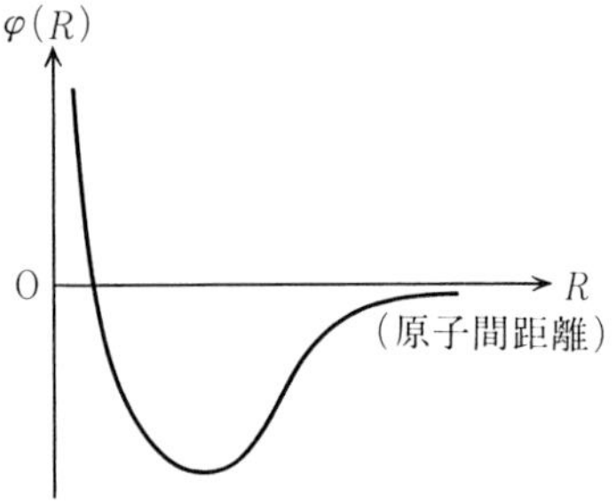

図 8-1　原子間2体ポテンシャルの典型的な形．

一方，(I-VII 族の)アルカリハライドや，CaS のような II-VI 族では，アルカリ原子や II 族の原子の価電子がハロゲンや VI 族の原子に移り，それぞれがプラスとマイナスにイオン化してエネルギーを稼ぎ，陽イオンと陰イオンの間の Coulomb 力が系を凝集させる．これを**イオン結合**とよぶ．引力と排除体積による斥力の釣合いから結晶の形が決まる点は，分子性結合による物質と同じであるが，Coulomb 力が長距離力であるために，最密構造とは違った結晶構造ができる．相互作用の詳細は構成原子の種類によって異なり，たとえば NaCl では 2 つの fcc 部分格子の入れ子構造，CsCl では 2 つの単純立方(sc)部分格子の入れ子構造になる．

さらに，Si や Ge のような IV 族物質や，Se や Te のようなカルコゲン物質では，隣接する原子が電子を 1 つずつ提供して，その 2 つの電子は原子間の共有結合軌道を，上向きと下向きのスピン状態で占有することによってエネルギーを下げる．この結合は**共有結合**とよばれる．Si や Ge では，4 つの価電子が sp^3 混成をして正 4 面体の中心から 4 つの頂点に向かう方向に結合軌道を作るダイヤモンド構造が，常温常圧で最もエネルギーの低い結晶構造になる．原子間の共有結合を**結合の手**または**ボンド**とよぶ．同じ IV 族原子でも，C では，ダイヤモンド構造は高圧相で，常温常圧ではグラファイト構造になって，ボンドは 3 本である．Se や Te では，6 つの価電子のうち，2 つは閉じた s 軌道に入り，2 つは孤立電子対を作り，結合に関与する電子は 2 つだけで，ボンドの数は 2 である．

アルカリ金属や遷移金属のように，逆格子空間における電子の分布による分類で金属の仲間にいれられた物質では，価電子が原子から離れて自由に動きまわれる伝導電子になっている．マイナスの電荷の電子の海の中に陽イオンが浮かんでいるような状況で，Coulomb 力にもとづく相互作用の結果として，最低エネルギーの結晶構造が決まる．これを**金属結合**とよぶ．構成要素である原子の個性を反映して，アルカリ金属では体心立方(bcc)構造，それ以外の金属では bcc や fcc 構造が現われる．この他に，身が軽くて電子を 1 個しかもっていない水素が結合を助ける**水素結合**があり，氷の結晶などがこの結合でできた凝縮系の例である．

上述の説明からも明らかなように，共有結合系では原子間の凝集力に高い方向性があるのに対して，分子性結合をもつ希ガスの凝縮相やイオン結合系，金属などでは，原子間力に方向性がないもの，あるいは，方向性があってもその程度が非常に低いものが多い．結合力の方向性に関するこの相違は，結晶でない相の原子構造を考える際にも重要になる(詳細は第9章参照)．

8-2 乱れの程度

このように，原子や分子の集まりは，それぞれの種類の結合によって凝集し，それぞれに固有な温度・圧力領域で，最もエネルギーの低い安定状態である結晶構造を選ぶ．結晶状態にある物質の温度を上げると，原子や分子たちの熱振動が激しくなり，原子や分子の空間分布は第6章で説明された完全結晶からずれる．しかし融点以下では，原子や分子の位置の時間平均は規則的な格子を作り，空間的な周期性を保持している．さらに温度を上げると，融点で1次の相転移が起こり，系は液体になる．そこでは原子や分子の分布は完全結晶とは似ても似つかないものになり，結晶の周期性は面影もない．高温では自由エネルギーにおけるエントロピー項の寄与が大きくなり，乱れた構造が有利になるのが原因である．また，ある種の分子からできている物質では，結晶から液晶状態への転移があり，いくつかの液晶相を経たあとで，分子の分布に方向性のない液体相が現われる．

液体相や液晶相は結晶のような構造の規則性はないが，それぞれの温度，圧力における最低の自由エネルギーをとるものである点では，結晶の場合と事情は違わない．水が低い方に流れるように，物質は全て，エネルギー(正確には，自由エネルギー)が最も低い状態に移行するというのがいちばん大切な決まりである．しかし，世の中にはこの決まりを守らないで，エネルギー的に不安定な仮の姿を見せているものもある．アモルファス固体とかガラスとよばれている物質の相がそれであり，結晶がエネルギー的に最も安定であるような温度・

圧力領域で出現する．

どうしてこのような手品ができるかという筋書きは図 8-2 で説明される．原子や分子たちが最初に高いエネルギー状態にあったとすると，そこでは原子や分子たちは当然，低い温度におけるような規則的な結晶構造にはなっていない．この高エネルギー状態から急速に熱を奪うと，原子や分子たちは運動エネルギーを失い，エネルギー的にいちばん得な結晶構造(図の C 点)に並び替える暇もなく凍りついてしまうので，乱れた構造の準安定構造(A_1 や A_2)に落ちつく．準安定な状態であるから充分長い時間待てば，系はゆらぎによってポテンシャルの山(W_1 や W_2)を越えて結晶化するが，その時間がたとえば地球の寿命より長いなら，その構造は実質上不変とみなすことができる．アモルファス固体やガラス相は，結合の種類によらず，条件さえ整えば全ての物質で実現されるものである．

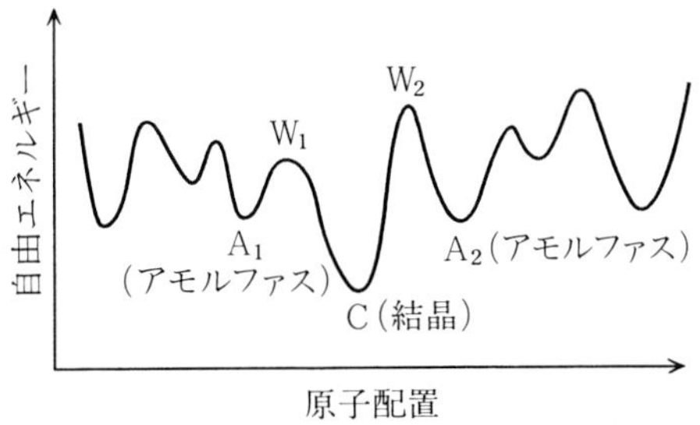

図 8-2 自由エネルギーを原子配置の関数として模式的に描いた図．

結晶のように，原子の配置が整然としているものを，**規則系**あるいは**秩序系**(ordered systems)とよぶのに対して，アモルファス固体やガラス，液体のように，結晶の規則的原子配列のないものをまとめて，**不規則系**または**乱れた系**(disordered systems)とよぶ．前者にある秩序(order)が，後者にはないのである．しかし，秩序とは「存在するか欠落しているか」のいずれかであるという，二者択一的性格のものなのだろうか．

そもそも物性物理学は，構造の同定に始まるといわれている．ある物質の物性を云々するには，その物質中の原子や分子の配置が分かっていなければならない．もし乱れた系が，ただ原子配置の「無秩序」を意味しているのなら，乱れた系の物性は，全ての可能な無秩序原子配置に関して平均をとることで求められるはずである．実際にはこれは正しくない．乱れた系の中の原子たち分子たちは，決して完全に無秩序に乱れているわけではない．さらに，全ての乱れた系が同じ乱れをもっているのでもない．ということは，そもそも結晶のもっている秩序は1種類ではなく，「結晶がもっているさまざまなレベルでの秩序のうちの，どれがどのように壊されたときに，どの乱れた系が実現されるか」という記述が要求されているのである．したがって，乱れた系の構造の種類を追求するという問題は，とりもなおさず，結晶の秩序とは実はどのようなものであるのかを解き明かし，それを記述する方法を明らかにする仕事でもある．

さらには，結晶では決して見られることのない別の形の秩序が乱れた系の原子構造に現われることもある．その意味で，これらの「乱れた系に固有の秩序」を見つけだし，それを記述する方法を解明することも，結晶構造をもたない系の研究の大きな課題である．

乱れた系の研究をする目的は，われわれの身のまわりにある物質の大半が乱れた系であり，デバイスとしても前途を嘱望されているという事実も大きな要素になっているが，最高の醍醐味はやはり，秩序がひとつずつなくなっていくとき，あるいは，結晶でみられなかった秩序がいくつか現われるとき，系の物性がどのような振舞いをするのか，ミクロな世界の法則に関する真相がどのように顔を出してくるかを見極めることにあるだろう．この点を考慮しながら，以下の節では，乱れの程度(秩序の不完全さ)をもって，それぞれの乱れた系における原子構造がどのように表現されるかを考えよう．

8-3 乱れを測る実験手段

この節では，乱れた系の原子配置がどのような実験方法で調べられるのか，また，それらの実験から乱れの性質に関してどのような知見が得られるかを解説する．最初に，凝縮系の原子構造を直接的および間接的に観測するための実験手段を挙げると，次のようなものが考えられる．

（1） X線，電子線，中性子線を使った粒子線回折——ミクロな原子の配列を知る．

（2） 電子顕微鏡——相のミクロな配置，相をつないでいる物質を知る．

（3） 光学顕微鏡——ミクロン（μm）のスケールでの局所的な組成を知る．

（4） 微小角散乱（X線，電子線）——ボイド（微小空隙）のような大きな欠陥の観測．

（5） 電子スピン共鳴（ESR），核磁気共鳴（NMR）——欠陥などに現われるダングリングボンド（dangling bond，結合の切れた状態）の数や局所的な様子，あるいは（水素などの）原子の空間的分布に関する情報を得る．

（6） 赤外吸収，Raman散乱——欠陥，不純物などのからんだ格子振動関係の振舞いを知る．

（7） 広域X線吸収微細構造（EXAFS）——原子のまわりの局所的な構造を，各構成要素ごとに抽出する．

（8） 密度の測定——原子の全体的なつまり具合を知る．

8-4 粒子線回折

原子配置を観測する最も代表的な実験方法は，X線，電子線，中性子線を使った粒子線回折である．この方法は第6章でも述べられたように，結晶の原子配置を解明するうえで威力を発揮した．結晶に対しては，無限個の格子点を含む格子面（隣接格子面間の距離を d とする）に，角度 θ で入射した波長 λ の粒子線は，n を整数として，Braggの条件

$$2d\sin\theta = n\lambda \tag{8.1}$$

を満たす場合にのみ，干渉が強め合う波動として散乱光の中で生き残り，入射光線に垂直な写真フィルム上の 2θ の方向にLaueの回折斑点を作る．結晶の中のある回転対称軸に沿って粒子線が入射された場合には，Laue斑点もその対称軸のもつ対称性と同じ対称性を示す．第6章で述べた結晶構造のひとつひとつを，まるで見てきたように知ることができたのは，さまざまな入射方向に

対する回折像の解析によってであった．

6-6 節で言及されたように，結晶格子上の原子の種類が異なると，Laue の斑点は均等には現われない．そういうことが起こる例として，不規則合金が有名である．たとえば，合金 $Ni_{1-x}Fe_x$ では，x が 0.0 から 0.6 くらいまでは，純粋の Ni の結晶構造である fcc を組んでいることが，回折像の解析から明らかにされている．しかし，Fe の組成比 x が化学量論的な条件を満たさないかぎり規則的な原子配置はありえない．実際には，不規則 2 元 AB 合金の例として図 8-3 に模式的に示したように，原子の存在する位置自体は規則的な結晶構造をなしているけれども，格子点にくる原子の種類に関する秩序がないという状況になっている．これを**置き換え型の乱れ**とよぶ．イオン結合で凝集している不規則多元系(混晶とよぶ)もこの図のような原子配置になっている．

乱れた系における素励起(電子やフォノン)の電子状態などの物性を計算する方法として提案された**コヒーレントポテンシャル近似**(coherent potential approximation, CPA)も，この置き換え型の乱れをもった系に対して考案されたものである．CPA の基本的な精神は，秩序無秩序現象の統計力学における平均場近似と本質的に等しい．たとえば，図 8-3 のような不規則 2 元 A_xB_{1-x} 合金で，A 原子が x，B 原子が $1-x$ の割合で格子点上のサイトにランダムに配置されている場合を考えよう．この系の中の電子の運動は，各サイト上の原子によってランダムに散乱された結果として得られるのであるが，CPA ではまず，格子の全てのサイトに同じ大きさのポテンシャルをもった原子が置かれた規則的な系を出発点にする．このポテンシャルをコヒーレントポテンシャルと

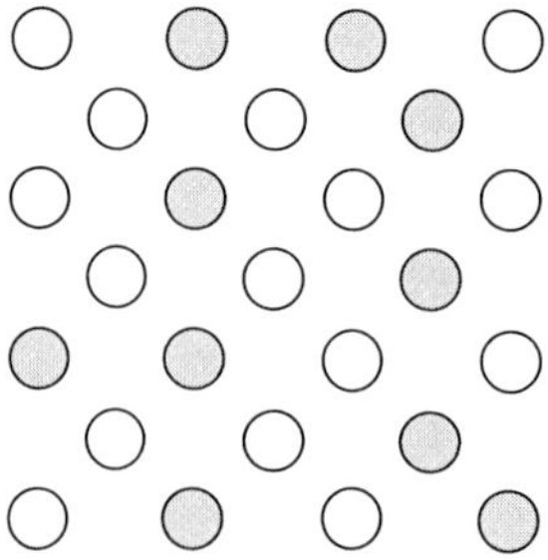

図 8-3 不規則 2 元 AB 合金の原子配置を模式的に 2 次元に描いた図．白丸は A 原子，影のついた丸は B 原子を表わす．図では，A 原子が 60%，B 原子が 40% の場合が示されている．

よび，その値は未知数としておいて，あとでセルフコンシステント(つじつまのあった形)に決める．

いま，ひとつのサイトに注目し，そのサイトには，コヒーレントポテンシャルの代わりに，A原子またはB原子を，それぞれxと$1-x$の確率でおくことにすると，1個の不純物原子による電子の散乱という描像になり，散乱行列(t_Aまたはt_B)は厳密に計算することができる．注目しているサイト以外の全てのサイトにはコヒーレントポテンシャルが置かれているとすると，この散乱の効果が平均として0になるという条件$\langle t\rangle=xt_A+(1-x)t_B=0$から，未知のコヒーレントポテンシャルが求められる．こうして得られたコヒーレントポテンシャルは一般に複素数になり，電子の状態がよい量子状態ではなく寿命をもっていることを示している．

CPAは，上述のような方針に沿って導出された場合には，平均場近似と類似であることが明らかであるが，数学的にみても最善の単一サイト近似になっていることが証明される．CPAは乱れた系の中の電子やフォノンの物性に関連したさまざまの問題に応用され，大きな成功を収めている．

一方，アモルファス固体やガラスの回折像は，図8-4(b)でAs_2Se_3の場合に関して見られるように，ぼやけたハローの形になりLaue斑点は名残りさえな

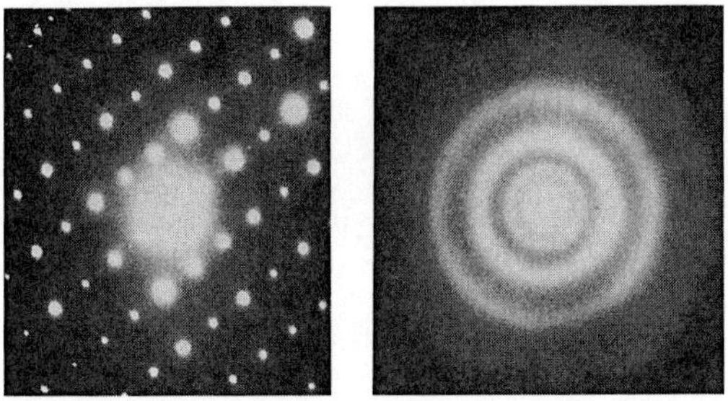

図8-4 As_2Se_3の薄膜の電子線回折像．(a)結晶相，(b)アモルファス相．(N. F. Mott and E. A. Davis: *Electronic Processes in Non-Crystalline Materials* (Clarendon Press, 1982) 口絵より.)

い．同じ物質の結晶相に対する回折像である図8-4(a)(2回対称性が見られる)と比較して，違いの大きさは一目瞭然である．この図からもわかるように，アモルファス固体やガラスの原子構造では結晶の周期性は完全に消えてしまっている．したがって，(8.1)式のBragg条件はもはや役に立たないことは明らかであり，別の解析が必要になる．

回折実験を考えなおしてみると，その要点は，波数ベクトル $\boldsymbol{Q}$ をもつ粒子線 $\exp[i\boldsymbol{Q}\cdot\boldsymbol{R}]$ が入射されたとき，波数ベクトル $\boldsymbol{Q}'$ をもつ散乱粒子線の強度 $I(\boldsymbol{Q},\boldsymbol{Q}')$ を測定することであるとまとめられる．ここで，$\boldsymbol{R}$ は位置ベクトルである．弾性散乱の場合には，$Q\equiv|\boldsymbol{Q}|=|\boldsymbol{Q}'|$ である．入射粒子線に作用する試料のポテンシャルを $U(\boldsymbol{R})$ とすると，散乱振幅は

$$U(\boldsymbol{q})\equiv\frac{1}{V}\int U(\boldsymbol{R})\exp[-i\boldsymbol{q}\cdot\boldsymbol{R}]d\boldsymbol{R} \tag{8.2}$$

で与えられる．ここで，V は試料の体積である．$\boldsymbol{q}$ は，$\boldsymbol{q}=\boldsymbol{Q}-\boldsymbol{Q}'$ で定義される散乱ベクトルで，弾性散乱の場合には，$\boldsymbol{q}$ の大きさは $\boldsymbol{Q}$ と $\boldsymbol{Q}'$ の間の散乱角 θ を用いて，次のように表わされる．

$$|\boldsymbol{q}| = 2Q\sin(\theta/2) \tag{8.3}$$

散乱粒子線の強度は($\boldsymbol{q}$ によらない比例因子を省略すると)

$$I(\boldsymbol{q}) = I(\boldsymbol{Q},\boldsymbol{Q}') = |U(\boldsymbol{q})|^2 \tag{8.4}$$

と書ける．多くの場合，$U(\boldsymbol{R})$ は原子ポテンシャル $u(\boldsymbol{R})$ の重ね合せの形

$$U(\boldsymbol{R}) = \sum_i u(\boldsymbol{R}-\boldsymbol{R}_i) \tag{8.5}$$

で近似される．ここで，$\boldsymbol{R}_i$ は i 番目の原子の位置ベクトルである．$u(\boldsymbol{R})$ のFourier変換を $u(\boldsymbol{q})$ とすると，散乱強度に対して，

$$I(\boldsymbol{q}) = \frac{1}{N}S(\boldsymbol{q})|u(\boldsymbol{q})|^2 \tag{8.6}$$

が得られる．ここで，$S(\boldsymbol{q})$ は構造因子で，試料中の原子数を N として

$$S(\boldsymbol{q}) = \frac{1}{N}\sum_{i,j}\exp[-i\boldsymbol{q}\cdot(\boldsymbol{R}_i-\boldsymbol{R}_j)] \tag{8.7}$$

のように定義される．すなわち，$I(\boldsymbol{q})$ を測ることによって，構造因子 $S(\boldsymbol{q})$ が

観測できることが分かる．(8.7)式の和の中の $\boldsymbol{R}_j$ を原点にとり，j についての和をアンサンブル平均 $\langle\cdots\rangle$ でおきかえると，

$$S(\boldsymbol{q}) = 1+\langle\exp[-i\boldsymbol{q}\cdot(\boldsymbol{R}_i-\boldsymbol{R}_j)]\rangle \qquad (8.8)$$

となり，2体分布関数 $g(R)$ を使って次のように書きなおせる．

$$S(\boldsymbol{q}) = 1+n\int g(R_{ij})\exp[-i\boldsymbol{q}\cdot\boldsymbol{R}_{ij}]d\boldsymbol{R}_{ij} \qquad (8.9)$$

ここで，$n=N/V$ である．$g(R)$ は逆に，測定された構造因子 $S(q)$ から次式で求められる．

$$g(R) = 1+\frac{1}{8\pi^3 n}\int_0^\infty [S(q)-1]\frac{\sin(qR)}{qR}4\pi q^2 dq \qquad (8.10)$$

すなわち，回折実験から2体分布関数を決めることができるが，それ以外の情報は何も与えられないことが分かる．

8-5 共有結合で凝集したアモルファス物質

2体分布関数というのは，原点に原子があるとき，原点から距離 R の点に別の原子を見いだす確率を表わす．一方，図8-5に示される動径分布関数

$$J(R) \equiv 4\pi R^2 g(R)/R_0^2$$

について，原子の平均数密度 ρ_0 と，原子の直径の2乗 R_0^2 と，微小距離 dR とを掛けた量は，半径 R と $R+dR$ の間の球殻の中にある原子の数になっている．

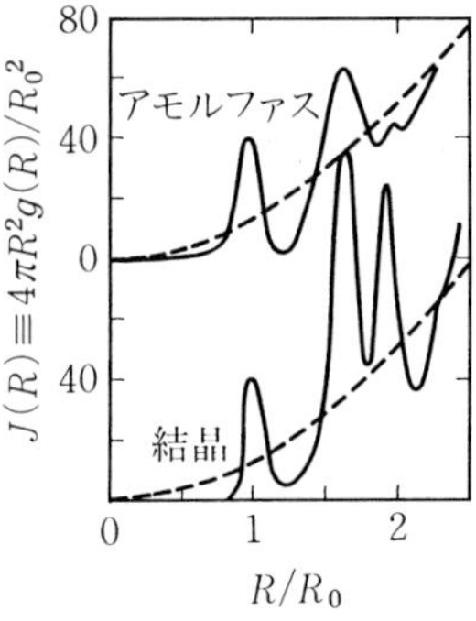

図8-5 結晶Siとアモルファス Siに対する動径分布関数 $J(R)=4\pi R^2 g(R)/R_0^2$．ここで，$g(R)$ は2体分布関数．距離 R は平均原子間距離 R_0 でスケールされている．(J. M. Ziman: *Models of Disorder*(Cambridge Univ. Press, 1979) p. 67.)

図 8-5 に，結晶 Si（以下 c-Si と略記）とアモルファス Si（以下 a-Si と略記）とに対する動径分布関数 $J(R)$ が描かれている．この $J(R)$ からだけでも，a-Si の原子構造に関して次のような豊富な情報が得られる．

(1) アモルファス構造における原子配置が完全に無秩序ならば，$R<R_0$ で $g(R)=0$ で，$R \geqq R_0$ を満たす R に対してのみ，$g(R)=1$ となり，また $J(R)$ は図 8-5 の破線で示されるパラボラに帰するはずである．ここで，原子の直径に相当する長さを R_0 としている．実際にはそのようにならず，図 8-5 から，明らかな短距離構造が示唆されている．

(2) $J(R)$ の第 1 ピーク，第 2 ピークの下の面積を求め，$\rho_0 R_0{}^2$ を掛けることによって，最隣接原子数，第 2 隣接原子数が得られる．c-Si の場合も a-Si の場合もともに，前者は 4，後者は 12 である．最隣接原子数 n_1 を**配位数**とよぶ．

(3) $J(R)$ の 1 番目，2 番目，… のピークの位置から，最隣接原子，第 2 隣接原子，… までの距離 $R_1, R_2, \cdots$ が決められる．R_1 と R_2 については，結晶とアモルファスでほとんど変わらないことが，図 8-5 から明らかである．原子がボンド（共有結合の手）でつながっているときには，結合角 θ は R_1，R_2 と，$\theta=2\sin^{-1}(R_1/2R_2)$ の関係にある．したがって，R_1 と R_2 が結晶とアモルファスでほぼ等しいことは，結合角 θ も両者でほぼ等しいことを表わしている．

(4) $J(R)$ の 1 番目のピークの半値幅から，R_1 のゆらぎの大きさ δR_1 が推定でき，これも結晶とアモルファスで大差のないことが図から読み取れる．このことから，R_1 のゆらぎがボンドの熱振動に起因するものであり，構造が結晶であるかアモルファスであるかにはよらないことが分かる．

(5) $J(R)$ の 2 番目のピークの半値幅 δR_2 は，最初の最隣接ボンド R_1 のゆらぎ δR_1 と第 2 の最隣接ボンド R_1 のゆらぎ δR_1 に，結合角 θ のゆらぎ $\delta\theta$ が加わったものである．このうち，δR_1 と δR_2 は，$J(R)$ から直接知ることができるので，これらから $\delta\theta$ が推定できる．δR_1 は結晶とアモルファスでほぼ等しいにもかかわらず，δR_2 の方は，両者で顕著な差があるのは，

$\delta\theta$ に違いがあることを意味している．δR_1 と δR_2 から算定した $\delta\theta$ は，角度にして 10° 程度とかなり大きい．これは，ボンドの長さの理想値(結晶の場合のボンド長)からのわずかなずれが，大きなエネルギーコストを伴うのに反して，結合角の多少のゆらぎはエネルギー的に許されることともつじつまが合っている．

(6) 2面角 φ の分布からも原子の分布に関する情報が得られる．2面角というのは，ある原子を共有する2つのボンドで定義される平面と，その原子の最隣接原子を共有する2つのボンドで定義される平面とがなす角である．φ のゆらぎ $\delta\varphi$ は，第3隣接原子までの距離 R_3 のゆらぎ δR_3 までを含めた情報から(あるいは場合によっては R_4 のゆらぎ δR_4 も含めて)，$\delta\theta$ を推定したのと類似の方法で推定することができる．$\delta\varphi$ はより多くのゆらぎの積算として得られるものであるから，その推定値の確かさは低いと思われるが，この誤差を考慮してもなお，$\delta\varphi$ はかなり大きくなることが示される．

以上の結果から，a-Si では，ボンドの長さを大きく歪ませることなく，結合角を多少やりくりし，2面角の方ではかなり大幅なやりくりをしながら乱れたネットワークを構成していることがわかる．これと関連して注目すべき点は，図 8-5 の上図の a-Si の $J(R)$ の第3ピークは，一様分布の破線より下にきていることである．c-Si では，かなり鋭い $J(R)$ の第3ピークが存在するのとは非常に対照的である．これは2面角 φ が大きな自由度をもっていると解釈することで説明される(詳細は第9章参照)．

上述の6つの特徴は，共有結合系のアモルファスに広くみられる特徴である．共有結合系は大きくわけて，半導体と絶縁体に分類されるが，結晶の秩序のうち，配位数(最隣接原子の数) n_1 や最隣接原子間距離 R_1 という形での短距離秩序はアモルファス構造の原子構造に残されていることが実験から確かめられている．

結局，回折実験から示される共有結合系のアモルファス物質の原子分布は，次の2つの性質によって特徴づけられる．

（1） **長距離秩序**(long-range order，LRO と略記)**の欠如**．結晶の周期性は完全に消失している．

（2） **短距離秩序**(short-range order，SRO と略記)**の存在**．最隣接原子間距離 R_1（ボンドの長さ），最隣接原子数 n_1（配位数），結合角などは，結晶におけるものとほとんど違わない．これらの秩序のお蔭で，具体的には，第2隣接原子あたりまでは結晶の場合とほぼ同じ原子配置が残っている．

このように，共有結合系では，原子間距離($R_1, R_2, R_3, \cdots$)，隣接原子数($n_1, n_2, n_3, \cdots$)，結合角(θ)，および，これらの量の分布の大きさ($\delta R_i, \delta n_i, \delta\theta$ など)が，構造の乱れを記述する1つの方法であるといえる．

8-6 アモルファス金属

共有結合系とは異なり，結合力に方向性のないアモルファス金属や希ガス物質の液体やアモルファス固体の場合には，事情はより複雑である．

アモルファス金属について，回折実験による散乱強度 $I(\boldsymbol{q})$ やその Fourier 変換から得られた $g(R)$ などを，液体金属の $g(R)$ と比較すると似通った点がいくつかあるが，系統的な違いもある．たとえば $g(R)$ における両者の違いは，アモルファス金属の方が，

（1） 第1ピークが鋭い，

（2） 第2ピークが分裂する，

（3） ピークの減衰が遅く，原子配置の相関が数原子先まで及んでいる

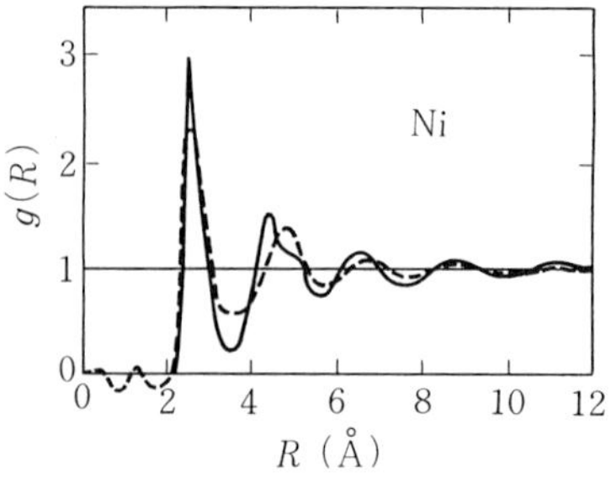

図 8-6 Ni のアモルファス状態(実線)と融点直上の液体状態(破線)における2体分布関数の比較．(早稲田嘉夫：アモルファス合金(増本健，深道和明編)(アグネ，1981) 26 ページ.)

という形で現われる(図 8-6). 第 9 章で述べるように, これらの性質からアモルファス金属の原子構造に関するいくつかの情報が得られる. 散乱強度 $I(\boldsymbol{q})$ の方も第 2 ピークに特徴があり, 幅が広くて肩をもっていたり, わずかに分裂していたりする. この結果は次のようなアモルファス金属の散乱強度 $I(\boldsymbol{q})$ や 2 体分布関数(合金の場合は全分布関数)において観測されるものである.

(1) アモルファス純金属(Bi, Ga, Cr, Ni, Fe, Co, Ag, Au など).

(2) 金属-金属のアモルファス合金(遷移金属同士の合金, 遷移金属と希土類金属の合金).

(3) 金属-半金属のアモルファス合金(貴金属や遷移金属に 15〜30% の IV 族または V 族の非金属元素を加えた 2 元合金および 3 元以上の合金など).

実際, アモルファス合金の多くは, 2 元系またはそれ以上の多元系であるから, アモルファス合金の原子配置の特徴をより詳しく知るためには, 成分原子間のいわゆる部分構造を明らかにすることが有効な手段のひとつである. この目的で, 部分分布関数が求められている. $Cu_{57}Zr_{43}$ のような金属-金属のアモルファス合金については, Cu-Cu 対, Cu-Zr 対, Zr-Zr 対の部分分布関数が, 相互にほぼ相似的である(図 8-7(a))のに対して, $Fe_{75}P_{25}$ や $Ni_{75}P_{25}$ のような金属-非金属のアモルファス合金では(図 8-7(b)),

(1) 金属-非金属対の部分分布関数は第 2 ピークが大きく分裂している,

(2) 金属-金属対, 金属-非金属対の R_1, n_1 から判断して, 局所的原子配列が結晶のものに近い(表 8-1 参照),

(3) アモルファス相が得られるような組成範囲では, 非金属同士が最隣接配置をとる確率が非常に小さい

などの結果が出ている. すなわち, 金属-金属系アモルファス合金は, 2 種類の原子の並び方は組成としてはランダムで化学的にほぼ均一な構造であり, 組成に関する短距離秩序はないのに対して, 金属-非金属系アモルファス合金は, 原子の並び方に**化学的な秩序**(chemical order)が存在するわけである.

このように, アモルファス金属についても, 前述の「長距離秩序の欠如」と「短距離秩序の存在」とは, アモルファス構造を特徴づける最も基本的な性質

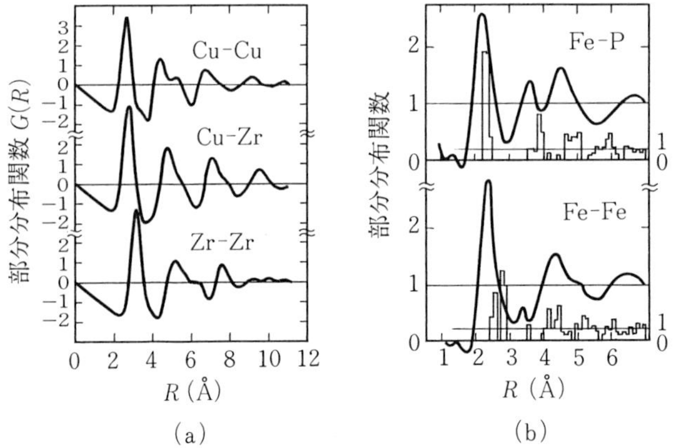

図 8-7 (a) a-$Cu_{57}Zr_{43}$ の部分分布関数 $G(R)=4\pi R\rho_0[g(R)-1]$. (T. Kudo, T. Mizoguchi, N. Watanabe, N. Niimura, M. Misawa and K. Suzuki: J. Phys. Soc. Jpn. **45** (1978) 1773.) (b) a-$Fe_{75}P_{25}$ (実線)と c-Fe_3P (ヒストグラム)の部分分布関数 $g(R)$. (Y. Waseda, H. Okazaki and T. Masumoto: *Proc. Int. Conf. on "Structure of Non-Crystalline Materials"*, ed. P. H. Gasbel (Taylor & Francis, 1977) p. 202.)

表 8-1 Fe_3P の部分配位数 n_1 と最隣接原子間距離 R_1 を結晶，アモルファス状態，液体について比較*

中心原子-(隣接原子)	配位数 n_1 結晶	配位数 n_1 アモルファス	配位数 n_1 液体	最隣接原子間距離 R_1(Å) 結晶	最隣接原子間距離 R_1(Å) アモルファス	最隣接原子間距離 R_1(Å) 液体
Fe-(Fe)	10	10.4	10.4	2.68	2.61	2.62
Fe-(P)	3	2.6	2.6	2.34	2.38	2.41
P-(Fe)	9	8.1	8.4	2.34	2.38	2.41
P-(P)	4	3.5	3.7	3.53	3.40	3.46

* 早稲田嘉夫：アモルファス合金——その物性と応用(増本健，深道和明編)(アグネ，1981) 45 ページ.

として現われるのである．さらに図 8-6 から明らかに，液体金属の 2 体分布関数にも第 3 隣接原子くらいまでは原子構造の相関があり，液体においても原子配置は完全な無秩序ではなくて，短距離秩序が残っていることを示している．さすがに第 4 隣接原子あたりからは一様な分布に近くなってしまうのは，液体では体積が大きいために原子が動きまわりやすいことによっており，固体のアモルファス金属と著しく異なる点である．

こうしてさまざまな乱れた系の回折実験の結果から，長距離秩序の欠如と短距離秩序の存在とは，結合力の種類によらず全ての乱れた凝縮系の共通点であることがわかる．したがって，乱れた系の仲間をさらに分類するためには，何かもっと別の言葉が必要になってくる．

8-7　その他の実験手段と中距離構造

ESR や赤外吸収，Raman 散乱の実験から，各原子のまわりの最高配位数は必ずしも満たされてはいなくて，ダングリングボンドや原子欠損のあることが示唆されている．密度の測定から，アモルファス構造の密度は，対応する結晶構造の密度より一般には小さいことが知られているが，これはダングリングボンドや原子欠損(欠陥とよぶこともある)の存在とも矛盾しない．しかし，実際には密度が結晶の 90% を割ることもあり，密度の不足分は，アモルファス半導体を例に考えると，ダングリングボンドでの原子欠損などで説明される量をはるかに越えており，何かもっと大きなスケールでの欠損があると考えられる．

これを裏付けるひとつの根拠は，微小角散乱の実験結果でかなり大きなボイドの存在が示されていることである．さらに，電子顕微鏡の実験結果から，作成条件が適当に選ばれた場合には，図 8-8 に示すように，小石状または円柱状の不均一部分が出現したり，また，ドメインの壁が見えたりすることがあり，アモルファス構造が全体としては一様でないことを示唆する実験結果になっている．

これらの不均一性あるいは非一様性を記述するためには，LRO のパラメタでも SRO のパラメタでもなく，何か中間的な距離を表現するパラメタを導入しなければならない．

しかし実際には，これほど大きな範囲ではなくても，数原子離れたところですでに結晶の秩序は失われている．その意味で近距離秩序が保持されている第

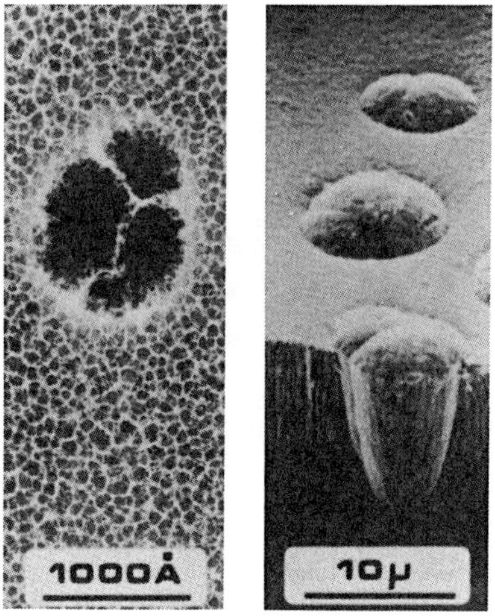

(a) (b)

図 8-8 (a) パワー 25 W, 250°C で作成された a-Si:H 薄膜における結節状の構造(透過型電子顕微鏡写真). (b) パワー 25 W, 230°C で作成された a-Si:H 薄膜における柱状の構造の成長の様子(走査型電子顕微鏡写真). (J. Knights: J. Non-Cryst. Solids **35/36** (1980) 159; Japan J. Appl. Phys. **18** (1979) 101.)

3原子あたりより外側の原子の配置を**中距離構造**(medium range structure)とよぶことが多い. 乱れの構造の詳細を知る上では, 後者の意味での中距離構造がより重要であり, ここでは主としてこちらを考える.

この問題は, 回折実験から得られた $g(R)$ だけでは処理することはできない. なぜなら $g(R)$ は構造の3次元的な情報を何らかの形で平均したり積分したりして情報をまるめて1次元的にしたものであるから, $g(R)$ から逆に, より情報量の多い3次元的なアモルファス構造を導くことはできない相談なのである. いいかえると, 同じ $g(R)$ (あるいはそれから引き出された情報——たとえば, アモルファス半導体に対する 8-5 節の(1)～(6)のような情報)を満たすアモルファス構造としては, 複数の可能性があり, 決して一義的には決まらないのである. 結晶の場合と違って, 原子配置に関して実験から得られる情報が不完全であるために, アモルファス物質における原子分布の研究には構造のモデル作りが不可欠になる. これについては, 次の章で説明する.

9

アモルファス構造のモデルI ——共有結合系

この章では，結合の手あるいはボンドの存在が，アモルファス構造の様子を大きく決めている物質である共有結合系に対してのモデル作りを解説し，それらのモデル作りから導かれた構造や物性の特徴を紹介し，議論する．

9-1 構造モデル作りの基本的方針

前章でも述べたように，アモルファス物質をよりよく理解するために原子の配置を調べるのが，構造モデル作りの目的である．実験からは決して得られないような詳細な情報を，ミクロな構造モデルが提供してくれる．しかし，個々の物質を理解するうえで，ミクロな原子配置に関する全ての情報が必要なわけではない．対象としている物質の性質や，求めたい物性の種類によって，ミクロな配置のある側面だけが本質的に重要な寄与をする場合が多い．

たとえば，単純液体金属の電子的性質の本質を説明するには，原子の構造に関する情報のうち，qの小さいところでの構造因子$S(q)$に集約される部分だけを考慮すればよいことが知られている．これは，電子の平均自由行程lが原子間距離に比べて充分長いために，lより短いスケールでの原子の並び方の詳細が電子的な物性に与える影響が小さくなるのが原因である．同様に，それぞれのアモルファス物質の物性を議論する場合には，構造に関する情報のうちどの部分が最も大切なのかをみきわめることが重要である．

一般に，アモルファス物質の構造に対するミクロなモデル作りの方針は，ある入力データまたは仮定(実験から知られている短距離秩序や理論的に提案されたポテンシャルなど)に基づいて3次元的な構造モデルを作り，そのモデルのもつ物性を，実験データと比較検討し，アモルファス物質の原子構造について何か学ぶことがあるかどうかを調べるという筋書きに沿っている．

作成されるモデルが1つでも多くの物性を正しく与えれば，それだけそのモデルの信頼性は高くなる．普通は，構造の統計的な記述，すなわち構造因子 $S(q)$ や2体分布関数 $g(R)$ などが主として論じられる．このとき，モデル作りに使った入力パラメタのどれが，$g(R)$ の形のどの部分に影響を与えるかなどといった因果関係を曖昧さなしに調べあげることができるのが，構造モデル作りというアプローチの卓越している点である．これは，実験的手段によっては原理的に不可能な仕事である．

しかし，構造モデルの $S(q)$ や $g(R)$ などが，実験結果とよい一致を示しても，これらの量は構造の統計平均量にすぎないので，そのモデルの一義性(uniqueness)を保証することにはならないという事情は，前章で述べたとおりである．すなわち，同じ $S(q)$ や $g(R)$ を与える構造モデルは複数ありうるのである．しかし考えてみれば，実際に存在するアモルファス物質も，準安定な状態であるからには，図8-2の A_1 や A_2 のような準安定点が無限に近い数あり，ふたつと同じ構造のものはあり得ない．このようにひとつひとつが異なるアモルファス構造が共通してもっている秩序などというものがあるのか，またもしあるとすれば，それはどのようなものなのかを明らかにするのが，アモルファス構造研究の使命である．

第8章の説明からも示唆されるように，結合力に方向性のある共有結合系のアモルファス状態に対する場合と，金属，イオン結合系，分子性結合系などの結合力に方向性のないアモルファス構造に対する場合とでは，構造モデル作りの進め方が本質的に違うはずである．本章では，結合の手(ボンド)の存在が重要な共有結合系について，次章では，結合力に方向性のない系について，構造モデル作りを議論する．

9-2 共有結合系に対する構造モデル

結合力に方向性のある共有結合系に対する構造モデル作りは，「SRO がある程度残っているという仮定」に立脚して実行される．特に，R_1, δR_1, n_1, θ, $\delta\theta$ を実験データから算定し，これを使ってモデルを作る．なかでも最もひろく研究されているのは，4 面体構造をもつ物質(テトラヘドラル系)である．その理由は，$n_1=4$ という最も拘束性の高い構造であるために，最隣接原子や結合角のかかわっている R_1, δR_1, θ, $\delta\theta$ などの情報と，もっと遠くの原子に対する情報との関係を結ぶ道筋に不確定性が少ないことである．ここでは，テトラヘドラル系を例にとって，いろいろな構造モデル作りの方法の特徴や得失を述べることにしよう．

微結晶モデル

これは，アモルファス構造に対するモデルとして歴史的に最初に真剣に取り組まれたモデルである．今日このモデルの妥当性は否定されているが，考え方の参考のために紹介しよう．このモデルでは，アモルファス構造を非常に小さな結晶の集まりとみなし，同じ構成原子からなる多形(polymorph)の微結晶をその単位にとる．微結晶の大きさは，干渉の最大ピークの広がりを，有限サイズの効果として説明しうる程度に小さいものでなければならない．

図 8-5 や図 9-1(a)で明らかなように，a-Si の $g(R)$ には，c-Si の $g(R)$ の第 3 ピーク(図 9-1(a)では R_3)の位置にピークが現われない事実が，モデルで再現されるか否かに重点をおいて，微結晶モデルが検討された．R_3 は**スタガード**(staggered)**ボンド**(図 9-1(b)から分かるように，ダイヤモンド立方構造に現われるもので，この場合の 2 面角 φ は 0° である)の第 3 隣接原子間距離である．**エクリプスド**(eclipsed)**ボンド**(2 面角 $\varphi=60°$)の第 3 隣接原子間距離は

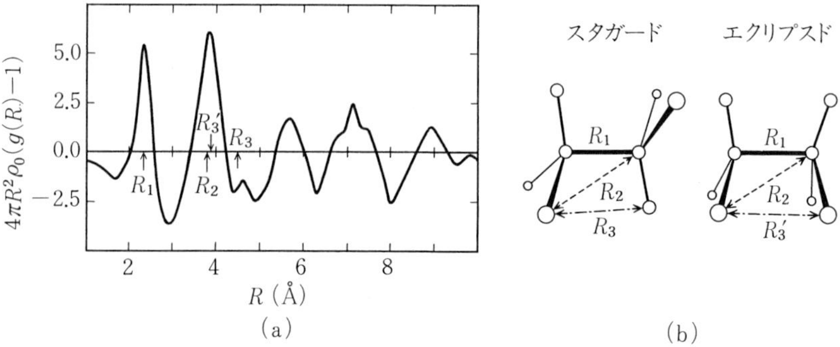

図9-1 (a) Moss-Graczyk による回折パターンを Fourier 変換して求めた $4\pi R^2\rho_0(g(R)-1)$, (b) スタガードボンドとエクリプスドボンドの原子間距離. ρ_0 は原子の平均数密度. (S. C. Moss and J. F. Graczyk: Phys. Rev. Lett. **23** (1969) 1167, Y. Akeda and F. Yonezawa: J. Phys. C; Solid State Physics **11** (1978) 4849.)

R_3' で, これは R_3 より短くて, 第2隣接原子間距離 R_2 とあまり違わない(図9-1(a)および(b)参照).

ダイヤモンド立方構造のみを単位とする微結晶モデルでは, 第3ピークの欠落を全く説明できない. これに対して, エクリプスド構造をふくむウルツ鉱型構造や, SiIII(または BC-8)構造や, GeIII(または ST-12)構造をもつ微結晶

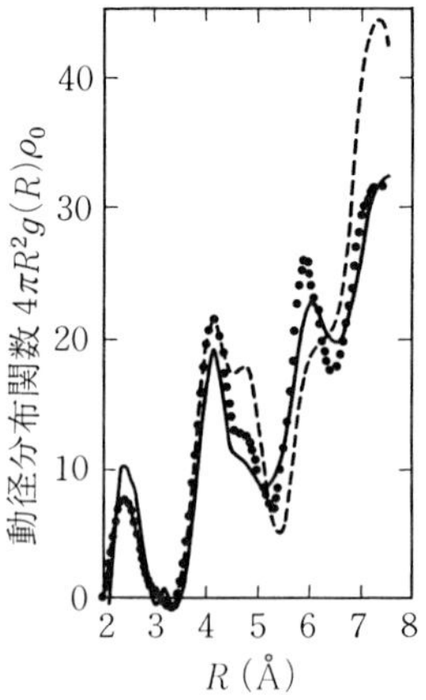

図9-2 動径分布関数 $4\pi R^2 g(R)\rho_0$. 実線は a-Ge に対する実験結果, 破線は微結晶モデルの結果, 黒丸は CRN の結果. (H. Richter and G. Breitling: Z. Naturforsch **13a** (1958) 988.)

を含めるとこの状況は改良され，2面角φのゆらぎを取り入れることの重要さが示される．しかし$g(R)$には，第3ピークが低くなったとはいえまだ残っており(図9-2の破線．詳細については以下のCRNに関する節を参照)，またこのモデルでは微結晶の間の境界領域が全体の体積の半分以上になり，多数の欠陥が必然的に発生するなど，アモルファス構造を十分説明できない．

9-3 連続ランダムネットワーク

英語でcontinuous random network(CRN)とよばれる**連続ランダムネットワーク**というのは，SROの存在とLROの欠如を同時に満たしながら無限に広がるネットワークのことである．a-Geやa-Siなどのテトラヘドラル系アモルファス半導体に対するCRNは，次の手順で作られる．

まずSROを規定するパラメタのうち配位数n_1を4に固定し，他のパラメタR_1, θについてはゆらぎの大きさδR_1, $\delta\theta$を実験から決めて，この幅のなかではこれらのパラメタを「ランダム」に変化させ，全てのボンドがダングリングボンドなしにつながるようにする．全てのボンドが結合しているのでネットワークは「連続」である．結晶の周期性は欠落しているが，短距離秩序を取り入れているのでCRNは完全なランダム構造ではない．このモデルは，手作り，または，コンピューターによって作られる．

最初にCRNのアイディアを提案したのはZachariasenで，1932年のことであるが(図9-3参照)，具体的に粘土球とひご棒を用いてモデルを作ったのはPolkである(図9-4参照)．Polkは，各原子(粘土球)のまわりはひご棒を使って4面体的に結合させながら，440個の原子を含む3次元的に広がったCRNを作った．その際，次の点を配慮した．

(1) 出発点の芯に5員環，6員環をランダムにおき，結晶構造が生ずることを防ぐ．

(2) 表面以外にはダングリングボンドが生じないようにする．

(3) ボンドの長さのゆらぎは1%以内，結合角のゆらぎは10%以内とする．

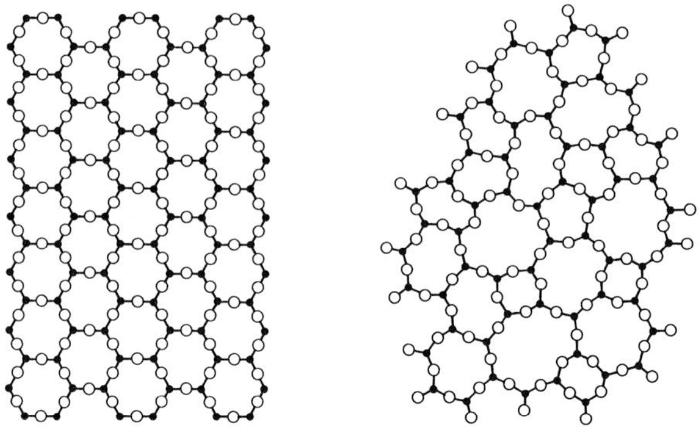

(a)　　　　(b)

図 9-3 (a) 飾りつきのはちの巣格子. (b) A_2B_3 型ガラスに対するCRNのZachariasenによるスケッチ. (W. H. Zachariasen: J. Am. Chem. Soc. **54** (1932) 3841.)

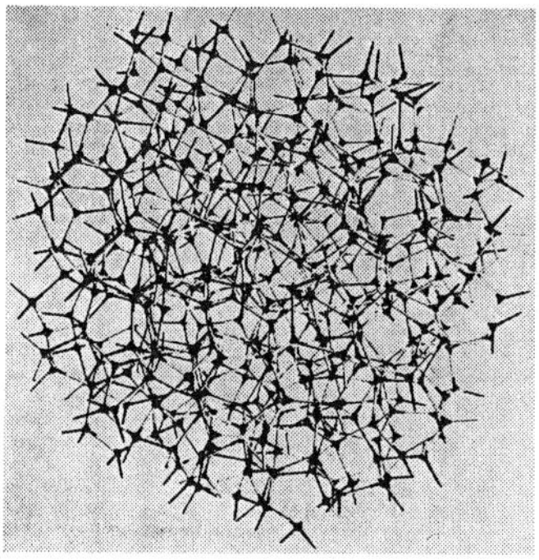

図 9-4 440個の原子に対するPolkモデル. (D. E. Polk: J. Non-Cryst. Solids **5** (1971) 365.)

(4) 2面角の選び方は, ボンドの長さや結合角の歪みをなるべく小さくすませながら, 結合の手が完成するようにとる.

このCRNの動径分布関数$J(R)$は, 実験結果(実線)および微結晶モデルの結果(破線)と比較して図9-2の小さな黒丸で示されており, R_3付近の様子などを実験データと比べると, それ以前のモデルの結果よりずっとよい一致が得られている. この結果から, 微結晶モデルで採用した多形がアモルファスの構造モデルに対しては適当でなかったことがわかる. すなわち, これらの多形では，スタガード2面角($\varphi=0°$)とエクリプスド2面角($\varphi=60°$)とを含んだものであるが，スタガードの割合がアモルファス構造の場合より多すぎること，$\varphi=0°$と$\varphi=60°$の2つの選択しかないことなどが欠点である．CRNではφの分布は連続的で，かつ$\varphi=0°$の割合が少ない．CRNの$g(R)$が実験から求めた$g(R)$をよく説明する事実(図9-5も参照)は，実際のa-Geやa-Siでもφの分布は連続的であることを示唆している．

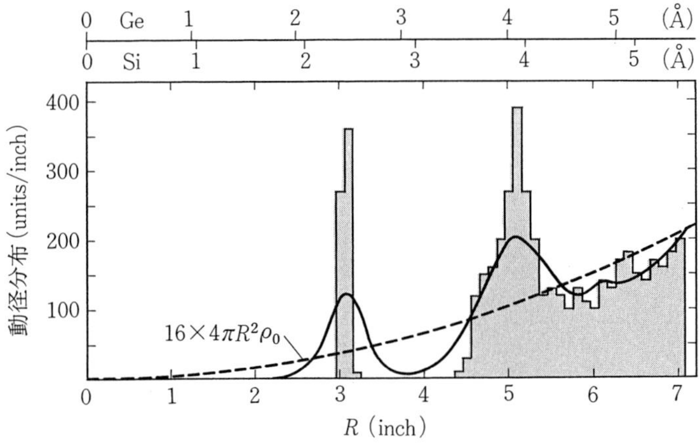

図9-5 PolkのCRNモデルに対する動径分布関数(ヒストグラムで示す)を，a-Siの実験結果(実線)と比較した図．破線のパラボラは平均密度を表わす．(D. E. Polk: J. Non-Cryst. Solids **5** (1971) 365.)

Polkの仕事は，テトラヘドラル系のアモルファス半導体に対するモデル作りの歴史上，画期的な仕事の1つであり，その後に作られたテトラヘドラルCRNは，すべてPolkの仕事の修正版であるといっても過言ではない．

9-4 コンピューターを使ったモデル作り

手作りの場合には，1つのモデルを作るのがかなり大変で，あれやこれやの可能性を試してみられないし，得られた構造の位置座標を読み取るのがまた大仕事である．一方，CRNモデルをコンピューターの中で作る方法もいくつか提案されており，モデル作りが試みられている．コンピューターモデル作りは，いちどプログラムができ上がってしまうと，パラメタをいろいろに変えて，試行錯誤的にその効果を調べたり，統計的データをコンピューターの中に蓄えたり処理したりできるのが利点である．

コンピューターによるモデル作りもいろいろな方法が用いられており，おおまかに分けて次のような種類がある．

a）手作りの代行

最も単純な方法は，手作りの際の手続きをそのままコンピューターに代行させるものである．CRNを周期的につないで無限に広がるようにしたモデル，結合ボンドの偶数員環のみで作成されたCRN，偶数員環と奇数員環の数の比率（リング統計とよぶ）をさまざまにコントロールしたCRNなど，多種多様なモデルが作られている．得られたモデルの $g(R)$，結合角の分布 $P(\theta)$，2面角の分布 $P(\varphi)$ などが測定され，実際のテトラヘドラル系のアモルファス構造における $P(\varphi)$ を推定する．図9-6には，このようにして作られたCRNの $g(R)$ と $P(\varphi)$ が示されている．この場合，上でも述べたとおり，$P(\varphi)$ は連続分布で，$\varphi=0°$ の割合は少なく，$\varphi=60°$ よりやや小さいところで最も大きい．さら

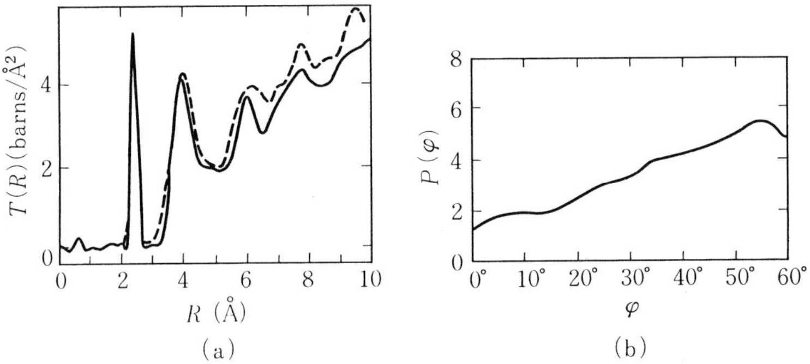

図9-6（a）a-Geの動径分布関数（$T(R)=J(R)/R$）に対する実験値（実線）およびBeeman-BobbsのCRNモデルの結果（破線）．（b）Beeman-Bobbsのモデルにおける2面角分布 $P(\varphi)$．（S. R. Elliott: *Physics of Amorphous Materials*（Pitman Press, 1983）p. 100.）

に，CRN 中の 5 員環と 6 員環の数の比はほぼ 1 : 4 で，5 員環の数がこれより小さいと $g(R)$ は実験と合わなくなる．したがって，実際の a-Ge や a-Si にはかなりの数の 5 員環が含まれていると考えられる．

テトラヘドラルなアモルファス構造には 5 員環が高い比率で現われるであろうことは，電子状態密度(DOS)の解析からも示唆されている．図 9-7 は，光電子分光スペクトルから得られた a-Ge, a-Si の価電子帯の DOS が，c-Ge, c-Si と比較して示されている．アモルファス構造の DOS は，結晶の DOS がただぼやけた形ではない．顕著な点は，結晶の第 II ピークと第 III ピークがアモルファスの場合には融合していることである．

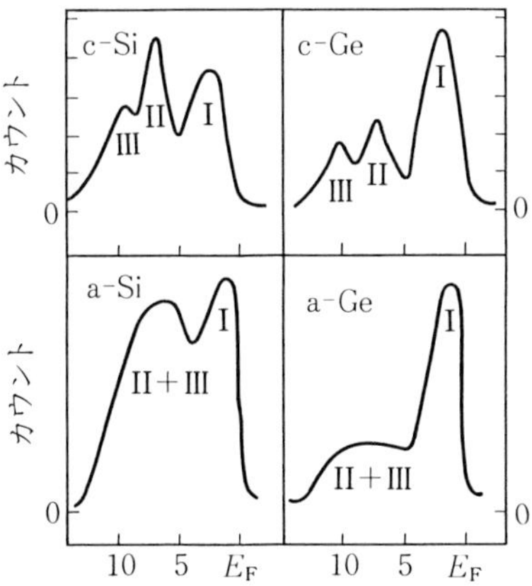

図 9-7 価電子帯 DOS の X 線光電子分光法データ．カウント数は状態密度に比例する．E_F は Fermi エネルギー．(L. Ley, S. Kawalczyk, R. Pollak and D. Shirley: Phys. Rev. Lett. **29** (1972) 1088.)

この原因を調べるために，Ge や Si の多形結晶の DOS がバンド計算から求められた(図 9-8)．(a)のダイヤモンド立方構造，(b)のウルツ鉱型構造，(c)の Si III 構造はいずれも 6 員環のみを含んだ構造であるが，この場合には II と III のピークははっきり残っている．一方，奇数(5, 7)員環を含む(d)の Ge III 構造に対する DOS は II と III のピークが見分けられなくなっている．この結果から，アモルファス構造の DOS で II+III のピークが融合する原因は奇数員環の存在であることが推測される．DOS に対するこの解釈は，上述の構造モデルの推論を支持している．

奇数員環はダイヤモンド結晶構造には決して現われないものであり，テトラ

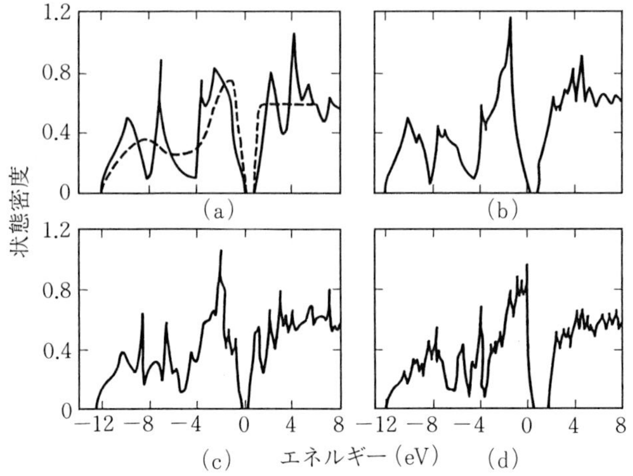

図 9-8 経験的擬ポテンシャル法から計算した Ge の DOS. (a) ダイヤモンド立方構造, (b) ウルツ鉱型構造, (c) Si III 構造, (d) Ge III 構造. (a)の破線は紫外光電子分光法の実験結果. (J. D. Joannopoulos and M. L. Cohen: Phys. Rev. 7 (1973) 2644.)

ヘドラル系アモルファス半導体に固有の中距離構造の特徴である.

b) 構造緩和

手作りの方法などで作られた構造モデルから出発して, ネットワークのトポロジーを変えずに原子の位置を修正することにより, ボンドの長さや結合角の歪みを緩和してエネルギーの低い配置を探す. 緩和の際には理想的なボンド長や結合角において最も低いエネルギーが実現されるように考慮したポテンシャルを使う. この目的には, **Keating のポテンシャル**

$$V_{ij}=\frac{3}{4}\alpha_{\boldsymbol{k}}\sum_{i(j)}[(\boldsymbol{u}_i-\boldsymbol{u}_j)\cdot\boldsymbol{r}_{ij}]^2+\frac{3}{16}\beta_{\boldsymbol{k}}\sum_{i(j,k)}[(\boldsymbol{u}_i-\boldsymbol{u}_j)\cdot\boldsymbol{r}_{ik}+(\boldsymbol{u}_i-\boldsymbol{u}_k)\cdot\boldsymbol{r}_{ij}]^2 \tag{9.1}$$

を使うことが多い. ここで, 和は全ての原子 $\{i\}$ およびその隣接原子 $\{j\}$ と $\{k\}$ についてとる. $\boldsymbol{u}_i$ は i 番目の原子の変位ベクトル, $\boldsymbol{r}_{ij}$ は i 原子と j 原子を結ぶベクトルである. ボンドの伸縮および曲げに対する力の定数はそれぞれ $\alpha_{\boldsymbol{k}}$ と $\beta_{\boldsymbol{k}}$ によって表わされている.

他の方法で作成されたモデルも，最終的にはこの構造緩和を使って局所的に安定な配置(自由エネルギーの極小値に相当する原子配置)にもっていくことが多い．

c) シミュレーテドアニーリングの方法

すでに作られた構造モデルから出発して，ネットワークのトポロジーを局所的に変えてエネルギーの低いネットワークの組み方を模索し，最後に，緩和を行なって準安定なエネルギー状態を探す．このとき，Kirkpatrick らによって導入された**シミュレーテドアニーリング**(simulated annealing. SA と略記)を用いる．この方法では，凝縮系の分野で現在ひろく使われているモンテカルロ(Monte Carlo. MC と略記)法の基礎をなす Metropolis のアルゴリズムを採用する．

Metropolis のアルゴリズムは次のように説明される．粒子の位置とかスピンの分布とかで特徴づけられる系の状態(配置)を考え，現在の配置 i のエネルギーを E_i とする．ランダムに選んだ1つの粒子に，ランダムに発生させた小さな摂動を加え，その粒子をすこしだけ動かす．得られた配置 j のエネルギー E_j と現在の配置 i のエネルギー E_i との差 $\Delta E=E_j-E_i$ が負なら，系の配置を j に更新して，シミュレーションを続行する．ΔE がゼロまたは正なら，系の配置を更新する確率を，$\exp[-\Delta E/k_B T]$ とする．k_B は Boltzmann 定数である．シミュレーションでは，この確率と $[0,1)$ の乱数との大小の比較によって，配置を更新するか否かを決める．

このアルゴリズムに従うと，適当な長さの MC ステップの後，系は平衡分布に充分近くなることが，数学的に示されている．Metropolis のアルゴリズムに基づく MC 法は，ある温度 T における系の統計的平衡状態(Boltzmann 分布)に向かっての，構成粒子の時間発展に対するシミュレーションを実行するものである．

一方，アニーリングというのは，系を液体状態または高温の固体状態にしたあと，徐冷して各温度で熱平衡(Boltzmann 分布)が達成されるようにする熱処理の方法で，その過程では構造のミクロな歪みや転位などの欠陥が除去される．焼鈍，焼きなましなどの邦訳があてられている．アニーリングの概念とMetropolis のアルゴリズムを組み合わせたのが，**シミュレーテドアニーリングの方法**である．

この方法の基本は，高い温度 T_0 から出発して，徐々に温度を下げながらMetropolis アルゴリズムを各温度で次々に実行し，望みの温度 T_f まで持ちきたるもので，連続 MC と考えてよい．各温度での MC のステップ数が適当に長ければ，熱平衡の Boltzmann 分布に充分近い分布が実現される．はじめから温度を T_f に止めて MC を行なう場合より，はるかに少ない MC ステップで平衡状態に到達できる．

SA 法をアモルファス構造モデル作りに応用する際には，まずあるネットワークから出発し，ランダムに選んだ1組のボンドの組み変えに対して Metropolis アルゴリズムを判定基準にして，1つのステップを進め，あとは上述の SA の筋書きにしたがう．この場合には，温度を下げて到達できる状態は準安定な原子構造である．

SA 法は導入されてから，実にさまざまの問題に適用され，その有用性が広く示されている．巡回セールスマン問題，グラフ分割問題などの典型的な組み合せ最適化問題，スピングラスなどの磁気系の問題，コンピューターによる集積回路の設計などエレクトロニクス関係の問題，神経回路などの脳のモデル，ゲーム理論のような数学的問題などは，ほんの一端にすぎない．とくに，生体物質の解明を念頭においた，いまトレンディーな複雑系の問題に関しても，SA の方法がひとつの切札になるとみなされている．このように SA 法は，今後いろいろな形で発展し，アモルファス構造のモデル作りにおいても威力を発揮すると考えられる．

d） 分子動力学シミュレーションの方法

コンピューターシミュレーションの方法は，おおまかにいって，下記の2つのステップからなっている．

（1） ある物理系を，何らかの法則に従って実現する．

（2） その系のさまざまな物性を測定（計算）する．

(1)のステップは，MC では，Metropolis のアルゴリズムに沿って確率論的に進め，**分子動力学**(molecular dynamics, MD)**法**では，古典力学の決定論的運動方程式に則って，系を構成する粒子たちの力学的運動を時刻とともに追うことで達成される．すなわち，N 粒子系に対する MD 法では，おなじみの Newton の式 N 個(N 元連立微分方程式)を解けばよい．すなわち，

$$M_n \ddot{R}_n = -\nabla_n E(\{R_n\}) \equiv F_n(\{R_n\}) \qquad (n=1,\cdots,N) \qquad (9.2)$$

ここで，M_n は，n 番目の粒子の質量，$\{R_n\}$ は，N 個の粒子の位置座標 $R_1, \cdots, R_N$ を表わし，$F_n(\{R_n\})$ は，系の中の全ての粒子が n 番目の粒子に及ぼす力である．シミュレーションでは，微分を差分に置き換えて粒子の時間的な動きを追う．MC 法と違って，粒子が古典力学に従って運動するという明確な物理的裏付けがあり，より忠実なシミュレーションになっている．

このように MD 法では，原子が古典力学に則って運動するという物理法則の基本が満たされていること，構造に関する物性，熱力学的な物性に加えて，系のダイナミックスに関係した物性が得られるところなどが利点である．さらに，これらのマクロな量のみでなく，ミクロなレベルでの任意の量を取り出すことも可能である．この利点をフルに生かして，アモルファス構造のミクロな特徴が解明され，成果が蓄積されつつある．

(9.2)式の $E(\{R_n\})$ は，粒子間ポテンシャルの和として書かれることが多い．実際の物理系のシミュレーションを行なう場合には，ポテンシャルの決定が重要なポイントになる．とくに，共有結合系のように原子間力が強い方向性をもつ場合には，ポテンシャルの形を決めるのは容易ではない．球対称性をもつ単純な 2 体ポテンシャルでは対応できないことは明らかである．この点を考慮して 3 体力を取り入れ，実験データや結晶のバンド計算とつじつまが合うような経験的ポテンシャルを選んで，MD シミュレーションを実行することが試みられている．Si に対する Tursoff のポテンシャルなどは，その例である．

MD 法によって求めた水素化アモルファスシリコン(a-Si:H)の構造モデルを，c-Si の構造(図 9-9(a))と比較して図 9-9(b)に示す．この方法によってつくられた a-Si や a-Si:H の構造には，5 員環が必ずある割合で存在すること，

(a)

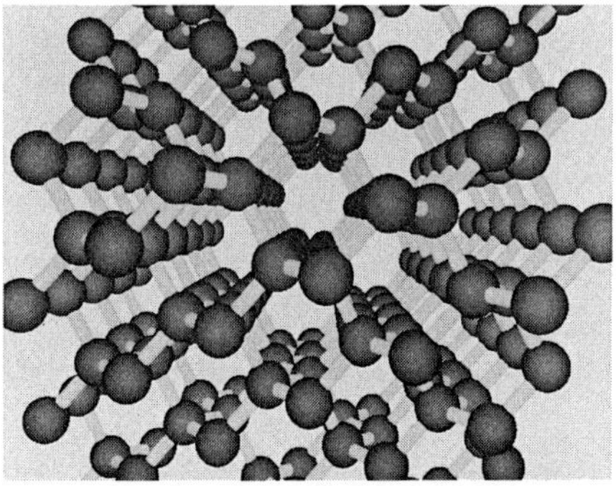

(b)

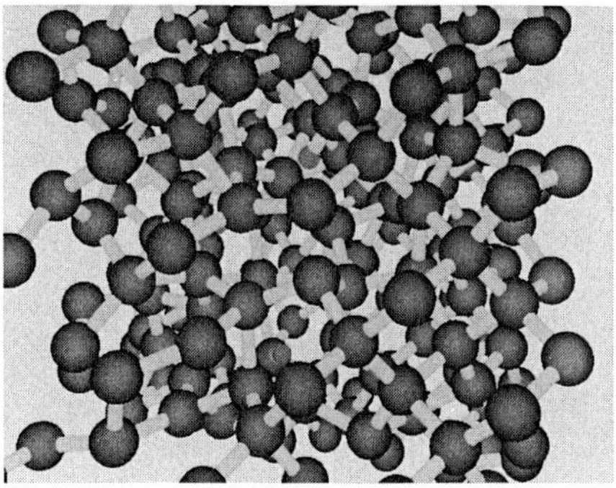

図 9-9 MD シミュレーションで作成した原子配置のスナップショット．(a) c-Si，(b) a-Si:H．(米沢研究室作成.)

これら 5 員環は，実験から得られたフォノンスペクトルやその他のいくつかの物性の特徴を説明するうえで本質的な役割を演ずることが確かめられる．このように，テトラヘドラル系アモルファス半導体における 5 員環の存在の重要性は，構造モデルの解析からも示唆されているのである．

e) 第 1 原理分子動力学シミュレーションの方法

しかし，上述の経験的ポテンシャルは，物理的な裏付けがないこと，異なる原子配置(他の結晶形，液体，アモルファス構造など)に対しては妥当性が保証されていないことなど，深刻な問題を抱えている．これらの問題点の鍵は，電子の存在にある．すなわち，原子配置ごとに電子状態が異なり，その電子状態が原子間ポテンシャルを決めるのであるから，原子配置が変われば原子間ポテンシャルも変わってくる．したがって，MDステップを1つ進めるたびに，新しい原子配置に対する電子状態(および，対応する全エネルギー)を求め，それを使って原子間ポテンシャルを計算して，次のMDステップに備える，という手続きを取ることができれば万全である．

しかし，ある原子配置に対する全エネルギーを求めるには，セルフコンシステントな解が得られるまで，行列の対角化を繰り返し行なわなければならない．多大な記憶容量と計算時間を要する部分であり，これがMDの各ステップごとに必要となると，実際には不可能事となってしまう．

対角化の手続きを経ずに全エネルギーを計算し，MDを上手に実行する方法が，CarとParrinelloによって提案された(以下この方法をCP法とよぶ)．この方法のガイドラインは，前述のシミュレーテドアニーリングの方法の考え方に則ることである．ただ時間発展の方法として，Metropolisの確率論的な手続きではなく，かわりにNewton方程式という決定論的なステップをアルゴリズムとして使うもので，ダイナミカルシミュレーテドアニーリングとよばれる．具体的には，電子の波動関数$\psi_i(\boldsymbol{r})$(iは電子の状態を記述)を考え，原子の位置座標$\{R_n\}$と電子の波動関数$\{\psi_i\}$とで張られる位相空間でのMDを行ない，$\psi_i(\boldsymbol{r})$に対する温度を徐々に下げてアニーリングを実行する．このとき，運動方程式としては，次の形のものを使う．

$$M_n\ddot{R}_n = -\nabla_n E(\{R_n\}, \{\psi_i\}) \tag{9.3}$$

$$\mu\ddot{\psi}_i = -\frac{\delta E(\{R_n\}, \{\psi_i\})}{\delta \psi_i{}^*} + \sum_j \varepsilon_{ij}\psi_j \tag{9.4}$$

ここで，μは，$\{\psi_i\}$の運動を規定する質量，ε_{ij}は，波動関数の規格直交条件に関連したLagrange未定係数である．全エネルギー$E(\{R_n\}, \{\psi_i\})$は，イオン間のCoulomb相互作用，電子ガスの運動エネルギー，電子がイオンから感じる擬ポテンシャル，電子間の相関としてHartree項，電子の交換相互作用として局所密度による近似形を使って計算される．(9.3)式はイオンに対する運動方程式という物理的な意味をもっているが，(9.4)式は時間発展を実行するためのアルゴリズムであって，物理的な意味はもっていない．

したがって，「対角化の繰り返し」という最も大変な部分を回避して，各時刻での全エネルギーが導かれる．具体的な物質を対象としたMDが射程に入ったことになり，さまざまな問題への応用に期待がかけられている．

CP法を用いて作成したa-Si:Hの構造から，Si-Hボンドが界面を作り，小さな空孔が構造の中にできているらしいことが観測されている．また，図9-10(a)は，CP法によって作成したa-Si:H構造を一部分切り取ったものである．弱いSi-Siボンドの近くにある水素はオフボンドの位置に準安定な位置をもつことがみられる．このとき，電子密度の等高線は図9-10(b)のようになる．水素がオフボンドに出ることによって，電子は広く分布し，近傍の3つのSi原子のポテンシャルを感じることになり，エネルギーが低くなる．

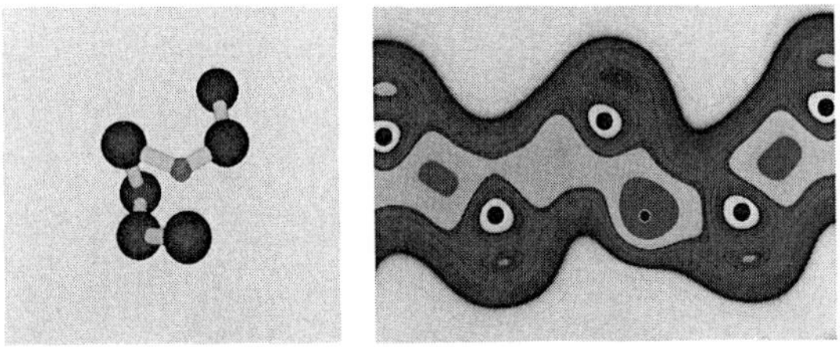

(a) (b)

図9-10 (a)第1原理MDのCP法で作成したa-Si:Hの原子配置から，オフボンドな配置のHを含んだ一部分を切り出した図．大きい球はSi原子，小さい球はH原子．SiとHを結んでいる棒は，共有結合ボンドが実際にこういう格好をしているわけではなく，SiとHの相対的な位置関係を示す目的で描かれているものである．(b)この場合の電子密度の等高線(ひとつの平面内での値が示されている)．大きい黒丸はSi原子，小さい黒丸はH原子．(F. Yonezawa and S. Sakamoto: J. Optoelectronics 7 (1992) 117.)

電子分布や軽い水素の振舞いがアモルファス構造の詳細を決めている様子は，以前の方法では得られないものであり，CP法の面目躍如たるところであることは，以上の例からも明らかである．

f） さまざまな構造モデルの使い分け

以上述べたように，アモルファス構造のモデル作りにはさまざまな方法があり，それぞれ得意，不得意がある．たとえば，最後に紹介したCP法は，パラメタを仮定して入力する必要もないし，ポテンシャルをあれこれ探す苦労もいらない．全てがコンピューターの中で第1原理から導かれるのであるから，最も理想的なシミュレーション法である．しかし，計算量は膨大になり，最新のスーパーコンピューターの記憶容量，計算速度をもってしても，系のサイズ(原子の数)は100個のオーダーが精いっぱいである．したがって，いつも切札のように使えるわけではなく，系のサイズに敏感でない物性を工夫して取り出すなどの工夫が必要である．

一方，従来のMD法では，原子間ポテンシャルを仮定しなければならなくて，これはアモルファス半導体のように結合力に方向性がある共有結合系では，本質的な困難である．しかし，何らかの方法で経験的ポテンシャルを決めることができれば，かなり大きな系(原子数10^5程度まで)を扱うことができる．大きな系のシミュレーションの利点は，構造因子$S(q)$でqの小さいところ(最初の数ピーク)の様子が議論できることである．

このように目的や，調べたい物性の特徴を考慮したうえで，複数の構造モデルを使い分けることが大切である．

10

アモルファス構造のモデルII——結合力に方向性のない系

閉殻原子からなる希ガスアモルファス固体や，比較的単純な金属原子や，金属原子と非金属原子からなるアモルファス金属は，共有結合物質のように結合の手がない．このような系に対する構造モデル作りの方針，歴史的な経緯，新しい方法論，それに基づく結果などを紹介する．

10-1　構造モデル作りの基本的方針

分子性結合系，金属，イオン結合系などの，結合力に方向性のない系に対する構造モデル作りにおいても，基本的な方針は，前章の共有結合系のモデル作りのところで述べたものと変わらない．モデル作りの方法としては，初期の研究では手作りで行なわれたが，最近ではもっぱらコンピューターが活躍している．手作りの場合には構造単位として球形の粒子が使われ，コンピューターシミュレーションでは，粒子間相互作用として球対称性をもつ2体ポテンシャルの和が採用されることが多い．

共有結合系の場合には，ボンドで構成された近距離秩序が，構造解析を容易にしてくれたが，球形粒子の系においては，近距離秩序が簡単には定義できない．したがって，球形粒子系においては，構造モデル作りの仕事に加えて，構造解析の方法を見つける仕事が加わることになる．

10-2 稠密ランダム充塡

球形の粒子からなるアモルファス構造を作るときには，粒子の配置が周期的でなく，かつ，密度が最小になるように詰め合せ方を選ぶ．これを**稠密ランダム充塡**(dense random packing．DRP と略記)とよぶ．原子構造の中に，粒子を余分に1つ付け加えられるに十分な大きさの内部空孔がないという意味で「稠密」である．もともと，Bernal が液体に対して提案した概念に基づくもので，この概念はその後もずっと，DRP モデルの基礎になっている．

最初の DRP モデルは，Bernal の考え方に沿って，弟子の Finney によって作られた．ボールベアリング(剛体球)を容器に入れ，原子の周期的な配列が生じないように容器の壁を不規則な形にし，その中にできるだけ多くの粒子が詰まるようにして作成された．

Finney は，作成したモデルの原子配置の測定も手で行ない，2体分布関数を計算した．Finney の結果は図 10-1 のヒストグラムで示されており，アモルファス合金 $Ni_{76}P_{24}$ に対する実験結果(実線)とよい一致を見せている．特に，第2ピークの分裂が紛れもなく見えていることから，剛体球の DRP では，アモルファス合金の原子構造のある本質が実現されていると考えられる．

前節で述べたように，第2ピークの分裂の起源を議論するには，中距離構造を表現する手段が必要である．Bernal と Finney は，剛体粒子の間の空孔の形が，図 10-2 で表わされる多面体のどれかに類似であるとして，これらの多面体によって空孔を分類し，その分布によってアモルファス構造を記述することを試みた．この分類法は現在ではあまり使われないが，空間の多面体分割のアイディアの原点になっている．

空間の多面体分割というのは，原子の配置にしたがって，空間全体をすきまなく埋めつくす多面体の集まりに空間を分割する方法である．最も一般的に使

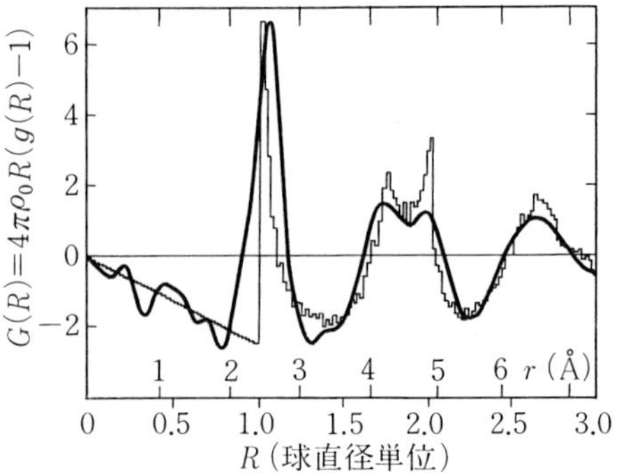

(a)

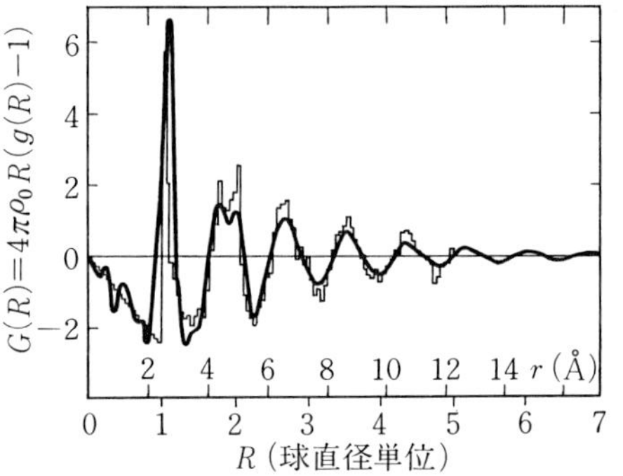

(b)

図 10-1 規格化された動径分布関数 $G(R)$ の比較図．ヒストグラムは Finney の剛体球 DRP モデル，実線は $Ni_{76}P_{24}$ ガラスの実験結果．(a) 第1～3ピークの拡大図，(b) 第8ピークまで描いたもの．(G. S. Cargill III : J. Appl. Phys. 41 (1970) 12.)

われるのは，Wigner-Seitz 多面体(Voronoi 多面体ともよぶ)による分割である．Wigner-Seitz の分割法は，第6章でも結晶の単位胞を定義する際に使われている．この方法では，図 10-3 に2次元の場合について示されるように，すべての原子対の垂直2等分線(3次元系では垂直2等分面)を描き，これらの線(面)で作られた各原子のまわりの多角形(多面体)のうちで，最も小さいものを，その原子の **Voronoi 多面体**とよぶ．空間の多面体分割の方法はいくつか提案されているが，Voronoi 多面体による分割は一義的に定義される点が優れ

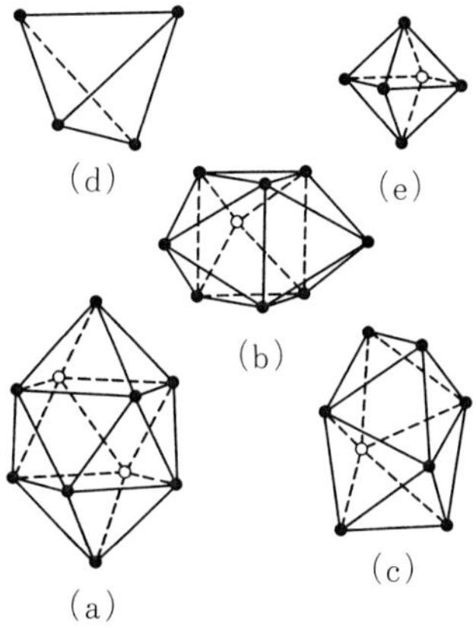

図 10-2 Bernal空孔の理想型．(a) 2個の半8面体がついたArchimedes反プリズム．(b) 3個の半8面体がついた3角プリズム．(c) 12面体．(d) 4面体．(e) 8面体．

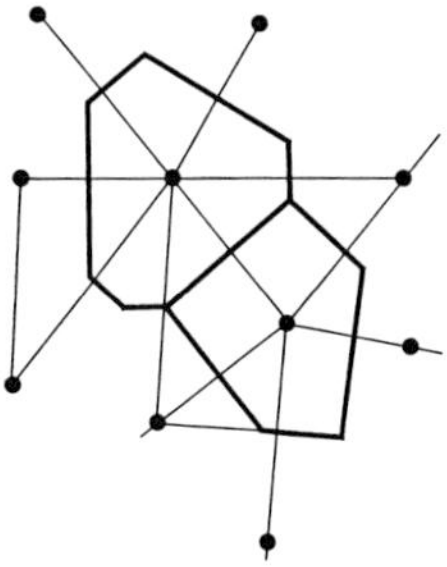

図 10-3 2次元におけるVoronoi多角形（Wigner-Seitz胞）の作り方の例．黒丸は原子の位置，細線は分割のための垂直2等分線，太線は2つのVoronoi多角形を示す．3次元におけるVoronoi多面体も同様の手続きで作ることができる．

ている．

Bernal と Finney の先駆的な仕事の後，手作りやコンピューターを使っていくつかの DRP モデルが作られた．さらに，作られたモデルを球対称な2体ポテンシャルを使って構造緩和して，エネルギーの極小値に相当する配置を求める方法も用いられている．これらの構造モデルは次のような量を使って評価されその真偽が議論されている．

(1)　充填率．

(2)　2体分布関数 $g(R)$．

(3)　中距離構造を記述するパラメタ（Voronoi 多面体や Bernal 空孔の分布）．

10-3 アモルファス固体の作成法とガラス転移

結合力に方向性のない系のアモルファス構造モデルをコンピューターシミュレーションで作成する場合，急冷によって，ガラス転移を経て行なわれることが多い．この点を考慮して，本節ではガラス転移について説明しよう．

a) アモルファス固体の作り方

一般にアモルファス固体は次の2つのプロセスを経て作成される．

(1) まず，系を何らかの方法で高いエネルギー状態にする．

(2) 次に，系から熱(構成粒子の運動エネルギー)を急速に奪う．

高いエネルギー状態には，液体，気体，プラズマ状態などが含まれる．熱を奪うために，冷たい物体を接触させたり，基盤の上に蒸着したりする．

具体的には，液体の急冷，気体の物理的蒸着や化学的蒸着(chemical vapor deposition. CVDと略記)，プラズマCVDなどが，アモルファス固体の代表的な製造法である．

液体からの急冷で作られたアモルファス固体を，とくに「ガラス」とよんで区別することもある．そもそも，窓ガラスなど，狭義のガラスはこの方法で作成されてきた．これらの代表的なガラスの多くは共有結合によるネットワーク(CRN)を組んでおり，作成も比較的容易である．急冷とはいえ冷却速度も極端に大きくする必要はなく，たとえば普通の瓶ガラスは1～10 K/s程度の冷却速度で作られる．これに対して，結合力に方向性のないアモルファス金属や合金も，ほとんど液体の急冷によって作られるが，原子が球対称的であるために結晶化しやすく，10^8 K/s以上の冷却速度が必要である．

b) ガラス転移

液体を急速に冷却すると，熱膨張係数や比熱のような熱力学エネルギーの微分に相当する物理量が，ある温度で急速に変化する．この温度を「ガラス転移温度」とよぶ．この様子は図10-4(a)と(b)に示されている．

まず，液体を徐冷すると，固化点T_fで1次の相転移を起こして系は結晶に

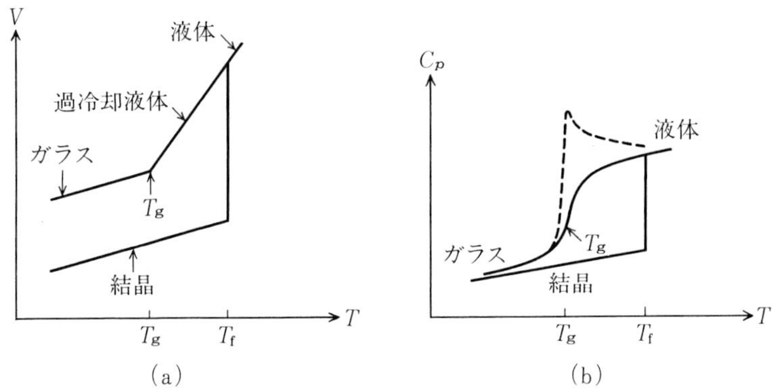

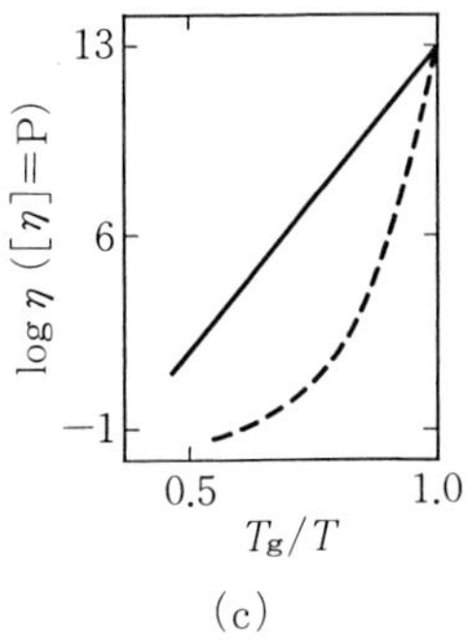

図 10-4 (a) 結晶, 液体, ガラスに対する体積対温度の図, (b) これらの状態の比熱対温度, (c) 粘性率 η を T_g/T で表わす模式図. 実線は Arrhenius 則に従うガラス, 破線は Vogel-Fulcher 則に従うガラス.

なる(このとき体積と比熱が非連続的に変化する). 一方, 液体を急冷した場合には, これらの量の値自体は連続であるが, その微係数が T_g で不連続になる. 比熱に関しては, この不連続的な変化の仕方は典型的に, 単調減少をするもの(図の実線)と極大をもつもの(図の破線)とがある. ネットワークを組んでいる物質ではミクロな構造の自由度が低いために前者の振舞いをするが, 結合に方向性のない物質ではガラス転移領域でミクロな構造が変化を受けやすく, コンフォメーションのエントロピーが大きいために後者の変化をする. 前者を**強いガラス**, 後者を**弱いガラス**とよぶこともある. 構造がこの両者の中間的な性質をもつ系では, 比熱も図の実線と破線の間の中間的な振舞いを示す.

粘性率 η や拡散係数 D のような量は, その量自体も微係数もガラス転移点で連続である. T_g における η の値は, 非常に広範な種類の物質で 10^{13} ポアズの程度になることが経験的に知られている．図10-4(c)には，実験から得られたηの値が規格化温度の逆数T_g/Tの関数として$T \geqq T_g$の領域で描かれている．観測されたηの振舞いは，大きく分けて実線のようにArrhenius型のものと，破線のようにVogel-Fulcher型

$$\eta = \eta_0 \exp\left[-\frac{\text{const.}}{T-T_0}\right] \tag{10.1}$$

のものとがある．ここで$T_0 > T_g$である．一般的傾向として，Arrhenius型は強いガラスに，Vogel-Fulcher型は弱いガラスに現われる．

ガラス転移に関して顕著な点は，図10-5に示されるようにT_gが冷却速度などの作成条件に依存することである．実験時間が0.02 hと100 hとの2つの例が描かれている．冷却速度の速い方がT_gが高くて，差は$\Delta T_g = 8$ Kである．T_gが冷却速度に依存することは，ガラス状態が熱的に平衡な状態ではないこと，そして，ガラス転移というのは準安定な原子構造に起因する力学的側面が現われたものであることを示唆している．これは，熱力学的物理量(C_pなど)の振舞いと力学的物理量(ηなど)の振舞いに相関のある上述の事実ともつじつまがあっている．

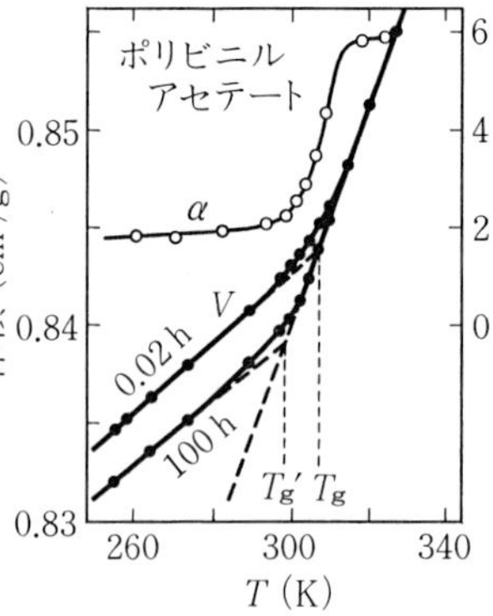

図10-5 有機ガラスのガラス転移近傍の体積対温度の図．ガラス転移温度は，冷却速度に依存する．(T_g=速い冷却速度，T_g'=遅い冷却速度で作成された場合のガラス転移温度．)(A. J. Kovacs, J. M. Mutchinson and J. J. Aklonis: in *Structure of Noncrystalline Materials* (P. H. Gaskell, ed.)(Taylor & Francis, 1977) p. 153.)

ガラス転移は実験的にはかなり古くから研究が進められている．理論的にも，結晶成長の運動論，自由体積理論による解析，局所ゆらぎに基づく理論，モード結合理論などが出されているが，最終的な理解は十分には得られていない．

こういう状況のもとで，コンピューターシミュレーションを用いた研究は，次の節で説明されるように，多くの知見を提供している．

10-4 分子動力学シミュレーションの方法

共有結合系の場合(前章)と違って，結合力に方向性のない系に対しては，2 体ポテンシャルの和で表わした粒子間相互作用を使って行なう分子動力学(MD)シミュレーションの方法が，アモルファス構造モデル作りにおいて威力を発揮している．この方法の利点としては，

(1) 系の構成粒子の位置や速度に関する全ての情報が与えられる．これは実験的な手段ではとうてい得られないものである．

(2) 実験室では実現不可能な極限状態(超高圧とか非常に高い冷却速度など)や現実に存在しない物質をモデル系としてコンピューターの中で実現することができる．

(3) 入力パラメタと出力データの間の因果関係を曖昧さなしに知ることができる．

が挙げられる．したがって MD シミュレーションを駆使して，アモルファス構造のミクロな構造の詳細や特徴を解析することができる．この方法の乱れた系への応用は 1950 年代から，Rahman らによって進められた．

a) 2 体ポテンシャル

MD シミュレーションで重要な役割を演ずる原子間ポテンシャルの形についてまず述べよう．MD 法を使った液体やガラスのような乱れた系の構造モデル作りに広く使われている 2 体ポテンシャルの代表的な形はつぎのようなものである．以下の説明では，サイト $\boldsymbol{R}_i$ と $\boldsymbol{R}_j$ にある原子間の(方向性のないポテンシャル)を $\phi(R_{ij})=|\boldsymbol{R}_i-\boldsymbol{R}_j|$ と書くと，全ポテンシャルは $U=\sum_{i>j}\phi(R_{ij})$ で与えられる．

前節で紹介した剛体球の DRP の手作りモデルに相当するのが，剛体球ポテンシャル

$$\phi_{HC}(R_{ij}) = \begin{cases} \infty & (R<\sigma) \\ 0 & (R\geqq\sigma) \end{cases} \tag{10.2}$$

である．ここで，σ は剛体球の直径である．剛体球ポテンシャルを使ったMDシミュレーションはAlderとWainrightによって広く行なわれ，引力項のない剛体球粒子液体においても，温度を徐々に下げていくと，1次転移を経て結晶になることが示された．この転移は発見者の名にちなんで，**Alder転移**とよばれている．引力のない系で規則的な原子配置が実現されることは，それまでの常識では予想できなかったことであり，コンピューターシミュレーションの結果が新しい概念を導入した典型的な例として引用されることが多い．

粒子が剛体ではなく，ゴムまりのように弾性的な**ソフトコア**のポテンシャルは

$$\phi_{SC}(R_{ij}) = \epsilon\left(\frac{\sigma}{R_{ij}}\right)^n \tag{10.3}$$

で与えられる．ここで，σ と ϵ はそれぞれ，長さとエネルギーの単位である．ソフトコアのポテンシャルの利点は，系の熱力学的状態方程式が1つの変数

$$\rho^* = \frac{N\sigma^3}{V}\left(\frac{\epsilon}{kT}\right)^{3/n} \tag{10.4}$$

で書き表わせることである．ここで，V, N はそれぞれ，系の体積と粒子数である．

剛体球ポテンシャル，ソフトコアのポテンシャルはともに，そのまま対応する物理系が存在しないものである．このような仮想的なポテンシャルに対してシミュレーションを実行し，本質的な性質を抽出することができる点も，コンピューターシミュレーションの有利なところである．

分子性結合系などの構成粒子間の相互作用に対するよい近似として知られている**Lennard-Jones**ポテンシャルは，

$$\phi_{LJ}{}^{mn}(R_{ij}) = 4\epsilon\left[\left(\frac{\sigma}{R_{ij}}\right)^m - \left(\frac{\sigma}{R_{ij}}\right)^n\right] \tag{10.5}$$

で定義される．ここで，m, n はそれぞれ，斥力項，引力項の作用範囲の広さ

を決める整数で，希ガス物質に対しては $m=12$，$n=6$ が良い近似になることが知られている．

Gauss コア型ポテンシャル(Gaussian-core potentials)

$$\phi_{\mathrm{GC}}(R_{ij}) = \epsilon \exp\left[-\left(\frac{R_{ij}}{\sigma}\right)^2\right] \tag{10.6}$$

は，イオン性結合系に対して考えられたモデルポテンシャルである．

一方，イオン性結合系の情報を取り入れてより現実的なポテンシャルを構築しようという方針で，次の形が提案された．

$$\phi(R_{ij}) = \frac{z_i z_j e^2}{R_{ij}} + \left(1+\frac{z_i}{n_i}+\frac{z_j}{n_j}\right) b \exp\left|\frac{\sigma_i+\sigma_j+R_{ij}}{\rho}\right| \tag{10.7}$$

ここで，z_i はサイト $\boldsymbol{R}_i$ にあるイオンの価数，n_i はその外殻電子数，σ はイオン半径の距離パラメタ，b と ρ は定数である．

Stillinger と Weber は，次の形のポテンシャルを提案した．

$$\phi(R_{ij}) \equiv \epsilon u_{\mathrm{SW}}\left(\frac{R_{ij}}{\sigma}\right) \tag{10.8}$$

$$u_{\mathrm{SW}}(x) = \begin{cases} A\,(Bx^{-p}-x^{-q})\exp[(x-a)^{-1}] & (x<a) \\ 0 & (x\geqq a) \end{cases} \tag{10.9}$$

ここで，q 以外のパラメタ (A, B, p, a) は正でなければならない．

b) MD シミュレーションの結果——マクロな物理量

上述のようなポテンシャルを使って行なった MD シミュレーションの結果を解析することによって，さまざまな物理量が計算できる．まず，系の温度はエネルギー等分配則にしたがって次の式で定義される．

$$T = \frac{\sum_{i,j} m_i [\boldsymbol{V}_i(t)]^2}{3Nk_{\mathrm{B}}} \tag{10.10}$$

ここで，N は系の原子数，k_{B} は Boltzmann 定数，m_i は i 番目の原子の質量，$\boldsymbol{V}_i(t)$ は時刻 t での i 番目の原子の速度である．

一方，圧力はビリアルの定理を使って，

$$P = \rho_0 k_B T + \frac{1}{3V}\sum_i \boldsymbol{F}_i \cdot \boldsymbol{R}_i \tag{10.11}$$

と書ける．ここで，V は系の体積，ρ_0 は原子の平均数密度である．

液体の急冷やガラス転移の様子を調べるには，系の体積がコンピューターの中で変化するようなシミュレーションをしなければならない．この点を考慮したガラス転移の MD シミュレーションは，$m=12$, $n=6$ の Lennard-Jones ポテンシャル

$$\phi(R) = \frac{A}{R^{12}} - \frac{B}{R^6} \qquad (A, B \text{ はパラメタ})$$

を使って，Damgaard-Kristensen によって最初に行なわれた．得られたガラスの 2 体分布関数 $g(R)$ が図 10-6 の破線で与えられている．Finney の剛体球の DRP の結果(実線)とよい一致を示している．特に，第 2 ピークの分裂が明らかにみえている点が興味深い．

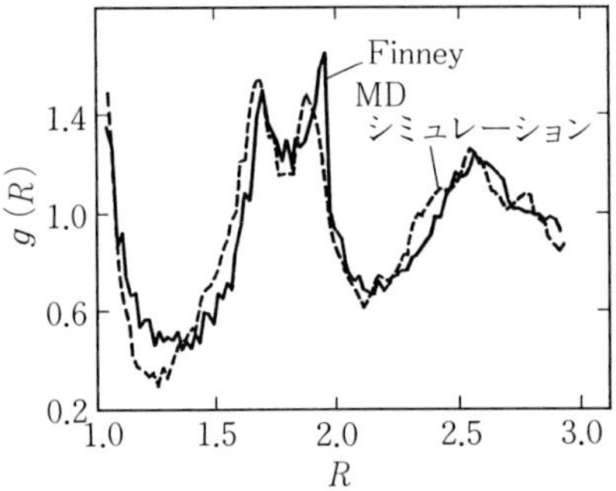

図 10-6 Finney の剛体球 DRP モデルの $g(R)$ と，Damgaard-Kristensen の MD によるモデルの $g(R)$ の比較．剛体球の結果は，MD で使われたポテンシャルがとる $T=0$, $P=0$ での fcc の原子間距離にあわせてスケールされている．(W. Damgaard-Kristensen: J. Non-Cryst. Solids 21 (1976) 303.)

その後，等圧下での MD シミュレーションが提案された．この方法を使って実行した急冷シミュレーションの際のさまざまな温度 T に対する $g(R)$ が図 10-7 に示されている．高温の液体では第 2 ピークの分裂はないが，温度の減少とともに分裂が顕著に現われだすことがわかる．さらに，異なる圧力下での MD の結果，ガラス転移温度 T_g が圧力に依存することが図 10-8 のように確かめられる．

原子の構造に関する物理量としては，$g(R)$ のほかに，構造因子 $S(q)$ も計

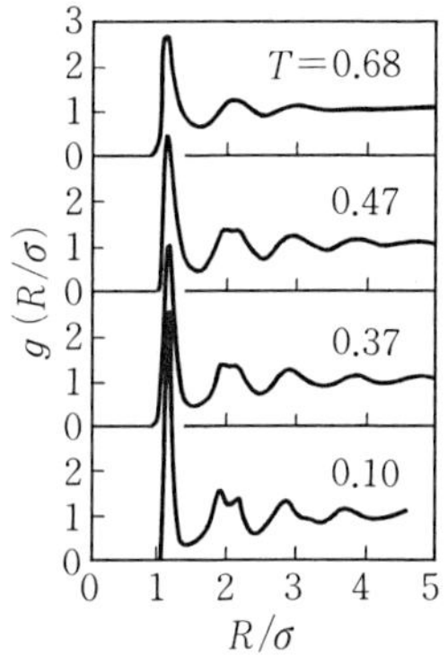

図 10-7 MDで作成したLJ系(Lennard-Jones 系)の2体分布関数 $g(R)$. 長さはLJパラメタ σ で規格化されている. 図中の数字は規格化された温度. (M. Kimura and F. Yonezawa: in *Topological Disorder in Condensed Matter*(F. Yonezawa and T. Ninomiya, eds.)(Springer-Verlag, 1983) p. 80.)

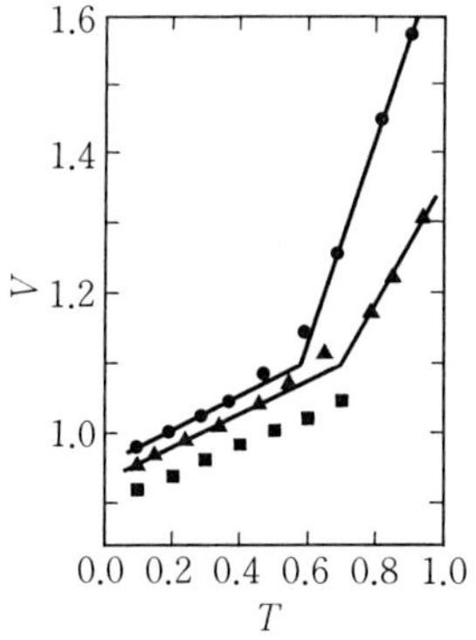

図 10-8 MDで作成したLJ液体とガラスの体積対温度の図. ●, ▲はそれぞれ 1 bar, 200 bar のもとでの急冷の結果, ■は fcc 構造に対する結果. (M. Kimura and F. Yonezawa: *ibid.*, p. 80.)

算できる. 各原子からみた原子分布が球対称的であるときには, 8-4 節の(8.8)式から

$$S(q) = \frac{1}{N}\sum_{i,j}\frac{\sin(qR_{ij})}{qR_{ij}} \tag{10.12}$$

が得られるので, MDから得られた分子配置を上式に代入すればよい. この式を, 不規則な分布をした散乱原子の Debye 公式とよぶ.

熱力学的物理量としては, エンタルピー, 等圧比熱, 等積比熱, 等圧熱膨張係数などが計算できる.

さらに, 系のダイナミカルな振舞いについては, つぎのような量が計算できる. まず, 原子の位置ベクトルの**平均2乗変位**(mean square displacement.

MSD と略記)は

$$M(t) = \left\langle \frac{1}{N} \sum_i [\boldsymbol{R}_i(t+s) - \boldsymbol{R}_i(t)]^2 \right\rangle_s \tag{10.13}$$

で与えられる．ここで，$\boldsymbol{R}_i(t)$ は，時刻 t における i 番目の原子の位置ベクトルである．また，$\langle\cdots\rangle_s$ は，初期時刻 $\{s\}$ に対する平均を意味する．急冷シミュレーションの際のさまざまな温度 T に対する MSD がこの式から計算され，その結果が図 10-9 に示されている．

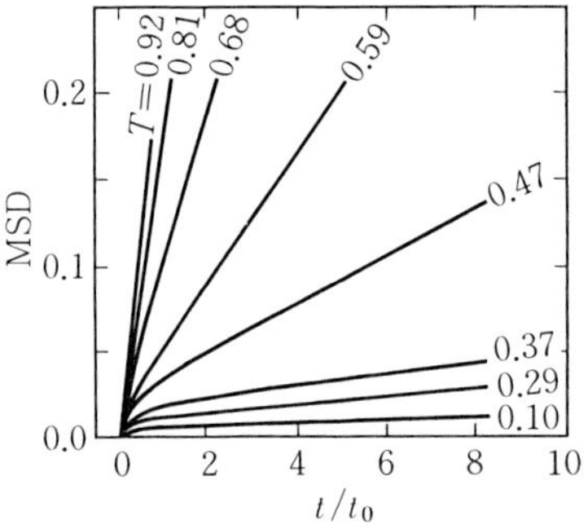

図 10-9 MD で作成された LJ 系の平均 2 乗変位を時間 t の関数で描いたもの．図中の数字は規格化された温度．(M. Kimura and F. Yonezawa: *ibid*., p. 80.)

拡散係数 D は MSD と

$$M(t) = 6Dt + \text{const.} \tag{10.14}$$

で関係づけられる．拡散係数 D は，**速度自己相関関数**(velocity autocorrelation function. VAF と略記) $\psi(t)$

$$\psi(t) = \frac{\langle (1/N) \sum_i \boldsymbol{V}_i(t+s) \cdot \boldsymbol{V}_i(s) \rangle_s}{\langle |\boldsymbol{V}(s)|^2 \rangle_s} \tag{10.15}$$

からも，次の関係式

$$D = \frac{1}{3} \int_0^\infty \psi(t) dt \tag{10.16}$$

を使って求められる．図 10-10 には，MSD と VAF の両方から導出した拡散係数 D が温度の逆数の関数として描かれている．

粘性率 η は，**ストレス自己相関関数**(stress autocorrelation function. SAF と略記) $\chi(t)$ から計算される．

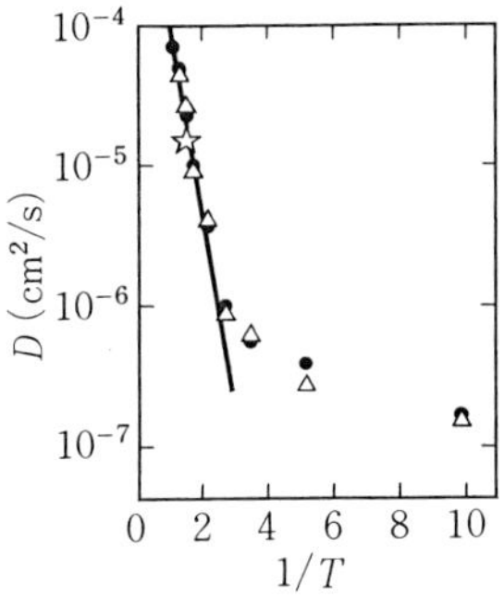

図 10-10 拡散係数Dの温度依存性. ●は平均2乗変位(図10-9)から求めた値. △は速度自己相関から求めた値. ☆は融点直上で測定した液体Arの値. (M. Kimura and F. Yonezawa: *ibid*., p. 80.)

$$\eta = \frac{\rho_0}{Nk_\mathrm{B}T}\int_0^\infty \chi(t)dt \tag{10.17}$$

$$\chi(t) = \langle J_{xy}(t+s)J_{xy}(s)\rangle_s \tag{10.18}$$

ここで, J_{xy}は次の式で定義される.

$$J_{xy} = \sum_i \left(\frac{p_{ix}p_{iy}}{m_i} + \frac{1}{2}\sum_{i\neq j} F_{ij}{}^x Y_{ij}\right) \tag{10.19}$$

p_{ix}はi番目の原子の運動量のx成分, $F_{ij}{}^x$はj番目の原子からi番目の原子にはたらく応力のx成分, Y_{ij}はベクトル$\boldsymbol{R}_{ij} = \boldsymbol{R}_i - \boldsymbol{R}_j$の$y$成分である.

原子の振動の様子は, パワースペクトル(フォノンの状態密度) $F(\omega)$に反映されるが, この$F(\omega)$は, VAF の Fourier 変換から

$$F(\omega) = \frac{6}{\pi}\int_0^\infty \psi(t)\cos(\omega t)dt \tag{10.20}$$

のように導出される.

このように, MDの結果として得られた原子の位置座標や速度を解析することにより, 非常に多くのマクロな物性が求められる. 実験室で実現可能な条件に関しては, こうしてMDから導かれた諸物性を実験値と比較検討することによって, モデルの妥当性, 原子構造の物性への影響の様子などが調べられる. 一方, 実験室で実現できない条件(高圧, 超急冷, 仮想的なモデルポテンシャルの系)などについての解析からは, アモルファス構造のより本質的な特徴を読み取ることができる.

c) MDシミュレーションの結果——ミクロな物理量

MDシミュレーションが本領を発揮するのは，ミクロな物理量の計算をとおして，アモルファス物質における原子構造の特徴をとらえる作業においてである．この目的でミクロな構造パラメタが検討される．

まず，原子の位置のスナップショット $\{\boldsymbol{R}_i\}$ に対する2体分布関数 $g(R)$ そのものではなく，熱ゆらぎを取り除いた原子位置の時間平均値

$$\boldsymbol{R}_i(t) = \frac{1}{\tau}\int_{t-\tau/2}^{t+\tau/2} \boldsymbol{R}_i(s)ds \tag{10.21}$$

に対して定義される $g(\bar{R})$ を調べることによって，原子相関が表に顔を出す．この $g(\bar{R})$ を使って，たとえば液体とガラスの原子構造の比較ができる．

ミクロな構造ゆらぎを表現するパラメタとして，Voronoi多面体の体積の分散 δv を使うことができる．

また，ミクロな構造の歪みを記述するためにVoronoi多面体の形状パラメタ

$$\xi_i = \frac{{v_0}^{2/3}/s_0}{{v_i}^{2/3}/s_i} = \frac{(4\pi/3)^{2/3}/4\pi}{{v_i}^{2/3}/s_i} \tag{10.22}$$

が有効である．ここで，v_i および s_i は i 番目のVoronoi多面体の体積と表面積で，v_0 と s_0 はそれぞれ球の対応する量である．球に対して ξ は最小値をとる．ξ の値が大きいほどVoronoi多面体は歪んでいることになる．

5回対称性は結晶の並進対称性と矛盾することは，結晶学の分野では19世紀から知られていた．一方，第6章でも説明されたように，金属などの結合力に方向性のない物質の微粒子は5回対称性(正確には20面体対称性)をもつことが指摘されている(図10-11)．すなわち，中心の原子を囲む12個の原子からなる13原子クラスターとしては，(a)の20面体クラスターの他に，(b)のfccクラスター，(c)のhcpクラスターがある．それぞれのクラスターのなかの最隣接原子対の数は，(a)が42，(b)と(c)が36で，20面体が最も低いエネルギーをもつことになるからである．

急冷の場合には，温度が非常に早く減少するために，原子たちが系全体の最低エネルギー状態(結晶)を達成する時間が与えられないが，局所的な原子の並

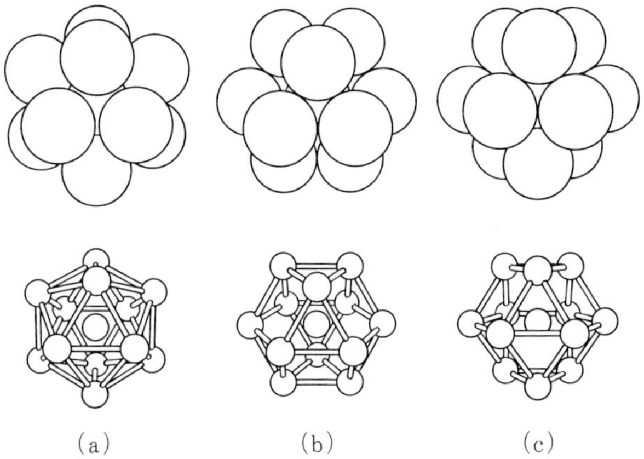

図 10-11　1個の中心原子と12個の最隣接原子からなる13原子クラスター．(a) 20面体クラスター(42)，(b) fcc クラスター(36)，(c) hcp クラスター(36)．ただし括弧内の数字はクラスター内の最隣接原子のペアの数．(F. Yonezawa: *Solid State Physics* (H. Ehrenreich and D. Turnbull, eds.)(Academic Press, 1991) p. 179.)

べ替えは行なわれているから，ミクロな構造には20面体的対称性があると考えられる．これを探知するための局所対称性パラメタが，次のような形で定義される．

$$Q_{lm} \equiv Y_{lm}[\theta(\boldsymbol{R}), \phi(\boldsymbol{R})] \qquad (10.23)$$

ここで，$Y_{lm}[\theta(\boldsymbol{R}), \phi(\boldsymbol{R})]$ は調和関数，$\theta(\boldsymbol{R})$ および $\phi(\boldsymbol{R})$ は，ボンドの極座標の角度(固定した軸から測ったもの)である．$\langle(\boldsymbol{R}_i)\rangle$ は，i 原子のまわりのボンドについての平均を表わすとして，

$$\bar{Q}_{lm} \equiv \langle Q_{lm}(\boldsymbol{R}_i)\rangle \qquad (10.24)$$

と書くことにする．このとき，回転不変パラメタ

$$\hat{w}_6(\boldsymbol{R}_i) = \frac{\displaystyle\sum_{\substack{m_1, m_2, m_3 \\ m_1+m_2+m_3=0}} \begin{pmatrix} l & l & l \\ m_1 & m_2 & m_3 \end{pmatrix} \langle Q_{lm_1}(\boldsymbol{R}_i)\rangle \langle Q_{lm_2}(\boldsymbol{R}_i)\rangle \langle Q_{lm_3}(\boldsymbol{R}_i)\rangle}{\left(\displaystyle\sum_m |\langle Q_{lm}(\boldsymbol{R}_i)\rangle|^2\right)^{3/2}} \qquad (10.25)$$

が定義できる．ここで係数は Wigner の 3j 記号である．

$|\hat{w}_6|$ は，fcc，sc，bcc などの結晶の立方対称性をもった多面体では約 0.013 であるのに対して，20 面体では約 0.17 であるので，(10.25)のパラメタは 20 面体対称性を選り分けるのに有用である．

局所対称性を記述する別の方法は，Voronoi 多面体の表面のパラメタ n_α を使うことである．全空間を原子の位置にしたがって Voronoi 分割したとき，Voronoi 多面体の表面のうち，α 角形のものの数の割合が n_α である．

上述のように，結晶には 5 回対称性が決して現われないことを考慮すると，これら局所対称性パラメタは，系の乱れの程度あるいはアモルファス度をあら

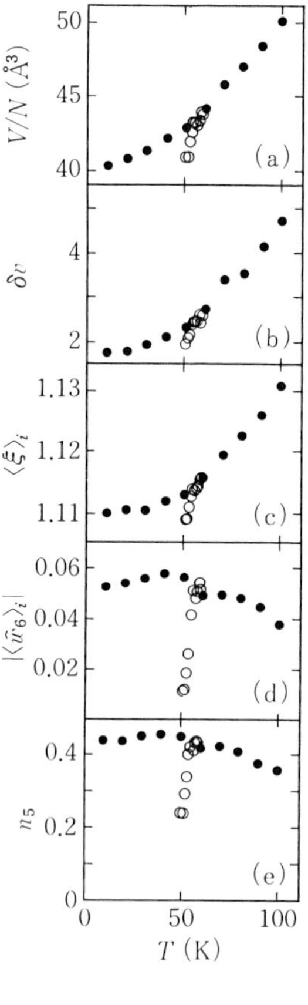

図 10-12 ミクロな構造パラメタ対温度．(a) Voronoi 体積の平均値 $\langle v_i \rangle$，(b) ミクロな密度のゆらぎのパラメタ δv，(c) ミクロな歪みのパラメタ $\langle \xi \rangle_i$，(d) 局所対称性パラメタ $\langle \hat{w}_6 \rangle_i$，(e) Voronoi 多面体の表面パラメタのうち，5 角形表面に対するもの n_5．(F. Yonezawa: *ibid*., p. 179.)

わすパラメタであるといってよい.

図 10-12 には，急冷の際のミクロな構造パラメタの変化が示されている．これらのパラメタは，アモルファス構造の特徴をよくとらえていることが図から明らかである.

これらのミクロなパラメタの詳細な解析から，結合力に方向性のない物質のアモルファス構造では，結晶には存在しない 5 回対称性が局所的に現われ，それがアモルファス構造を安定化し，特徴づけていることが示される.

11
長距離秩序のある非結晶物質 ――準結晶

結晶のもつ長距離秩序のいくつかがこわれているが，なお長距離秩序のある部分は残っている物質に，準結晶と，液晶とがある．ここでは，紙数の都合で，準結晶のみを紹介する．

11-1　5回対称性をもつ Laue 図形の出現

前章で説明されたように，微粒子，ガラスには5回対称性，より正確には20面体対称性がエネルギー的要請から存在する．一方，結晶に関しては，「5回

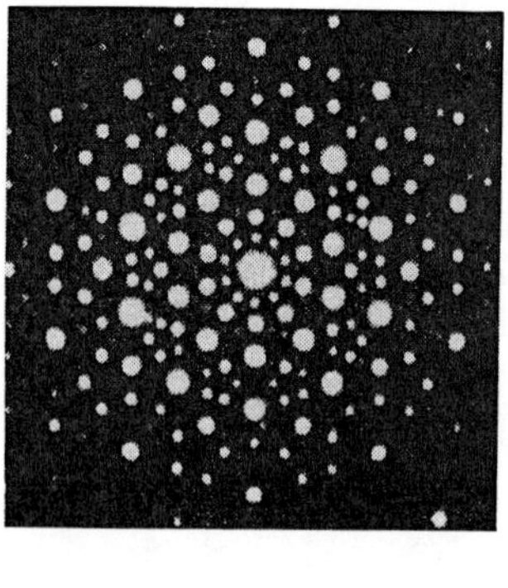

図 11-1　Al_6Mn の電子線回折像．(D. Schechtman, I. Blech, D. Gratias and J.W.Cahn: Phys. Rev. Lett. **53** (1984) 1951.)

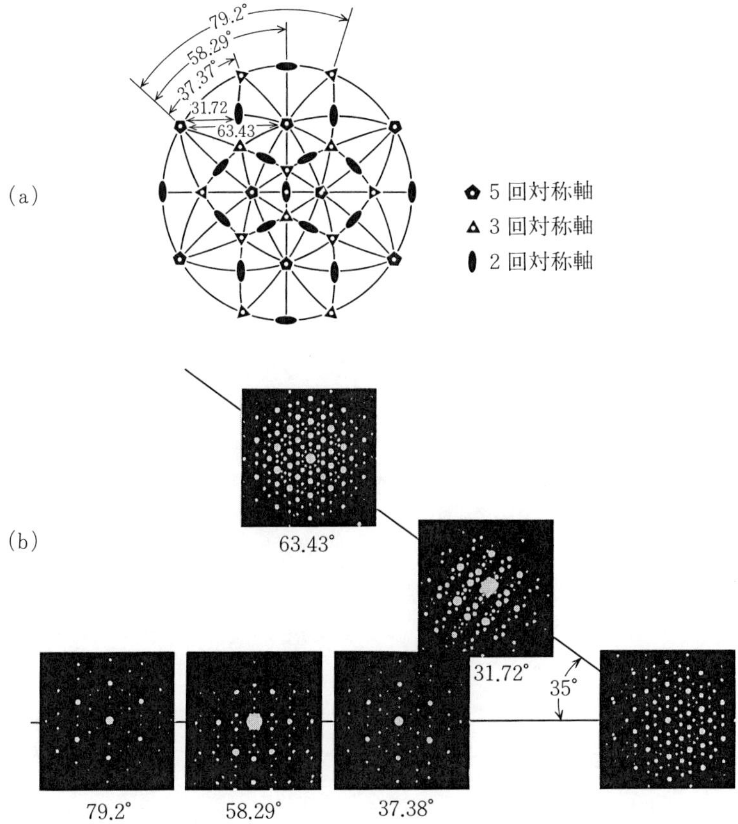

図 11-2 (a) 20 面体の対称性を表わす立体投影図．角度は対称軸間の値．(b) (a)で示される角度だけ回転して得られた電子線回折像．(D. Schechtman, *et al.*: *ibid.*)

回転対称性は周期性と相容れず，結晶には5回対称軸は存在しない」ことが結晶学の常識であった．いいかえれば，図 11-2 のような鮮明な Laue 斑点は，周期構造の結果生ずるものであって，「5回回転対称軸をもつ Laue 図形」などというものは，本来起こり得ないものであると結論できる．

ところが，この不可能なはずの5回対称性をもつ Laue 図形が 1983 年に見つかったのである．図 11-1 がその Laue 像である．物質は Al_6Mn で，図 11-2

(a)に示されるように，入射角を変えながら電子線回折像を観測すると，(b)のように，ひとつは5回→3回→5回と，もうひとつは5回→3回→2回→3回と対称性が変わり，5回対称軸が6本，3回対称軸が10本，2回対称軸が15本あることがわかった．図11-3で明らかなように，これはまさしく20面体の対称性である．

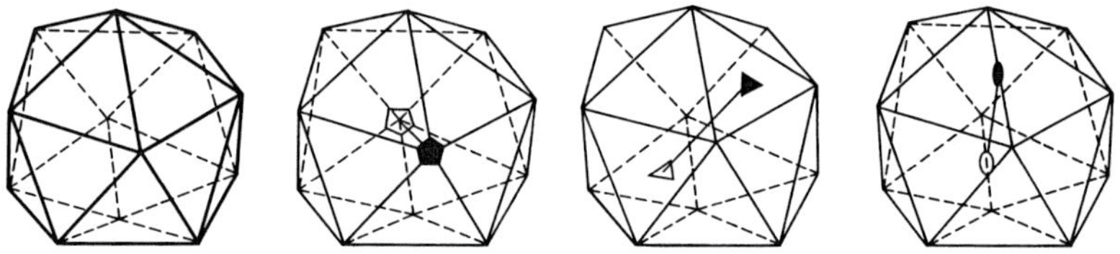

(a)正20面体　(b)5回対称軸(6本)　(c)3回対称軸(10本)　(d)2回対称軸(15本)

図11-3　正20面体のもつ対称性．

11-2　準結晶の定義

この不可能を可能にしたような物質たちは，新しい種類の秩序をもつものとして注目され，「周期的な並進対称性をもつ結晶」の概念を拡張して，「準周期的な対称性をもつ構造」としての**準結晶**(quasi-crystals．準周期結晶(quasi-periodic crystals)の省略形)という言葉が導入された．

準結晶の定義は，

(1)　格子点の分布関数のFourier変換が逆格子空間内のδ関数の和で表わされ，

かつ

(2)　周期的な並進対称性と抵触するような空間対称性をもつ

ような不整合結晶である．並進対称性と抵触するような対称性としては，20面体構造ばかりでなく，10角形対称，12面体対称なども含まれる．上の定義を実験の言葉で表わすと，回折像が

(1)　鮮明なLaue斑点をもち，

かつ

（2） 結晶では現われないような対称性を示す

物質ということになる．

アルミニウムと遷移金属の合金などが準結晶になるが，これらは液体の冷却で作成される．その際，結晶化を起こすほど徐冷でなく，ガラス転移を起こすほど急冷ではない，中間の冷却速度で準結晶が実現される．液体から準結晶への転移は体積の変化を伴う1次の相転移で，準結晶の体積はガラスと結晶の中間である．さらに準結晶を適当な条件でアニールすると，1次の相転移を経て結晶になることから，準結晶もひとつの準安定状態であることがわかる．

11-3 2次元の準結晶

準結晶の原子構造を理解するうえで大きな役割を果たしたのが，図11-4(a)のPenroseタイルである．このタイルは，内角が72°（＝36°×2）と108°（＝36°

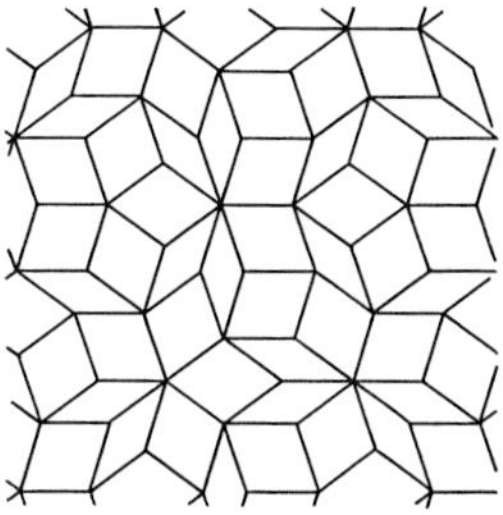

(a)

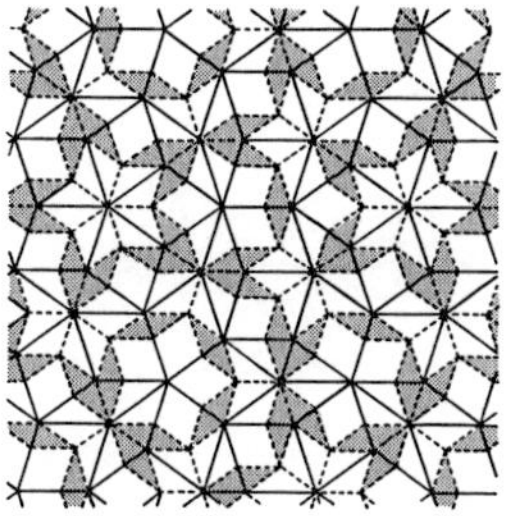

(b)

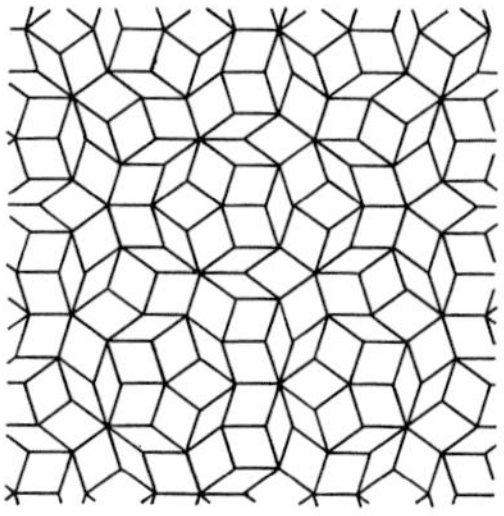

(c)

図11-4 (a) Penroseタイル張り．(b) 縮小則により作られた1世代下のPenroseタイル張り（もとのPenroseタイル張りと対応をつけるため，模様がつけられている）．(c) この操作によって得られた1世代下のPenroseタイル張り．

×3) からなる太った菱形と，内角が 36°（=36°×1）と 144°（=36°×4）からなる細い菱形の 2 種類の構成単位でできている．太い菱形と細い菱形の面積の比は，黄金比 $\tau=(\sqrt{5}+1)/2$ である．黄金比は定義から

$$\tau^2-\tau-1 = 0 \qquad (11.1)$$

の根である．

Penrose タイルを作成するには，図 11-5(a)の構造のどれかから出発する．実は Penrose タイルに現われるバーテックスは，この図で示される 8 種類のみである．2 重矢の先が集まっている点をポール(図の●)とよぶ．出発点に選んだ構造の中のタイルのおのおのに，図 11-5(b)のような模様を色づけする．白い部分，色づけされた部分はそれぞれ，1 辺の長さがもとの $1/\tau$ で，面積が $1/\tau^2$ であるような太い菱形と細い菱形の部分になっていることがわかる．この縮小操作を繰り返すと，図 11-4(a)の Penrose タイルから(b)と(c)の 1 世代下の Penrose タイルが得られる．無限回の操作の後は，さらに操作を行なっても得られるタイル張りは全体の構造が変わらないというのが Penrose タイルの定義である．その意味で Penrose タイルは自己相似的である．

さらに，Penrose タイルの太い菱形と細い菱形の出現数の比も τ になることが，次の手順で示される．図 11-5(b)の操作で，はじめに太い菱形と細い菱形の数がそれぞれ N_A 個と N_B 個あったとすると，操作後には $2N_A+N_B$ 個と N_A+N_B 個になる．両者の数の比が操作前後で不変であるとすると，N_A/N_B は(11.1)式を満たし τ になる．2 種類の構成要素の出現比が τ という無理数になるというのは，構造が周期的ではあり得ないことを意味している．

しかしボンド(菱形の辺)は，72° の倍数である 5 つの方向のいずれかを向いている．このボンドの向きに関する秩序(bond orientational order. BOO と略記)は，無限の彼方まで保存されている長距離秩序である．

ボンドの向きのみでなく，系全体についても 5 角形対称性が存在する．すなわち，Penrose 張り全体の図形を 72° ずつ回転しても，ジグザグ梯子で特徴づけられるもとの構造とほぼ似たものになる．

しかも，これらの梯子間の距離は図 11-6 に示されるように，長い間隔 L と

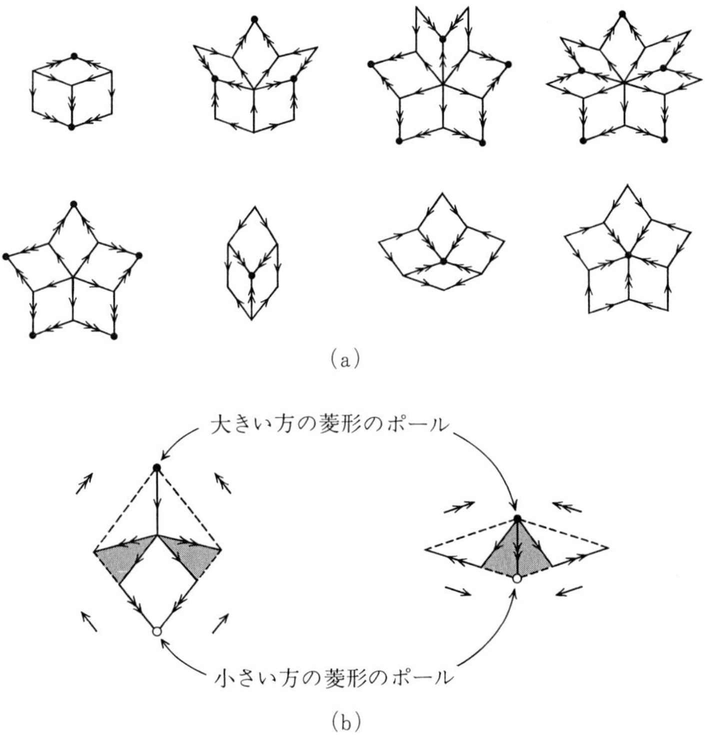

図 11-5 (a)縮小法(デフレーション)によって Penrose タイル張りを作る際の出発点の構造はこの8種類のみである.(b) Penrose タイル張りの縮小則. タイルの模様づけをする. 矢印も図のような規則に従ってつける(縮小前の Penrose タイルに割り当てられた1重矢印と2重矢印が, 菱形から離れたところに描かれている).

短い間隔 S のいずれかである. 幾何学的な考察から, L と S の長さの比も出現数の比も, ともに τ であることがわかる.

これらを総合して, Penrose タイルは次の特徴をもっていることがわかる.

(1) 構造の非周期性.

(2) タイルの並びに関する自己相似性.

(3) ボンドの向きに関する長距離秩序(BOO).

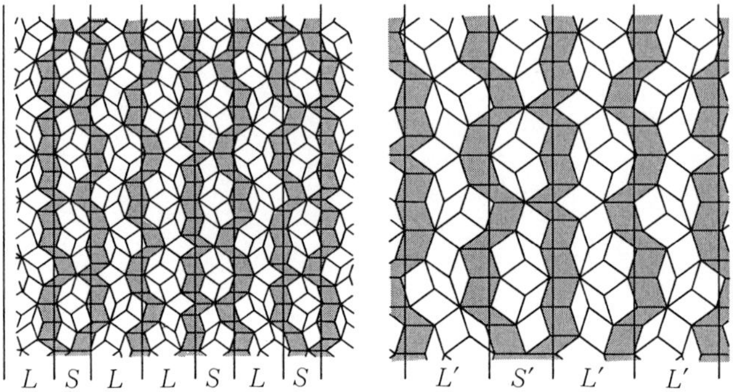

図 11-6 (**a**) 同じ向きにのびたジグザク梯子の中心をつらぬく線は，1 次元準周期的な並び方をしている．タイルの並び方の幾何学的な解析から，$L:S=\tau:1$ であることが示される．(**b**) 左の図より 1 世代上の Penrose タイル．インフレーションの規則から $L+S=L'$, $L=S'$ となっていることが示される．

(4) 構造全体の 5 角形対称性．

(5) 準周期的並進対称性．

11-4 準周期性の本質

図 11-6 の長い間隔 L と短い間隔 S の配列は Penrose タイルの特徴を反映して自己相似的である．これは図 11-6 の(a)と(b)の比較でも明らかであるが，図 11-7 はより分かりやすい説明図になっている．1 世代上の配列を作るには(インフレーションとよぶ)，$L+S$ を新しく L_1 にし，L を新しく S_1 にすればよいし，1 世代下の配列を作るには(デフレーションとよぶ)，S を新しい L' にし，L を $L'+S'$ に分ければよい．L と S のこの並び方は，Fibonacci 列として知られているものである．この並び方は，最初 1 個の L から出発して，デフレーションの操作を繰り返して実行することによって作られる．

Fibonacci 列を作り出すもうひとつの方法は，直接投影法とよばれるものである．図 11-8 を使ってこの方法を説明しよう．いま，2 次元空間を x 軸，y

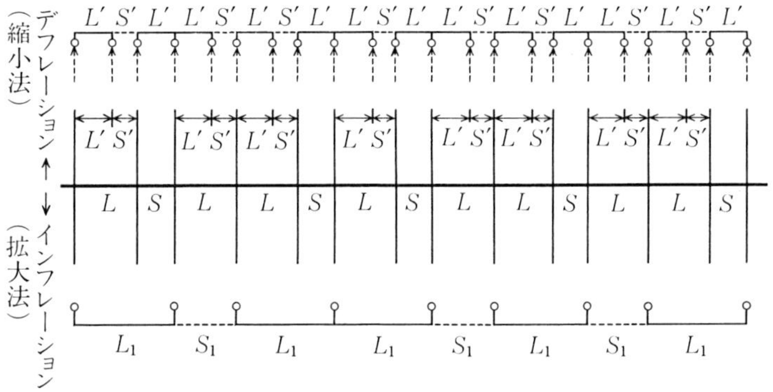

図 11-7 Fibonacci 数列に従って並んだ，長い間隔(L, L', L_1 などで表わされている)と，短い間隔(S, S', S_1 などで表わされている)とからなる 1 次元準周期系．図では，デフレーション(縮小法)とインフレーション(拡大法)が示されている．

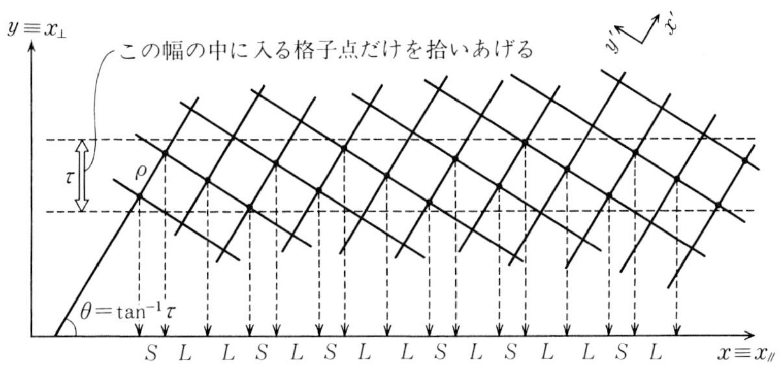

図 11-8 2 次元正方格子の格子点を $x_{/\!/}$ 軸に投影したもの．このとき $x_\perp$ 方向に測って幅 τ のリボン状の領域の中に入る格子点だけを考慮にいれる．

軸で規定し，その上に正方格子(x' 軸，y' 軸方向に格子が並んでいる)を置く．このときに，正方格子の x' 軸が 2 次元空間の x 軸となす角 θ を，$\theta = \tan^{-1}\tau$ となるようにする．また，正方格子の単位胞の正方形の 1 辺の長さ ρ を，$\rho = \sqrt{1+(1/\tau)^2}$ を満たすように選ぶ．そうすると，正方格子の x' 軸方向の 1 辺 ρ の，x 軸への投影の長さは，$1/\tau$，y 軸への投影の長さは，1 となる．y' 軸方向の1辺ρの，x軸への投影の長さも，1となる．

さらに，x軸に平行に幅τのリボン状の領域を決め，正方格子の格子点がこのリボン幅の中に入る場合にだけ，格子点をx軸に投影する．このときx軸上に投影された点の集まりはFibonacci列を形成する．

直接投影法の利点は，Laueの斑点が，周期性のない系でどのようにして鮮明になるかという，準結晶で最も興味ある問題への答えが得られることである．

いま，正方格子の格子ベクトルを$\boldsymbol{R}_n$とし，逆格子ベクトルを$\boldsymbol{K}$とすると，

$$\boldsymbol{K}\cdot\boldsymbol{R}_n = 0 \qquad (\mathrm{mod}\ 2\pi) \tag{11.2}$$

と書ける．$\boldsymbol{R}_n, \boldsymbol{K}$の，$x$軸への投影を$X_n, K_x$と書き，$y$軸への投影を$Y_n, K_y$と書くと，上の式は

$$\boldsymbol{K}\cdot\boldsymbol{R}_n = K_x\cdot X_n + K_y\cdot Y_n = 0 \qquad (\mathrm{mod}\ 2\pi) \tag{11.3}$$

となる．

x軸上のFibonacci列からの回折像を求めるためには，これらの各点からのδ関数的散乱の和のFourier変換$\rho(K_x)$を計算すればよく，これは

$$\rho(K_x) \equiv \sum\ [iK_x\cdot X_n] = \sum_Y\ [-iK_y\cdot Y_n] \tag{11.4}$$

となる．最後の和は，Y_nがリボン領域内にあるものについてだけ取る約束になっている．格子点の数Nが∞の極限では，この最後の和は，積分に置き換えることができる．このとき，リボンの幅τのなかの格子点のy座標の分布関数を掛けて積分を行なう．Fibonacci列では，この分布はリボンの内部で一定，外部でゼロであるので，$\rho(K_x)$はNの大きさの量になる．したがって，x軸上のX_n列からの回折像は鮮明なLaue斑点を与えることが証明された．

11-5　3次元の準結晶

3次元の準結晶は，図11-9に記述される6つのベクトルで定義される2種類の平行6面体(各面は菱形でできている)で作られる．これらはデフレーションやインフレーションの操作によって作成され，構造の自己相似性が保証されて

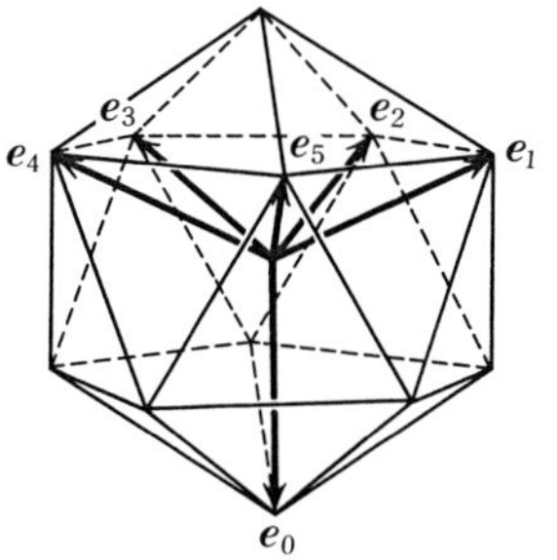

図 11-9 20 面体対称性を定義する 6 つのベクトル $\boldsymbol{e}_0, \boldsymbol{e}_1, \cdots, \boldsymbol{e}_5$.

いる．当然，周期的な並進対称性はない．ボンドの向きの秩序(BOO)および 20 面体対称性は，定義から明らかである．

また，この構造が 6 次元の超立方格子構造の直接投影法で作られることも確かめられており，準周期的な並進対称性がある．鮮明な Laue の斑点の出現の証明は，Fibonacci 列の場合と同様の方法で，6 次元からの投影を使って行なうことができる．

補章 I

Kohn-Sham 理論での交換エネルギーと相関エネルギー

密度汎関数法の基礎については，2-2 節において詳しく説明した．密度汎関数法に基づく，従来の多くの計算は局所密度近似(LDA)あるいは，局所スピン密度近似(LSDA)を用いている．一方，5-3 節では，LDA および LSDA の問題点について触れ，次のステップの近似として，密度勾配展開法を簡単に紹介した．そこで述べた GGA は最近のほとんどの具体的計算で用いられるようになっている．固体の凝集性質については，GGA が LSDA よりも良い結果を与えることが多いが，LSDA の欠陥を過度に修正することもある．しかし，化学反応の活性化エネルギーの見積もりなどでは，GGA が LSDA に較べて大幅な改良を与えることが多く，量子化学の分野でも GGA による計算が盛んに行なわれるようになりつつある．しかしながら，GGA については現在もなお議論が盛んに行なわれており，その詳細を説明することは必ずしも時宜を得たことではない．そこで，GGA の妥当性の判断，それを改良・発展させていく際の指針などを与える，密度汎関数法の基本的な事柄について説明を補足しておく．

2-2 節 b 項で述べたように，Kohn-Sham(KS)の理論では多電子問題を有効場の中の 1 電子問題にすり替える．2-2 節 a 項での理論と対応させると，KS

理論では(2.46)式の $F[n]$ は電子間の相互作用 V_{ee} を除いた

$$F_{\mathrm{KS}}[n] = \langle \phi^{n}_{\min} | T | \phi^{n}_{\min} \rangle \qquad \text{(AI.1)}$$

で置き換えられたことになり，一方，(2.62)式の $v(\boldsymbol{r})$ が(2.48)式などに現われる $v_{\mathrm{ext}}(\boldsymbol{r})$ に置き換わる．このことは，3-2 節で述べたように，KS 方程式の有効ポテンシャル v を電子密度とは独立な変分パラメタとみなしても，KS 理論が成り立つことを考えれば容易に理解できる．2-2 節 a 項では，多電子系の基底状態の電子密度を n_{GS} とし，それを与える波動関数を ψ_{GS} としているが，同じ n_{GS} を与える，相互作用のない仮想的な電子系の基底状態の波動関数を ϕ_{GS} と書くことにしよう．(2.55)式の交換相関エネルギー E_{xc} を

$$E_{\mathrm{xc}}[n] = E_{\mathrm{x}}[n] + E_{\mathrm{c}}[n] \qquad \text{(AI.2)}$$

のように，交換エネルギー $E_{\mathrm{x}}[n]$ と相関エネルギー $E_{\mathrm{c}}[n]$ に分離する．KS 理論での $E_{\mathrm{x}}[n]$ を

$$E_{\mathrm{x}}[n_{\mathrm{GS}}] = \langle \phi_{\mathrm{GS}} | V_{\mathrm{ee}} | \phi_{\mathrm{GS}} \rangle - U[n_{\mathrm{GS}}] \qquad \text{(AI.3)}$$

で定義する．ただし，$U[n]$ は電子密度 $n(\boldsymbol{r})$ をもつ系の古典的な電子間 Coulomb 相互作用エネルギーである．一方，E_{c} は

$$E_{\mathrm{c}} = \langle \psi_{\mathrm{GS}} | T + V_{\mathrm{ee}} | \psi_{\mathrm{GS}} \rangle - \langle \phi_{\mathrm{GS}} | T + V_{\mathrm{ee}} | \phi_{\mathrm{GS}} \rangle \qquad \text{(AI.4)}$$

で与えられる．ψ_{GS} は $T + V_{\mathrm{ee}}$ を最小にするのに対して，ϕ_{GS} は T を最小にするのであるから，

$$E_{\mathrm{c}} < 0 \qquad \text{(AI.5)}$$

が判る．(AI.4)式に運動エネルギーの寄与があるのは，3-1 節の後半で説明したとおりである．ただし，そこでの議論に少しあいまいな点があったので，多少の説明をつけ加えておこう．(AI.3)式の E_{x} の定義から明らかなように，KS 理論での交換エネルギーには運動エネルギーの寄与は全く含まれていない．したがって，(3.14)〜(3.19)式での t_{xc} と δT_{xc} における交換エネルギーの寄与はゼロであり，それらは $t_{\mathrm{c}}, \delta T_{\mathrm{c}}$ と書くべきである．文献(M. Levy and J. P. Perdew: Phys. Rev. **A32**(1985)2010)によると，現実の金属に対する r_s パラメタ((2.43)式)の領域では，$r_s = 2, 4, 6$ に対応する $(\varepsilon_{\mathrm{c}}, t_{\mathrm{c}})$ の具体的な値はエネルギーの単位を Hartree として，$(-0.045, 0.025)$, $(-0.032, 0.015)$,

$(-0.026, 0.011)$ である．

(AI.2)式のように，E_{xc} を E_x と E_c に分離したことに対応して，(2.71)式の右辺の n_{xc} を n_x と n_c に分離すると，以下の関係が成り立つ．

$$n_{xc} = n_x + n_c \tag{AI.6}$$

$$n_x(\boldsymbol{r}, \boldsymbol{r}') \leqq 0 \tag{AI.7}$$

$$\int d^3r' \, n_x(\boldsymbol{r}, \boldsymbol{r}') = -1 \tag{AI.8}$$

$$\int d^3r' \, n_c(\boldsymbol{r}, \boldsymbol{r}') = 0 \tag{AI.9}$$

密度汎関数法における KS 理論での交換エネルギー E_x は，Hartree-Fock 法での交換エネルギーとは厳密には同じではない．相互作用のない仮想的な電子系という概念を導入することによって定義された(AI.3)式の E_x は以下で示すようないくつかの単純な関係式を満たす．これらの関係式のうち，最も基本的なもののいくつかについてはその導出の過程も述べるが，多くは結果を示すにとどめることをあらかじめ断わっておく．

1)　スピン分極

(2.83)式で与えられるようなスピン分極が存在する場合に，交換エネルギー E_x がどう表わされるかを考える．(AI.3)式の ϕ_{GS} は相互作用のない電子系のものであるから，

$$E_x[n_+, n_-] = E_x[n_+, 0] + E_x[0, n_-] \tag{AI.10}$$

が成り立つ．通常の Hartree-Fock 法では，これに対応する関係式はない．$n_+(\boldsymbol{r}) = n_-(\boldsymbol{r}) = n(\boldsymbol{r})/2$ の場合には，上式は

$$E_x[n] = E_x[n/2, n/2] = 2E_x[n/2, 0] = 2E_x[0, n/2] \tag{AI.11}$$

が成り立ち，したがって

$$E_x[n_+, n_-] = \frac{1}{2}\{E_x[2n_+] + E_x[2n_-]\} \tag{AI.12}$$

が得られる．この関係式を用いれば，スピン分極のある場合の交換エネルギーは，スピン分極のない場合の交換エネルギーを用いて表わすことができる．こ

のような簡単な関係式は，相関エネルギー E_c については成り立たない．

2）電子座標スケーリング

密度汎関数法での基本的な量は1電子密度 $n(\boldsymbol{r})$ であるが，それに対して以下のような座標のスケーリングを導入する．

$$n_\lambda(x,y,z) = \lambda^3 n(\lambda x, \lambda y, \lambda z) \qquad \text{(AI. 13)}$$

$$n_{\lambda\lambda}^{xy}(x,y,z) = \lambda^2 n(\lambda x, \lambda y, z) \qquad \text{(AI. 14)}$$

$$n_\lambda^{x}(x,y,z) = \lambda n(\lambda x, y, z) \qquad \text{(AI. 15)}$$

これらのスケーリングに対して，E_x や E_c がどのように振る舞うかが Levy らによって詳しく調べられている（M. Levy and J. P. Perdew: Phys. Rev. **A32** (1985) 2010, M. Levy: Phys. Rev. **A43** (1991) 4637 および M. Levy and J. P. Perdew: Int. J. Quantum Chem. **49** (1994) 539）．E_x や E_c が満たすべきこれらの厳密な性質は GGA の妥当性の判定，改良の際の指針として重要な役割を果たす．$\lambda>1$ での $n_\lambda(\boldsymbol{r})$ は，もとの $n(\boldsymbol{r})$ を狭い領域に圧縮することに対応し，$\lambda<1$ ならその逆である．したがって，$\lambda\to\infty$ (0) は高（低）密度の極限をとることになる．

$n_\lambda(\boldsymbol{r})$ についての E_x を考えるということは，$n_\lambda(\boldsymbol{r})$ を基底状態の1電子密度とする系での E_x を求めるということである．$\psi(\{\boldsymbol{r}_i\})=\psi(\boldsymbol{r}_1, \boldsymbol{r}_2, \cdots, \boldsymbol{r}_N)$ が，1電子密度 $n(\boldsymbol{r})$ をもつ系の基底状態の波動関数であるとする．（基底状態を意味する添字の GS を省く．）$n_\lambda(\boldsymbol{r})$ をもつ系の基底状態の波動関数を $\psi_\lambda(\{\boldsymbol{r}_i\})$ と表わすと，

$$\psi_\lambda(\{\boldsymbol{r}_i\}) = \lambda^{3N/2}\psi(\{\lambda\boldsymbol{r}_i\}) \qquad \text{(AI. 16)}$$

が成り立つかどうかを調べてみよう．多電子系をそのまま扱う場合には，

$$(T+V_\mathrm{ee}(\{\boldsymbol{r}_i\})+V_\mathrm{ext}(\{\boldsymbol{r}_i\}))\psi(\{\boldsymbol{r}_i\}) = E\psi(\{\boldsymbol{r}_i\}) \qquad \text{(AI. 17)}$$

が成り立つ．ここで，全ての電子座標を $\{\boldsymbol{r}_i\}\to\{\lambda\boldsymbol{r}_i\}$ とスケールして (AI. 17) 式を整理すると，

$$(T+\lambda V_\mathrm{ee}(\{\boldsymbol{r}_i\})+\lambda^2 V_\mathrm{ext}(\{\lambda\boldsymbol{r}_i\}))\psi(\{\lambda\boldsymbol{r}_i\}) = \lambda^2 E\psi(\{\lambda\boldsymbol{r}_i\}) \qquad \text{(AI. 18)}$$

となる．(AI. 18) 式から明らかなことは，電子間相互作用が λ 倍されているので，$\lambda\neq1$ の場合には $\psi(\{\lambda\boldsymbol{r}_i\})$ はいかなる外場においても真の多電子系の固有

状態にはなっていない．したがって，(AI. 16)式は成り立たない．一方，KS 理論での基底状態波動関数については，(AI. 17), (AI. 18)式で V_{ee} の項はなく，有効1電子ポテンシャルを V_{ext} としたものになっている．すなわち，(AI. 16)式のようにスケール変換した波動関数は，V_{ext} を適当に変換すれば固有状態である．したがって $n_\lambda(\boldsymbol{r})$ に対する E_x は，(AI. 3)式において ϕ_{GS} に(AI. 16)式のスケール変換を行なえば得られることになる．このことから直ちに

$$E_x[n_\lambda] = \lambda E_x[n] \qquad \text{(AI. 19)}$$

が得られる．この関係式も，Hartree-Fock 法での交換エネルギーについては成り立たない．(AI. 14), (AI. 15)式の非一様なスケーリングに対しては，次の関係が導かれている．

$$\lim_{\lambda\to\infty} E_x[n_\lambda^x] > -\infty \qquad \text{(AI. 20)}$$

$$\lim_{\lambda\to 0} \lambda^{-1} E_x[n_{\lambda\lambda}^{xy}] > -\infty \qquad \text{(AI. 21)}$$

相関エネルギーに対するスケーリング則についてもその結果を記しておこう．

$$E_c[n_\lambda] < \lambda E_c[n] \qquad (\lambda<1) \qquad \text{(AI. 22)}$$

$$E_c[n_\lambda] > \lambda E_c[n] \qquad (\lambda>1) \qquad \text{(AI. 23)}$$

$$\lim_{\lambda\to\infty} E_c[n_\lambda] > -\infty \qquad \text{(AI. 24)}$$

$$\lim_{\lambda\to\infty} E_c[n_\lambda^x] = 0 \qquad \text{(AI. 25)}$$

$$\lim_{\lambda\to\infty} E_c[n_{\lambda\lambda}^{xy}] = 0 \qquad \text{(AI. 26)}$$

$$\lim_{\lambda\to 0} \lambda^{-1} E_c[n_\lambda^x] = 0 \qquad \text{(AI. 27)}$$

$$\lim_{\lambda\to 0} \lambda^{-1} E_c[n_{\lambda\lambda}^{xy}] = 0 \qquad \text{(AI. 28)}$$

3) 交換エネルギーの密度勾配展開における長波長極限

交換エネルギーを

$$E_x[n] = \int d^3r\, n(\boldsymbol{r}) \varepsilon_x(n) F_x(s) \qquad \text{(AI. 29)}$$

と表わす．ただし，$\varepsilon_x(n) = -\frac{3}{4}\left(\frac{3}{\pi}\right)^{1/3} e^2 n^{1/3}$ は LDA での交換エネルギー密

度であり，s は無次元化された電子密度勾配で $s=|\nabla n|/2k_{\mathrm{F}}n$ である．s が小さいときの $F_{\mathrm{x}}(s)$ の展開は

$$F_{\mathrm{x}}(s)=1+\frac{10}{81}s^2 \tag{AI.30}$$

となることが判っている（D. C. Langreth and S. H. Vosko: *Advances in Quantum Chemistry*, vol. 21（Academic Press, 1990）p. 175 を参照．（AI. 30）式の第 2 項の係数は，Sham による 7/81 とは異なっていることに注意）．

4） Lieb-Oxford の関係

Lieb と Oxford によって最初に導かれ，Perdew らによってより厳しい条件へと絞りこまれた次の不等式がある（M. Levy and J. P. Perdew: Phys. Rev. **B 48**（1993）11638）．

$$\lim_{\lambda\to 0}\lambda^{-1}E_{\mathrm{xc}}[n_\lambda]\geqq -Ce^2\int n^{4/3}d^3r \tag{AI.31}$$

ただし，$1.68\geqq C\geqq 1.43$ である．（AI. 19），（AI. 22）式から

$$E_{\mathrm{xc}}[n]\geqq\lambda^{-1}E_{\mathrm{xc}}[n_\lambda]\qquad(\lambda<1) \tag{AI.32}$$

であるから，（AI. 31）式よりやや緩い条件として

$$E_{\mathrm{xc}}[n]\geqq -Ce^2\int n^{4/3}d^3r \tag{AI.33}$$

が成り立つ．

5） GGA の妥当性の判断

交換相関エネルギーについて（AI. 29）式と同様に

$$E_{\mathrm{xc}}[n]=\int d^3r\,n(\boldsymbol{r})\varepsilon_{\mathrm{x}}(n)F_{\mathrm{xc}}(r_s,s) \tag{AI.34}$$

と表わすことにする．GGA として，種々の $F_{\mathrm{xc}}(r_s,s)$ の提案があり，そのいずれが妥当であるかの判断は容易ではない．単に結果さえよければというのではなく，これまでに述べてきた E_{x} と E_{c} の満たすべき関係式をできるだけ多く満足させるという原則によるものとしては，5-3 節に引用した Perdew による論文で提案されている GGA があり（PW91 と呼ばれる），それが固体の電子

状態計算では広く用いられている．LDA あるいは LSDA は結構多くの厳密な関係式((AI. 6)～(AI. 9), (AI. 12), (AI. 19), (AI. 22), (AI. 23), (AI. 33))を満たしている．PW91 はそれらに加えて，(AI. 20), (AI. 21), (AI. 25)～(AI. 28), (AI. 30)をも満たしている．さらに，ほんの少しの修正を加えると，(AI. 24)も満足させることができる．ここで述べた関係式に加えて，さらにいくつかの厳密な関係式を導き，種々の GGA を比較検討することは，すぐ上で引用した論文において Levy と Perdew によって行なわれている．一方，かなり違った観点からの GGA が提案されているが(J. P. Perdew, K. Burge and M. Ernzerhof: Phys. Rev. Lett. 77(1996)3865)，数値的には PW91 と非常に似通ったものである．このことは，GGA の改良を進める方針にやや混乱をもたらすようにも思えるが，あるいは大幅な改良の前触れであるのかも知れない．

PW91 での(AI. 34)式の $F_{xc}(r_s, s)$ を図 AI-1 に示す．現実の物質で問題になる r_s とあまり大きくない s の値について見ると，s の増大とともに，$F_{xc}(r_s, s)$ が増大する．このことは，電子密度勾配が大きいほど交換相関エネルギーが下がることを意味しており，GGA が密度勾配を増長させる傾向があることを示唆している．このことは 5-3 節 a 項で述べたように，GGA が CoO の軌道分極を引き起こすことと関係している．同様のことはペロブスカイト型遷移金属酸化物での軌道分極の計算にも見られる(H. Sawada, N. Hamada,

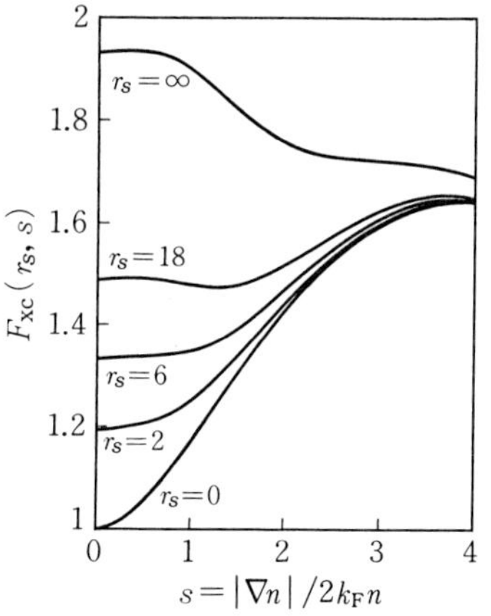

図 AI-1 PW91 による，(AI. 34)式の $F_{xc}(r_s, s)$ を示す．(M. Levy and J. P. Perdew: Phys. Rev. **B48**(1993) 11638 の Fig. 1 より転載.)

K. Terakura and T. Asada: Phys. Rev. **B53**(1996)12742).

表 2-1 において，原子の全エネルギー計算の LSDA の結果を示したが，それに対して，交換エネルギー，相関エネルギーの LSDA での値，PW91 での値を表 AI-1 に示す．PW91 は具体的な原子などの計算結果を一切用いることなしに作られたものであるが，LSDA の結果を大幅に改善していることが判る．

表 AI-1 いくつかの原子に対する，交換エネルギーと相関エネルギーの計算例(単位は Rydberg)．主として，J.P. Perdew *et al.*: Phys. Rev. **B46**(1992)6671 における Table I のデータを加工した．相関エネルギーの“厳密”の欄での括弧内の数値は S. J. Chakraverty *et al.*: Phys. Rev. **A47**(1993)3649 による．

	交換エネルギー			相関エネルギー		
	HF	LSDA	PW91	厳密	LSDA	PW91
He	−2.05	−1.77	−2.03	−0.084	−0.23	−0.09
Be	−5.33	−4.62	−5.29	−0.188	−0.45	−0.19
Ne	−24.22	−22.06	−24.23	−0.780	−1.49	−0.77
Mg	−31.99	−29.22	−31.96	−0.887 (−0.876)	−1.78	−0.90
Al	−36.14	−33.06	−36.09	−0.961 (−0.940)	−1.93	−0.98
Ar	−60.37	−55.72	−60.25	−1.574 (−1.444)	−2.86	−1.54

補章 II

結晶転位

AII-1　結晶転位

図 AII-1(a)のように物体の上下二つの面に反対向きに強いずれ応力を加えた結果，物体が同図(d)のように変形し，“断層” S ができたとしよう．この場合，S をはさんで両側が一度に反対向きにずれるのではなく，ずれは，たとえば(b)のような経過をたどって進行する．(b)では，ずれは S_1 としるした部分では完了しているが，S_2 としるした部分ではまだ起きていない．その境界(⊥ 印を結ぶ線)付近を**転位**(dislocation)とよぶ．

元の結晶が単純立方格子なら，(b)の場合，転位のところの微視的構造は，図 AII-2 のようになっていると考えられる．ずれが終わっていない S_2 のところは元の結晶構造が少しゆがんだ形をしているが，そのゆがみは，右方無限遠では解消し，図 AII-1(b)の物体の ⊥ より右半分は完全結晶の構造をもつ．他方，ずれが終わった S_1 の部分も，やはり，図 AII-2 のように左遠方にいくにしたがい完全結晶に近い構造になるはずである．というのは，完全結晶中の原子の並び方が，いちばんエネルギーが低く安定な構造であるため，ずれがおき

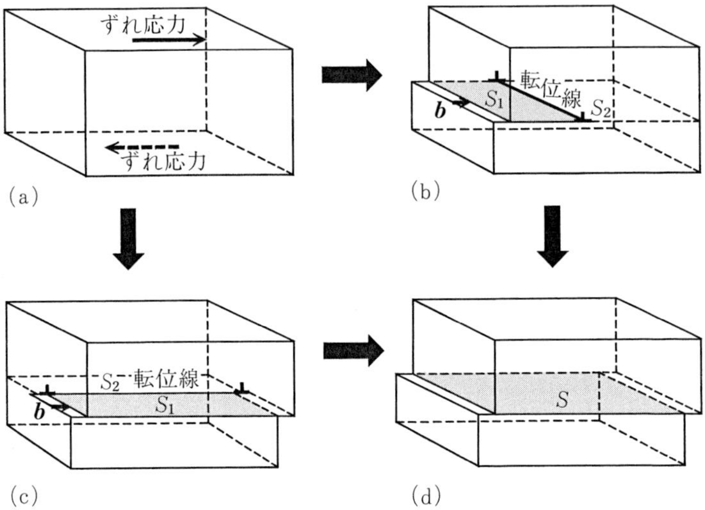

図 AⅡ-1 ずれの途中にできる転位の例.

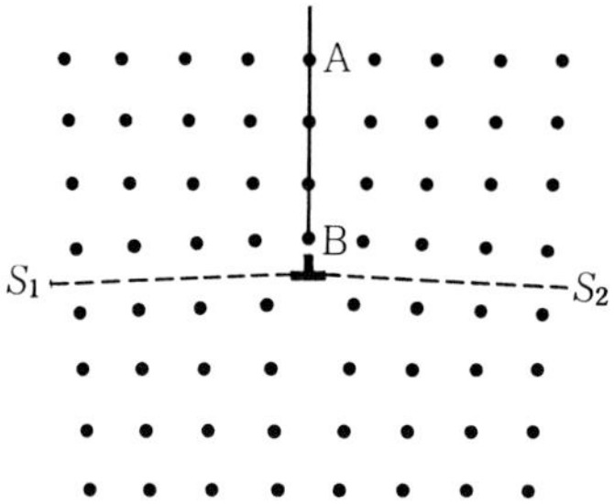

図 AⅡ-2 刃状転位の転位芯構造.

た後も局所的にはなるべく完全結晶に近い構造が実現されるからである．したがって，ずれ変形が完成していないことによる“無理”は，この図の中央部に集中していて，ここに 5 角形の構造が現われると想像されている．5 角形をつらぬく直線を想像して，それを**転位線**(dislocation line)という．転位線のすぐ周囲の領域を**転位芯**(dislocation core)という．

図 AⅡ-2 の構造は，単純立方構造の結晶に結晶面 AB が侵入したと見ることもできる．そこで，この面を**余計な半平面**(extra half plane)とよぶ．また，この半平面を物体を切り裂く刃とみたてて，この型の転位を**刃状転位**(edge dislocation)とよぶ．

ずれの進行の仕方は1通りではない．図AII-1(c)のようにずれが手前から奥へ進行することもあろう．このときも，ずれが完了した面S_1とまだずれていない面S_2の間に境界ができるが，これもやはり転位である．この物体の左の面を上にすると，原子は図AII-3のようにらせん階段状に並んでいるだろう．この型の転位を**スクリュー転位**(screw dislocation)という．

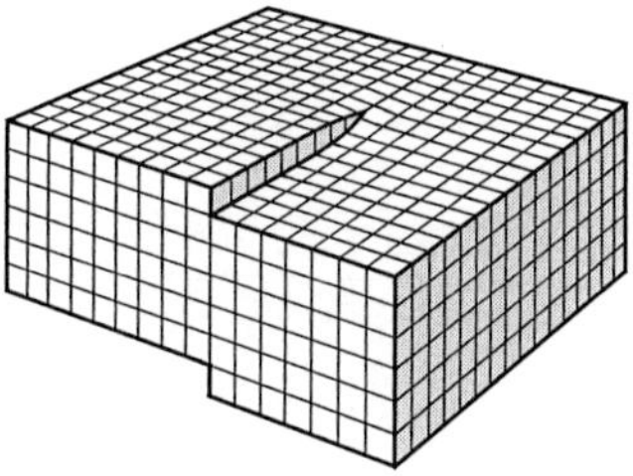

図AII-3 スクリュー転位の転位芯構造．

その他にも，いろいろなずれの進行の仕方が考えられるが，いずれにせよ，ずれが完了した面とこれからずれるはずの面の境界線が必ずある．この境界線の周囲にできる独特な結晶構造を一般に転位とよぶ．

ずれが完了した部分が結晶の内部に収まっていれば，その周が転位線であり，結晶内部で閉じた曲線となる．図AII-1の(b)や(c)のように，ずれが完了したところが表面に現われていれば，転位線の端も表面にある．したがって，転位線は，結晶内部で閉じているか，あるいは，表面から始まって表面で終わるかのどちらかである．

AII-2 面心立方格子のすべり系

図AII-1(d)のSのようにすべりの生ずる面を**すべり面**(glide plane)，すべり面をはさんでの相対的変位を**Burgersベクトル**とよぶ．これは，ずれの程度とその向きを表わす量で，その大きさは図 AⅡ-1 で $\boldsymbol{b}$ と表わしてある．どちらの面を基準にとるかで $\boldsymbol{b}$ の符号は 2 通りになるが，その符号は多くの場合物理的議論に影響しないので，一意的な定義については言及しないでおく．

すべり面と Burgers ベクトルをセットにして**すべり系**(glide set)とよぶ．転位は，すべり系によって特徴づけられる．結晶は等方的ではないので，すべり系は結晶によってでき方が違う．以下では，fcc 格子を中心に，実際の結晶中でどのようなすべり系ができるか，ということについて述べる．

図 AⅡ-2 の刃状転位では転位線は紙面に垂直だから，転位線と Burgers ベクトルとのなす角は 90° である．それに対し，図 AⅡ-3 のスクリュー転位について同じように Burgers ベクトルを定義すると，それは，転位線と平行になる．このように，転位の種類により，転位線と Burgers ベクトルのなす角は異なる．そこで，一般の転位は Burgers ベクトルと転位線のなす角を θ として **$\boldsymbol{\theta}$° 転位**というように名付ける．刃状転位もときには 90° 転位とよばれることがある．

図 AⅡ-1 のようなすべりがおきるとき，すべり面の両側の原子は(反対向きに)一様に変位しなくてはならない．面内に原子の隙間があると，このようなことは，おこりにくい．押された原子がどこかの隙間にくいこんだりすると，面内の構造がこわれるからである．したがって原子数の面密度の一番大きな結晶面(最密原子面)がすべり面になると考えられる．実際，fcc 構造やダイヤモンド構造では，原子の数密度が一番大きい {111} 面がすべり面となることが透過電子顕微鏡を使った観察によって確かめられている．

Burgers ベクトルは原子の変位を表わすから，すべり面上になくてはならない．しかも，変位の後もその面が完全結晶中と同じ構造をするためには，並進ベクトルのどれかと等しくなくてはならない．すなわち，Burgers ベクトルはすべり面の 2 次元構造の並進ベクトルであるということになる．さらに，変形による弾性エネルギーを小さくするという要請がつけられる．

Burgers ベクトルは変形を表わす量であるから，変形による弾性エネルギーが Burgers ベクトル $\boldsymbol{b}$ に依存する．しかも，弾性エネルギーはスカラー量であるということから，$\boldsymbol{b}^2$ の関数でなくてはならず，とくにその主要な項は $\boldsymbol{b}^2$ に比例しているはずである．ところで，ある並進ベクトル $\boldsymbol{b}$ がそれより小さい並進ベクトル $\boldsymbol{b}'$ を使って

$$\boldsymbol{b} = 2\boldsymbol{b}'$$

と書けたとすると，

$$|\boldsymbol{b}|^2 = 4|\boldsymbol{b}'|^2 > 2|\boldsymbol{b}'|^2$$

となるから，いちど Burgers ベクトル $\boldsymbol{b}$ の転位ができても，Burgers ベクトルが $\boldsymbol{b}'$ の 2 つの転位に分裂する．転位がそれ以上分裂しないとき，この転位は安定であるという．したがって，fcc 格子の場合の Burgers ベクトルは 〈110〉 方向の基本並進ベクトルのうちの 1 つである．

fcc 格子のすべり面となる {111} 面は，全部で 8 通りあり，Burgers ベクトルの方向となる 〈110〉 方向は，12 通りある．しかし，fcc のすべり系は 8×12＝96 通りあるわけではない．1 つのすべり面に対する可能な Burgers ベクトルは Thompson の 4 面体を使うと容易にわかる．

たとえば，図 6-15 の 3 角形の面 ABC がすべり面であったとすると，この (111) 面上にある 〈110〉 方向は，AB に平行な [110]，BC に平行な [101]，AC に平行な [011] と，その反対向きの 6 通りだけである．他のすべり面についても同様に考えると，fcc 結晶中のすべり系は 24 通りである．

無限に長い直線状の転位線は，それに沿って結晶を見たとき，無限に長い「トンネル」が見えなくてはならない．たとえば剛体球で fcc 構造を作ってみると，〈110〉 方向にのみトンネルができる．したがって，fcc 構造の場合，転位線は 〈110〉 方向の直線である．

転位線とすべり系が決まったから，fcc 結晶にできる転位の種類を調べることができる．そこで，ふたたび図 6-15 の Thompson の 4 面体を考えよう．対称性によりすべり面としては ABC を，また Burgers ベクトルとしては $\overrightarrow{\mathrm{AB}}$ を考えておけば十分である．転位線もこの 4 面体の 6 個の辺のどれかである．転位線が $\overrightarrow{\mathrm{AB}}$ に平行なら，これはスクリュー転位である．$\overrightarrow{\mathrm{DC}}$ の方向と $\overrightarrow{\mathrm{AB}}$ の方向とは $\overrightarrow{\mathrm{AB}}$ を xy 面に射影してみると直交することがわかる．したがって

$\overrightarrow{DC}$ に平行な転位線をもつ 90° 転位ができる．どの 3 角形も正 3 角形だから，$\overrightarrow{AB}$ と交わる残りの 4 個の辺はどれも $\overrightarrow{AB}$ と 60° で交わる．したがって，転位線がこの 4 個の辺に平行な場合はすべて 60° 転位である．

以上のことから，fcc 構造やダイヤモンド構造にはスクリュー型，60°，90°（刃状）の 3 種類の転位ができることがわかる．

AⅡ-3 転位の拡張

これまでは，Burgers ベクトルが完全結晶の並進ベクトルであると考えてきた．しかし，多くの物質中ですべりは 2 段階に分かれて起こり，そのために**部分転位**(partial dislocation)とよばれるものができることがわかってきた．その場合，Burgers ベクトルは並進ベクトルではなくなる．部分転位に対し，これまで考えてきたような Burgers ベクトルが並進ベクトルとなる転位を**完全転位**とよぶ．

図 AⅡ-4 の円は fcc 構造の {111} 面に並んだ原子を表わす．6-5 節での用語を使うと，A 層である．B 層の原子の中心は × をつけた場所にあり，そのうちの 1 個は破線の円で示してある．C 層の原子は • を中心に並んでいることになる．

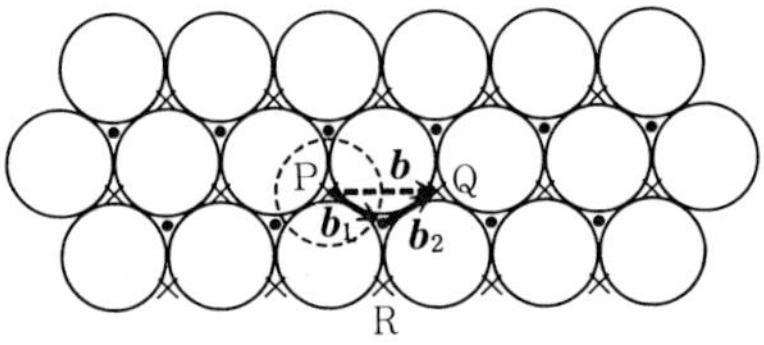

図 AⅡ-4 部分転位の変位．

転位ができて，A 層に対し B 層の原子がすべったときの変位が $\boldsymbol{b}$ であったとする．しかし，破線で表わした球は $\boldsymbol{b}$ の矢印に沿って直接変位するよりも，$\boldsymbol{b}_1, \boldsymbol{b}_2$ と 2 段階の変位をした方が，低い位置を通って変位できる．したがって，実際のすべりにおいては，この後者の変位がおきると考えられる．このような

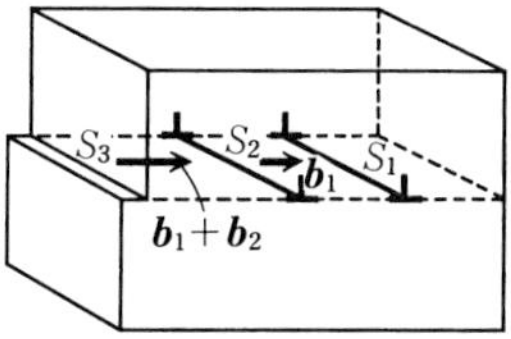

図 AⅡ-5 まだすべっていない S_1 と部分的にすべった S_2，および，S_2 とすべりが完成した S_3 との境界線が部分転移である．

2 段階のすべりがおきる途中で，ある領域の原子が $\boldsymbol{b}_1$ だけ変位したところで「ひっかかって」しまったとすると，すべり面も図 AⅡ-5 のように 2 段階の構造になるだろう．この図で S_1 をはさむ原子はまだすべっていない領域である．(図 AⅡ-4 の) $\boldsymbol{b}_1$ だけ変位した原子は S_2 のところに，もう 1 段階(図 AⅡ-4 の $\boldsymbol{b}_2$)すべって，すべりが完了した原子は，S_3 のところにある．この S_1 と S_2 の境界線，S_2 と S_3 の境界線が部分転位である．面 S_2 をはさんで，図 AⅡ-4 の破線で示した原子は，$\boldsymbol{b}_1$ だけ変位したのちには C 層の原子の位置まで変位しているから，面 S_2 は 6-5 節で述べた積層欠陥になっている．

明らかに，

$$\boldsymbol{b} = \boldsymbol{b}_1+\boldsymbol{b}_2$$

という関係がある．ここで述べたことを言い直すと，Burgers ベクトル $\boldsymbol{b}$ の完全転位ができるかわりに，Burgers ベクトル $\boldsymbol{b}_1$ と $\boldsymbol{b}_2$ の 2 つの部分転位ができることがある，ということになる．このような現象を(完全)**転位の**(部分転位への)**拡張**という．転位が拡張するかどうかということは，2 つの部分転位の間の積層欠陥のエネルギーの大きさによる．たとえば Al では積層欠陥エネルギーが大きいために転位の拡張はおきない．それに対し，Si や Ge ではそれが小さいために転位の拡張がよく観察される．

それでは，$\boldsymbol{b}_1$ や $\boldsymbol{b}_2$ はどのような大きさと向きをもつベクトルであろうか．もちろん図 AⅡ-4 からも計算できるが，図 6-15 の Thompson の 4 面体を使った方がわかりやすい．図 AⅡ-4 の 3 角形 PQR は Thompson の 4 面体の 3 角形 ABC と相似形である．したがって，後者の重心を δ と表わすと $\boldsymbol{b}_1$ と $\boldsymbol{b}_2$ はそれぞれ $\overrightarrow{\mathrm{A}\delta}$ と $\overrightarrow{\delta\mathrm{B}}$ に対応し，$\boldsymbol{b}$ は $\overrightarrow{\mathrm{AB}}$ に対応する．ベクトルを規格化しておくと，

$$\overrightarrow{\mathrm{AB}} = \frac{1}{\sqrt{2}}(-1,1,0)$$

$$\overrightarrow{\mathrm{AC}} = \frac{1}{\sqrt{2}}(0,1,-1)$$

であり，$\overrightarrow{\mathrm{A}\delta}$ は $\overrightarrow{\mathrm{AB}}+\overrightarrow{\mathrm{AC}}$ に平行だから，この向きの単位ベクトルは $(-1,2,-1)/\sqrt{6}$ となる．このことからわかるように一般に Thompson の 4 面体の頂点からそれを含む 3 角形の重心を向いた単位ベクトルは $(1/\sqrt{6})\{112\}$ ということになる．そこで，fcc 結晶中の部分転位の Burgers ベクトルをこの形で書くことが多い．

転位線が Thompson の 4 面体の $\overrightarrow{\mathrm{AB}}$ に平行なスクリュー転位では，$\boldsymbol{b}_1=\overrightarrow{\mathrm{A}\delta}$ および $\boldsymbol{b}_2=\overrightarrow{\delta\mathrm{B}}$ は $\overrightarrow{\mathrm{AB}}$ と 30° の角をなすから，2 つの 30° 部分転位に拡張することになる．また，転位線が $\overrightarrow{\mathrm{AC}}$ に平行な 60° 転位は，$\overrightarrow{\mathrm{A}\delta}$ および $\overrightarrow{\delta\mathrm{B}}$ と $\overrightarrow{\mathrm{AC}}$ との角がそれぞれ 30° および 90° だから 30° 転位と 90° 転位に拡張することになる．

参考書・文献

I　固体の電子状態

個々の項目についての文献は本文中あるいは図の説明の中に示した．ここには，第I部と関連のある教科書や解説記事のうちで主なものを挙げておく．

固体電子論の標準的な教科書として，

[1]　N. W. Ashcroft and N. D. Mermin: *Solid State Physics*(W. B. Saunders, 1976)

極めて個性的であるが，含蓄に富んだ固体電子論の教科書として，

[2]　W. A. Harrison: *Electronic Structure and the Properties of Solids*(W. H. Freeman, 1980)

Car-Parrinello 法の応用から量子モンテカルロ法の最近の成果についての国際会議報告，

[3]　K. Terakura and H. Akai(ed.): *Interatomic Potential and Structural Stability* (Springer, 1993)

第2章の密度汎関数法については，

[4]　S. Lundqvist and N. H. March(ed.): *Theory of the Inhomogeneous Electron Gas* (Plenum, 1983)

[5]　寺倉清之・浜田典昭：固体物理 **20** (1985) 700

[6]　J. Callaway and N. H. March: in *Solid State Physics*(Academic Press, 1984) Vol. 38, p. 136

[7]　R. O. Jones and O. Gunnarsson: Rev. Mod. Phys. **61** (1989) 689

第2，第3章のCar-Parrinello法についての解説記事，

[8]　森川良忠・寺倉清之：日本物理学会誌 **48** (1993) 428

[9]　M.C. Payne, M.P. Teter, D.C. Allan, T.A. Arias and J.D. Joannopoulos: Rev. Mod. Phys. **64** (1992) 1045

固体の凝集や相安定性に関して，

[10]　J. Hafner: *From Hamiltonian to Phase Diagrams* (Springer, 1987)

[11]　R.M. Nieminen, M.J. Puska and M.J. Mannienen (ed.): *Many-Atom Interactions in Solids* (Springer, 1990)

C_{60} およびカーボンナノチューブに関する総合的な本として，

[12]　M.S. Dresselhaus, G. Dresselhaus and P.C. Eklund: *Science of Fullerenes and Carbon Nanotubes* (Academic Press, 1996)

強相関遷移金属化合物について，

[13]　津田惟雄・那須奎一郎・藤森淳・白鳥紀一：電気伝導性酸化物(裳華房，1993)

量子モンテカルロ法の最近の発展について，

[14]　今田正俊：日本物理学会誌 **48** (1993) 437

II　固体の構造

第6章と第7章を書くにあたって，次の本のお世話になった．本書の第6，第7章は，結晶とその周辺の物理学についての入門的案内のつもりで書いたので，物足りないという読者が多いと思う．そのような場合は，以下の本，または類似の本，および本文中で引用した文献を読んで補って頂きたい．

[1]　C. Kittel: *Introduction to Solid State Physics (2nd ed.)* (John Wiley & Sons, 1956)

著者が参考にしたのは丸善から出版されたこの本の第2版のリプリント版(1957年)であるが，原書は第6版が出ており(1986年)，その和訳は

[2]　宇野良清・津屋昇・森田章・山下次郎訳：固体物理学入門(上，下)(丸善，1988)

である．

[3]　福山秀敏・石川征靖・武居文彦：セミナー高温超伝導(丸善，1988) 第2章

[4]　高柳邦夫：物性物理の新展開(福山秀敏編)(培風館，1988) 第3章

[5]　紀本和男：「超微粒子」(固体物理・金属セミナー別冊特集号)(アグネ技術センター，1984) 68-79

[6]　塚田捷：表面物理入門(東京大学出版会，1989) 第4章，第5章

[7]　J.P. Hirth and L. Lothe: *Theory of Dislocations* (McGraw-Hill, 1968)

第8章以降の，乱れた系の一般的な解説書としては次の3つを例として挙げておく．

[8]　J.M. Ziman: *Models of Disorder* (Cambridge Univ. Press, 1979) (米沢富美子・

渡部三雄訳：ザイマン乱れの物理学(丸善，1982))
[9] S. R. Elliott: *Physics of Amorphous Materials*(Longman, 1983)
[10] T. E. Cusack: *The Physics of Structurally Disordered Matter*(Univ. Sussex Press, 1987)(遠藤裕久・八尾誠訳：構造不規則系の物理(吉岡書店，1994))
コヒーレントポテンシャル近似(CPA)について，
[11] F. Yonezawa and K. Morigaki: Supplement to Progress of Theoretical Physics **53** (1973) 1-76
[12] 米沢富美子: 物性I(岩波講座現代物理学の基礎第2版)(岩波書店，1978) 407ページ
単純液体研究に関する概観が得られるものとして，
[13] J.-P. Hansen and I. R. McDonald: *Theory of Simple Liquid*(*2nd ed.*)(Academic Press, 1986)
複雑液体に関する新しい研究の動向を特集したものとして，
[14] 固体物理 **29** (4)(特集号「複雑液体の物理」)(アグネ技術センター，1994)
液晶に関する代表的解説書として，
[15] S. Chandrasekhar: *Liquid Crystals*(*2nd ed.*)(Cambridge Univ. Press, 1992)
[16] P. G. de Gennes and J. Prost: *The Physics of Liquid Crystals*(*2nd ed.*)(Oxford Univ. Press, 1993)
ガラス転移のシミュレーションに関する解説として，
[17] F. Yonezawa: "Glass Transition and Relaxation of Disordered Structures", in *Solid State Physics*(Academic Press, 1991) Vol. 45, p. 179

第2次刊行に際して

高温超伝導の発見以来，原子の凝集体に秘められた可能性の奥行きの深さは最近ますます認識されるようになった．とくに遷移金属化合物は，絶縁体状態から金属状態へ磁場で転移することによって巨大な磁気抵抗効果を示すペロブスカイト型酸化物が発見されるなど，注目を集めている．その電子構造を密度汎関数法に基づいて計算するに当たって，局所密度近似を超えたアプローチが必要であることは本文第I部で詳しく論じた．その後とくにGGAと呼ばれる近似が広く用いられるようになっているが，なお発展の途上である．今回，将来の発展に備えて，密度汎関数法の基本的な事柄について若干の補足を行なった．

第II部においては，結晶転位(dislocation)についての解説を追加した．結晶転位は，結晶の変形，成長等の機構の研究から生まれた完全結晶からのずれの重要な基礎概念であるが，秩序-無秩序相転移に関係した秩序の乱れおよび生成の過程の記述においても，しばしば用いられるという広い意義をもっている．なお，固体の構造の研究は，今後高分子その他のやや‘柔らかい’原子の凝集体も含めてさらに発展してゆくと考えられる．

最初に述べたように，固体の世界は本書1巻でカバーするにはあまりにも広い．本書はその世界の理解のための拠点ないしは出発点を形成することを意図して，広く浅くというよりも選択された事項について掘り下げた解説を提供するという考えで執筆された．今回の補足が，その内容をささやかでも補強する結果をもたらすことを願っている．

1997 年 8 月

著者を代表して

金森順次郎

索引

L

T

U, V

W, Y, Z

■岩波オンデマンドブックス■

現代物理学叢書　固体――構造と物性

2001年 3月15日　第1刷発行
2004年 4月23日　第2刷発行
2016年 8月16日　オンデマンド版発行

著　者　金森順次郎（かなもりじゅんじろう）　米沢富美子（よねざわふみこ）
川村　清（かわむらきよし）　寺倉清之（てらくらきよゆき）

発行者　岡本　厚

発行所　株式会社　岩波書店
〒101-8002　東京都千代田区一ツ橋2-5-5
電話案内　03-5210-4000
http://www.iwanami.co.jp/

印刷／製本・法令印刷

ISBN 978-4-00-730462-0　Printed in Japan